概率论与数理统计
——基于 Excel

李秋敏　编著

电子工业出版社
Publishing House of Electronics Industry
北京·BEIJING

内 容 简 介

本书以应用型人才培养为目标，重点讲解了基础知识如何应用于实际模型，选取了大量理工和财经领域的数学模型进行分析，并介绍了 Excel 软件中的概率统计分析方法和运算步骤。本书共 10 章，第 1～5 章介绍概率论的基本知识，包括随机事件与概率、随机变量及其分布、多维随机变量及其分布、随机变量的数字特征、大数定律及中心极限定理；第 6～10 章介绍数理统计的基本知识，包括数理统计、参数估计、假设检验、方差分析与回归分析。每章都配备了难度适中的习题，书后附有习题解答。为方便读者查阅，书后附有常用统计分布表。本书免费提供电子课件和例题数据，读者可登录华信教育资源网 www.hxedu.com.cn 下载。

本书可作为高等学校理工和财经类专业的概率论与数理统计课程教材，也可供感兴趣的读者自学参考。

图书在版编目（CIP）数据

概率论与数理统计：基于 Excel / 李秋敏编著. —北京：电子工业出版社，2021.1

（统计分析系列）

ISBN 978-7-121-38848-4

I. ①概… Ⅱ. ①李… Ⅲ. ①概率论－高等学校－教材 ②数理统计－高等学校－教材 Ⅳ. ①O21

中国版本图书馆 CIP 数据核字（2020）第 048230 号

责任编辑：秦淑灵　　　　特约编辑：田学清
印　　刷：大厂聚鑫印刷有限责任公司
装　　订：大厂聚鑫印刷有限责任公司
出版发行：电子工业出版社
　　　　　北京市海淀区万寿路 173 信箱　　　邮编：100036
开　　本：787×1 092　1/16　印张：14.75　字数：377.6 千字
版　　次：2021 年 1 月第 1 版
印　　次：2021 年 1 月第 1 次印刷
定　　价：45.00 元

凡所购买电子工业出版社图书有缺损问题，请向购买书店调换。若书店售缺，请与本社发行部联系，联系及邮购电话：(010)88254888，88258888。

质量投诉请发邮件至 zlts@phei.com.cn，盗版侵权举报请发邮件至 dbqq@phei.com.cn。

本书咨询联系方式：qinshl@phei.com.cn。

前　　言

"概率论与数理统计"是一门研究随机现象及其统计规律性的学科，在自然科学和社会科学的许多领域都有广泛的应用。

本书系统地阐述了概率论与数理统计的基本概念、基本理论和计算方法，主要包括随机事件与概率、随机变量及其分布、多维随机变量及其分布、随机变量的数字特征、大数定律及中心极限定理、数理统计、参数估计、假设检验、方差分析、回归分析。在编写过程中，本书保证知识体系的完整和全面，力求内容通俗易懂，删除了繁杂的证明过程，将知识条理化，并且加入了大量的应用实例，重点讲解了基础知识如何应用于实际模型。本书基于 Excel 软件介绍了概率统计中的一些运算和分析的软件操作步骤，包括随机变量的分布及其概率计算、抽样统计计算、区间估计计算、假设检验计算、方差分析与回归分析。软件操作安排在对应的章节中，先介绍理论知识，再拓展到应用实例，最后介绍 Excel 软件的具体操作步骤，构建了从理论到实践应用的完整知识体系。

本书的编写具有如下特点：

一、在教材体系和章节的安排上，严格遵循循序渐进、由浅入深的教学规律；在对内容深度的把握上，考虑应用型人才的培养要求和接受基础，做到深浅适中、难易适度。

二、每章都配备了难度适中的习题，书后附有习题解答。

三、每章都有一节关于实际应用的内容，内容涉及生活的方方面面，力争做到理论联系实际，帮助学生理解该章的知识，并且达到学以致用的目的，让数学知识不是停留在书本上，而是应用到实际生活中，强化学生分析问题、解决问题的能力及动手操作能力。

四、本书将 Excel 软件中的概率统计运算和分析单独列出，放到对应的章节，结合理论知识，详细介绍 Excel 软件的具体操作步骤，并举例说明。

全书共 10 章，讲授需 80 学时。根据不同层次的需要，课时和内容可酌情取舍。

本书由李秋敏编写。

在本书的编写过程中，我们参阅了大量的资料，在此向这些资料的作者表示感谢。

由于编者水平有限，书中难免有缺点和不当之处，恳请读者批评指正。

李秋敏

2020 年 8 月于成都

目　　录

第1章 随机事件与概率

1.1 随机现象与随机试验

1.1.1 随机现象

在自然界和人类社会生活中,存在各种各样的现象. 有一些现象是在一定条件下必然会发生的现象,这些现象称为**确定性现象**. 例如,在标准大气压下,水在加热到100℃时会沸腾,在0℃时会结冰;同性的电荷互相排斥,异性的电荷互相吸引;在没有外力作用的条件下,做匀速直线运动的物体继续做匀速直线运动,等等.

另一些现象是事前不能预测其结果的现象,称为**非确定性现象**. 例如,抛掷一枚均匀硬币,可能出现正面,也可能出现反面;某厂生产的同一类灯泡的寿命会有所差异;某地区每年的降雨量不尽相同,等等.

这些现象的结果事前不能预测,但在相同条件下,进行大量重复试验和观测时,会发现它们呈现某种规律性,因此这些现象又称为**随机现象**. 例如,抛掷一枚均匀硬币,大量重复试验后会发现出现正面和出现反面的次数比大约是1:1;某厂生产的同一类灯泡的寿命总是分布在某个数值附近. 大量同类随机现象的这种规律性称为随机现象的**统计规律性**. 概率论与数理统计正是研究随机现象及其统计规律性的一门自然学科.

1.1.2 随机试验

在概率论中,为叙述方便,将对随机现象进行的科学试验或观测统称为试验,用字母 E 表示.

例 1.1.1 观测下列几个试验:

E_1:抛掷一枚均匀骰子,观测出现的点数(朝上那一面的点数).

E_2:在一批产品中,任取一件,检测它是正品还是次品.

E_3:抛掷两枚均匀硬币,观测正面和反面出现的次数.

E_4:记录某网站一天的点击量.

E_5:从一批灯泡中,任取一只,测试其寿命.

以上试验的结果都是可以观测的,并且具有下列三个共同特点.

1. 试验可以在相同的条件下重复进行,即**可重复性**;

2. 试验的结果不唯一,但在试验前就知道所有可能出现的结果,即结果的**明确性**;

3. 在一次试验中,某种结果出现与否是不确定的,在试验前不能准确地预测该次试验将会出现哪一种结果,即结果的**随机性**.

具有以上三个特点的试验称为**随机试验**,简称**试验**. 我们将通过随机试验来研究随机现象.

1.2　随机事件

1.2.1　样本空间

对于随机试验，人们较关注的是试验的结果，将试验 E 的每一种可能结果称为**样本点**，记为 ω. 所有样本点组成的集合称为试验 E 的**样本空间**，记为 Ω.

例如，在抛掷一枚均匀硬币的随机试验中，有两个可能结果，即出现正面和出现反面，分别用"正面""反面"表示，因此这个随机试验有两个样本点，样本空间 $\Omega=\{$正面,反面$\}$.

例 1.2.1　写出下列随机试验的样本空间.

E_1：抛掷一枚均匀骰子，观测出现的点数. 出现的点数可能是 1,2,3,4,5,6 中的任何一个，因此样本空间 $\Omega=\{1,2,3,4,5,6\}$；

E_2：在一批产品中，任取一件，检测它是正品还是次品. 其结果可能是"正品"，也可能是"次品"，因此样本空间 $\Omega=\{$正品,次品$\}$；

E_3：抛掷一枚均匀硬币两次，观测正面和反面出现的次数. 其可能出现的结果是"两次都为正面""第一次出现正面且第二次出现反面""第一次出现反面且第二次出现正面""两次都为反面". 因此样本空间 $\Omega=\{$(正面,正面),(正面,反面),(反面,正面),(反面,反面)$\}$.

以上三个样本空间中的样本点个数为有限个.

E_4：记录某网站一天的点击量. 由于点击量一定是一个非负整数，因此，样本空间 $\Omega=\{0,1,2,\cdots\}$.

这个样本空间有无穷多个样本点，这些样本点可以与整数集一一对应，称其样本点个数为可列无穷多个.

E_5：从一批灯泡中，任取一只，测试其寿命. 灯泡的寿命 t 为非负实数，样本空间 $\Omega=\{t\,|\,t\geqslant 0\}$.

这个样本空间有无穷多个样本点，这些样本点充满某个区间，称其样本点个数是不可列的.

1.2.2　随机事件的概念

在随机试验中，有可能发生也有可能不发生的结果称为**随机事件**，简称**事件**，常用大写字母 A、B、C……表示. 若 A 表示抛掷一枚均匀硬币出现正面这一事件，则记 $A=\{$正面$\}$.

随机事件是样本空间的子集. 其中，在每次试验中，一定出现的事件称为**必然事件**，记为 Ω；一定不出现的事件称为**不可能事件**，记为 $\varnothing$. 例如，测量某地区 6 岁男童的身高，身高小于 0 是不可能事件 $\varnothing$，身高大于 0 是必然事件 Ω.

例 1.2.2　投掷一枚质地均匀的骰子，若记 $A=\{$出现的点数为偶数$\}$，$B=\{$出现的点数小于 5$\}$，$C=\{$出现的点数为小于 5 的奇数$\}$，$D=\{$出现的点数大于 6$\}$，则 A、B、C、D 都是随机事件，也可表示为 $A=\{2,4,6\}$，$B=\{1,2,3,4\}$，$C=\{1,3\}$，D 为不可能事件，即 $D=\varnothing$. 样本点 $\omega=1,2,3,4,5,6$，样本空间 $\Omega=\{1,2,3,4,5,6\}$.

1.2.3　事件的关系及运算

在一个样本空间中可以定义多个随机事件,事件与事件之间往往有一定的关系. 事件是样本点的集合，因此事件间的关系与运算可以按照集合与集合之间的关系与运算来处理.

下面假设试验 E 的样本空间为 Ω，　$A,B,C,A_1,A_2,\cdots,A_n$ 分别是 E 的随机事件.

1. 子事件

如果事件 A 发生必然导致事件 B 发生，则称**事件 A 是事件 B 的子事件**，记为 $A \subset B$.

例如，在例 1.2.2 中 $\{1,3\} \subset \{1,2,3,4\}$，即事件 $C \subset B$，所以 C 是 B 的子事件.

如果事件 A 是事件 B 的子事件，同时事件 B 是事件 A 的子事件，即 $B \subset A$ 且 $A \subset B$，则称**事件 A 与事件 B 相等**，或称**事件 A 与事件 B 等价**，记为 $A = B$.

对任一随机事件 A，总有 $\varnothing \subset A \subset \Omega$.

2. 和事件

事件 A 与事件 B 至少有一个发生的事件，称为**事件 A 与事件 B 的和事件**，记为 $A \cup B$，即
$A \cup B = \{A$ 发生或 B 发生$\} = \{A,B$ 至少有一个发生$\}$.

事件 A、事件 B 的和事件是由 A 与 B 的样本点合并而成的事件.

例如，在例 1.2.2 中 $A = \{2,4,6\}$，$B = \{1,2,3,4\}$，则 $A \cup B = \{1,2,3,4,6\}$.

类似地，n 个事件的和事件为 $A_1 \cup A_2 \cup \cdots \cup A_n$，又记为 $\bigcup\limits_{i=1}^{n} A_i$.

3. 积事件

事件 A 与事件 B 同时发生的事件，称为**事件 A 与事件 B 的积事件**，记为 $A \cap B$ 或 AB，即
$A \cap B = \{A$ 发生且 B 发生$\} = \{A,B$ 同时发生$\}$

事件 A、事件 B 的积事件是由 A 与 B 的公共样本点构成的事件.

例如，在例 1.2.2 中 $A = \{2,4,6\}$，$B = \{1,2,3,4\}$，则 $A \cap B = \{2,4\}$.

类似地，n 个事件的积事件为 $A_1 \cap A_2 \cap \cdots \cap A_n$，又记为 $\prod\limits_{i=1}^{n} A_i$.

4. 差事件

事件 A 发生而事件 B 不发生的事件，称为**事件 A 关于事件 B 的差事件**，记为 $A - B$，表示事件 A 发生且事件 B 不发生，即 $A - B = A\bar{B}$.

事件 A 关于事件 B 的差事件是由属于 A 且不属于 B 的样本点构成的事件.

例如，在例 1.2.2 中 $A = \{2,4,6\}$，$B = \{1,2,3,4\}$，则 $A - B = \{6\}$，$B - A = \{1,3\}$.

5. 互不相容事件

如果事件 A 与事件 B 不能同时发生，即 $AB = \varnothing$，则称**事件 A 与事件 B 互不相容**或称**事件 A 与事件 B 互斥**.

例如，在例 1.2.2 中 $A = \{2,4,6\}$，$C = \{1,3\}$，则事件 A 与事件 C 互不相容.

6. 对立事件

事件 A 不发生称为 A 的**对立事件**或 A 的**逆事件**，记为 $\bar{A}$.

在一次试验中，A 发生则 $\bar{A}$ 必不发生，$\bar{A}$ 发生则 A 必不发生，因此 A 与 $\bar{A}$ 满足关系
$$A \cup \bar{A} = \Omega, \quad A\bar{A} = \varnothing$$

例如，在例 1.2.2 中 $A = \{2,4,6\}$，$B = \{1,2,3,4\}$，则 $\bar{A} = \{1,3,5\}$，$\bar{B} = \{5,6\}$.

事件间的关系与运算可用维恩（Venn）图（见图 1.1.1）直观地加以表示. 图 1.1.1 中方框

表示样本空间 Ω，圆 A 和圆 B 分别表示事件 A 和事件 B.

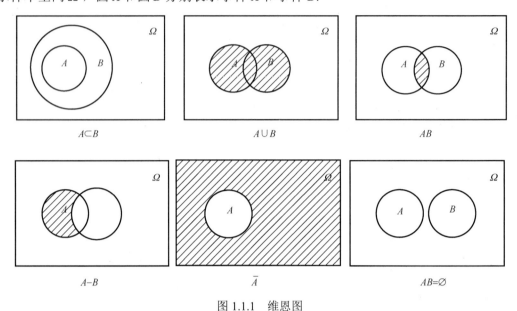

图 1.1.1　维恩图

事件的运算满足如下运算律.

1. 交换律

$$A\bigcup B = B\bigcap A，\quad AB = BA$$

2. 结合律

$$(A\bigcup B)\bigcup C = A\bigcup(B\bigcup C)$$

$$(A\bigcap B)\bigcap C = A\bigcap(B\bigcap C)$$

3. 分配律

$$(A\bigcup B)\bigcap C = (A\bigcap C)\bigcup(B\bigcap C)$$

$$(A\bigcap B)\bigcup C = (A\bigcup C)\bigcap(B\bigcup C)$$

4. 对偶律（De Morgan 定理）

$$\overline{A\bigcup B} = \overline{A}\,\overline{B}，\quad \overline{AB} = \overline{A}\bigcup\overline{B}$$

对偶律还可以推广到多个事件的情况. 一般地，对 n 个事件 $A_1, A_2, \cdots, A_n$ 有

$$\overline{A_1 \bigcup A_2 \bigcup \cdots \bigcup A_n} = \overline{A_1}\,\overline{A_2}\cdots\overline{A_n}$$

$$\overline{A_1 A_2 \cdots A_n} = \overline{A_1} \bigcup \overline{A_2} \bigcup \cdots \bigcup \overline{A_n}$$

对偶律表明，"至少有一个事件发生"的对立事件是"所有事件都不发生"，"所有事件都发生"的对立事件是"至少有一个事件不发生".

5. 吸收律

$$若 A \subset B，则 A \bigcup B = B，\quad AB = A$$

例 1.2.3　某人连续三次购买体育彩票，每次购买一张. 令 A、B、C 分别表示其第一次、第二次、第三次所买的彩票中奖的事件. 试用 A、B、C 及其运算表示下列事件.

（1）第三次未中奖；

（2）只有第三次中了奖；

（3）恰有一次中奖；

（4）至少有一次中奖；

（5）至少有两次中奖；

（6）至多有两次中奖.

解　（1）$\bar{C}$；

（2）$\bar{A}\bar{B}C$；

（3）$A\bar{B}\bar{C} \bigcup \bar{A}B\bar{C} \bigcup \bar{A}\bar{B}C$；

（4）$A \bigcup B \bigcup C$ 或 $\overline{\bar{A}\bar{B}\bar{C}}$；

（5）$AB \bigcup AC \bigcup BC$ 或 $AB\bar{C} \bigcup A\bar{B}C \bigcup \bar{A}BC \bigcup ABC$；

（6）$\overline{ABC}$.

事件的关系及运算与集合的关系及运算是一致的，但在概率论中有特定的语言表示方法. 事件关系与集合关系的比较列表如表 1.1.1 所示.

表 1.1.1　事件关系与集合关系的比较列表

记号	概率论	集合论
Ω	样本空间、必然事件	全集
$\varnothing$	不可能事件	空集
ω	样本点	元素
A	随机事件	Ω 的子集
$A \subset B$	事件 A 发生导致事件 B 发生	A 为 B 的子集
$A = B$	A、B 两事件相等	两集合 A、B 相等
$A \bigcup B$	A、B 两事件至少有一个发生	两集合 A、B 的并集
AB	A、B 两事件同时发生	两集合 A、B 的交集
$A - B$	事件 A 发生而事件 B 不发生	集合 A、B 的差集
$\bar{A}$	事件 A 的对立事件	A 对 Ω 的补集
$AB = \varnothing$	A、B 两事件互不相容	两集合 A、B 不相交

1.3　概率及其性质

1.3.1　概率的公理化定义

随机事件在一次试验中可能发生也可能不发生,但发生的可能性大小是客观存在的. 这个客观存在的量就是事件 A 的概率，记为 $P(A)$. 概率度量了随机事件发生的可能性大小. 在 N

次重复试验中，若概率 $P(A)$ 较大，则事件 A 发生的频率也较大，反之也一样. 由此可见，概率与频率有许多相似的性质，为此，我们先讨论频率的有关性质.

定义 1.3.1 设在相同的条件下，重复进行了 n 次试验，若随机事件 A 发生了 m 次（$m \leq n$），则

$$f_n(A) = \frac{m}{n} \tag{1.3.1}$$

称为事件 A 在 n 次试验中发生的**频率**.

事件 A 发生的频率 $f_n(A)$ 描述了事件 A 发生的频繁程度. 显然，$f_n(A)$ 越大，事件 A 发生得越频繁，即事件 A 发生的可能性越大，反之也一样. 因此，频率 $f_n(A)$ 反映了事件 A 发生的可能性大小.

例如，抛掷一枚均匀硬币，可能出现正面，也可能出现反面，在大量重复试验中出现正面的频率接近 50%. 为了验证这一事实，不少数学家做过这样的试验，即大量重复抛掷一枚质地均匀的硬币，观察出现正面或反面的次数，表 1.3.1 所示为他们试验结果的部分记录.

表 1.3.1 抛掷硬币试验结果的部分记录

实验者	抛掷硬币次数	出现正面次数	频率
德·摩根	2048	1061	0.518
蒲丰	4040	2048	0.5069
卡尔·皮尔逊	12000	6019	0.5016
卡尔·皮尔逊	24000	12012	0.5005

试验表明，在相同条件下，随着试验次数的变化，频率会有所波动；但随着 n 的无限增大，事件 A 发生的频率 $f_n(A)$ 总是在某一常数附近波动，且波动幅度越来越小，这种性质称为**频率的稳定性**，该常数即事件 A 的概率.

定义 1.3.2 设随机试验 E 的样本空间为 Ω，对于 E 的每一事件 A，都对应一个实数 $P(A)$.

1. 非负性：对任一事件 A，

$$0 \leq P(A) \leq 1 \tag{1.3.2}$$

2. 规范性：

$$P(\Omega) = 1 \tag{1.3.3}$$

3. 可列可加性：对任意可列个互不相容事件 $A_1, A_2, \cdots$，有

$$P\left(\sum_{i=1}^{+\infty} A_i\right) = \sum_{i=1}^{+\infty} P(A_i) \tag{1.3.4}$$

若集合函数 P 满足上述条件，则称 $P(A)$ 为事件 A 的**概率**.

由概率的公理化定义，可以证明概率具有以下基本性质.

性质 1.3.1 设随机试验 E 的样本空间为 Ω，$A, B, A_1, A_2, \cdots, A_n$ 都是 E 的事件，则

1. 不可能事件的概率为零，即

$$P(\varnothing) = 0 \tag{1.3.5}$$

2. 对事件 A 及其对立事件 $\overline{A}$，有

$$P(A) = 1 - P(\overline{A}) \tag{1.3.6}$$

3. 单调性：若事件 A、B 满足 $A \subset B$，则

$$P(A) \leqslant P(B) \tag{1.3.7}$$

$$P(B - A) = P(B) - P(A) \tag{1.3.8}$$

4. 有限可加性：若事件 A 与事件 B 互不相容，则

$$P(A \bigcup B) = P(A) + P(B) \tag{1.3.9}$$

一般地，若 n 个事件 $A_1, A_2, \cdots, A_n$ 互不相容，则

$$P(A_1 \bigcup A_2 \bigcup \cdots \bigcup A_n) = P(A_1) + P(A_2) + \cdots + P(A_n) \tag{1.3.10}$$

5. 概率的加法公式：对任意两个事件 A 与 B，有

$$P(A \bigcup B) = P(A) + P(B) - P(AB) \tag{1.3.11}$$

一般地，对任意 n 个事件 $A_1, A_2, \cdots, A_n$，有

$$P\left(\bigcup_{i=1}^{n} A_i\right) = \sum_{i=1}^{n} P(A_i) - \sum_{1 \leqslant i < j \leqslant n} P(A_i A_j) + \sum_{1 \leqslant i < j < k \leqslant n} P(A_i A_j A_k) - \cdots + (-1)^{n-1} P(A_1 A_2 \cdots A_n) \tag{1.3.12}$$

6. 概率的减法公式：对任意两个事件 A 与 B，有

$$P(A - B) = P(A) - P(AB) = P(A \bigcup B) - P(B) \tag{1.3.13}$$

例 1.3.1　若 $AB = \varnothing$，$P(A) = 0.6$，$P(A \bigcup B) = 0.8$，求 $P(\overline{B})$ 及 $P(A - B)$。

解　由有限可加性

$$P(A \bigcup B) = P(A) + P(B)$$

得

$$P(B) = P(A \bigcup B) - P(A) = 0.8 - 0.6 = 0.2$$

所以

$$P(\overline{B}) = 1 - P(B) = 0.8$$

由概率的减法公式，得 $P(A - B) = P(A) - P(AB) = 0.6 - 0 = 0.6$。

例 1.3.2　设事件 A、B 发生的概率分别为 $\dfrac{1}{3}$、$\dfrac{1}{2}$，试就下面三种情况分别计算 $P(\overline{A}B)$。

（1）事件 A、B 互不相容；（2）$A \subset B$；（3）$P(AB) = \dfrac{1}{8}$。

解　$P(A) = \dfrac{1}{3}$，$P(B) = \dfrac{1}{2}$

（1）因 $AB = \varnothing$，故 $P(\overline{A}B) = P(B) = \dfrac{1}{2}$；

（2）因 $A \subset B$，故 $P(\bar{A}B) = P(B-A) = P(B) - P(A) = \dfrac{1}{2} - \dfrac{1}{3} = \dfrac{1}{6}$；

（3）因 $P(AB) = \dfrac{1}{8}$，故 $P(\bar{A}B) = P(B-A) = P(B) - P(AB) = \dfrac{1}{2} - \dfrac{1}{8} = \dfrac{3}{8}$．

例 1.3.3　考察某城市发行的甲、乙两种报纸，订阅甲报的住户数占总住户数的 70%，订阅乙报的住户数占总住户数的 50%，同时订阅两种报纸的住户数占总住户数的 30%．求下列事件的概率．

（1）$C = \{$只订阅甲报$\}$；

（2）$D = \{$至少订阅一种报纸$\}$；

（3）$E = \{$不订阅任何报纸$\}$；

（4）$F = \{$只订阅一种报纸$\}$．

解　设 $A = \{$订阅甲报$\}$，$B = \{$订阅乙报$\}$，根据题设有

$$P(A) = 0.7,\ P(B) = 0.5,\ P(AB) = 0.3$$

（1）因为 $C = A\bar{B} = A - AB$，所以

$$P(C) = P(A - AB) = P(A) - P(AB) = 0.4$$

（2）因为 $D = A \bigcup B$，所以

$$P(D) = P(A \bigcup B) = P(A) + P(B) - P(AB) = 0.7 + 0.5 - 0.3 = 0.9$$

（3）因为 $E = \bar{A}\bar{B}$，所以

$$P(E) = P(\bar{A}\bar{B}) = P(\overline{A \bigcup B}) = 1 - P(A \bigcup B) = 0.1$$

（4）因为 $F = A\bar{B} \bigcup \bar{A}B$，而 $A\bar{B}$ 与 $\bar{A}B$ 互不相容，所以

$$
\begin{aligned}
P(F) &= P(A\bar{B} \bigcup \bar{A}B) = P(A\bar{B}) \bigcup P(\bar{A}B) \\
&= P(A) - P(AB) + P(B) - P(AB) \\
&= 0.7 - 0.3 + 0.5 - 0.3 \\
&= 0.6
\end{aligned}
$$

1.3.2　古典概型

下面先讨论一类最简单的随机试验，其满足下列两个条件．

1. 有限性：仅有有限个样本点；

2. 等可能性：试验中每个样本点发生的可能性相同．

这类随机试验的试验模型称为**古典概型**．抛掷一枚均匀骰子的试验，有 6 个样本点，每个样本点发生的可能性相同，此试验模型是古典概型．对一批产品进行检查，观测正品的个数，此试验模型不是古典概型，因为每个样本点发生的可能性不相同．检测一批灯泡的寿命，此试验模型不是古典概型，因为样本点有无穷多个．

定义 1.3.3　设试验 E 为古典概型试验，A 为任意事件，则

$$P(A) = \frac{m}{n} = \frac{A\text{包含的样本点个数}}{\text{样本点总个数}} \qquad (1.3.14)$$

例 1.3.4 将一枚均匀硬币连续抛掷两次,求 $A = \{$正面只出现一次$\}$ 及 $B = \{$正面至少出现一次$\}$ 的概率.

解 该试验共有四个等可能的样本点,即

$$\Omega = \{(正, 正), (正, 反), (反, 正), (反, 反)\}$$

因此,样本空间中的样本点总个数为 $n = 4$.

事件 A 包含的样本点个数 $m_1 = 2$,事件 B 包含的样本点个数 $m_2 = 3$,由古典概型公式,有

$$P(A) = \frac{m_1}{n} = \frac{2}{4} = \frac{1}{2} , \quad P(B) = \frac{m_2}{n} = \frac{3}{4}$$

例 1.3.5 (产品的随机抽样问题)一个箱子中有 6 个灯泡,其中 2 个次品,4 个正品.(1)有放回地从中任取两次,每次取一个;(2)无放回地从中任取两次,每次取一个. 求取到一个正品,一个次品的概率.

解 设 $A = \{$取到一个正品,一个次品$\}$

(1)有放回抽取,样本点总个数为 $6 \times 6 = 36$,事件 A 包含的样本点个数为 $2 \times 4 \times A_2^1 = 16$,所以

$$P(A) = \frac{16}{36} = \frac{4}{9}$$

(2)无放回抽取,样本点总个数为 $6 \times 5 = 30$,事件 A 包含的样本点个数为 $2 \times 4 \times A_2^1 = 16$,所以

$$P(A) = \frac{16}{30} = \frac{8}{15}$$

1.3.3 几何概型

几何概型满足下列两个条件.

1. 如果一个随机试验的样本空间 Ω 充满某个几何区域,其度量(长度、面积、体积等)大小可以用 S_Ω 表示;

2. 任意样本点落在度量相同的子区域内是等可能的.

这类随机试验的试验模型称为**几何概型**.几何概型中的随机事件个数是无穷的,并且每个随机事件发生的可能性是一样的. 几何概型与古典概型相对,其将等可能事件的概念从有限延伸到了无限.

定义 1.3.4 设试验 E 为几何概型试验,若随机事件 A 为 Ω 中的某个子区域,其度量大小用 S_A 表示,则随机事件 A 的概率为

$$P(A) = \frac{S_A}{S_\Omega} \tag{1.3.15}$$

利用几何概型求随机事件概率的关键是用图形对样本空间 Ω 和所求事件 A 进行描述,然后计算出相关图形的度量.

例 1.3.6 (约会等待问题)甲、乙两艘轮船驶向一个不能同时停泊两艘轮船的码头停泊,它们在一昼夜内到达的时刻是等可能的,如果甲的停泊时间为 1h,乙的停泊时间为 2h,求两

艘轮船相遇的概率.

解　设 x 和 y 分别表示甲、乙两船到达的时间（单位：min），在平面上建立直角坐标系，如图 1.3.1 所示. (x, y) 的所有取值是边长为 24 的正方形，面积为 $S_\Omega = 24^2$.

假设甲船先到，则两船要相遇应满足：$x \leqslant y \leqslant x + 1$，

假设乙船先到，则两船要相遇应满足：$y \leqslant x \leqslant y + 2$，

所以随机事件 $A = \{两船相遇\} = \{(x, y) | x - 2 \leqslant y \leqslant x + 1\}$，

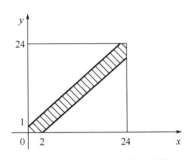

图 1.3.1　直角坐标系示意图

$$P(A) = \frac{S_A}{S_\Omega} = \frac{24^2 - \frac{1}{2} \times 23^2 - \frac{1}{2} \times 22^2}{24^2} = 0.12$$

例 1.3.7　（**蒲丰投针**）1777 年，法国科学家蒲丰（Buffon）提出了投针试验问题. 在平面上画有等距离为 a（$a > 0$）的一些平行直线，现向此平面任意投掷一根长为 b（$b < a$）的针，试求针与某一平行直线相交的概率.

解　以 x 表示当针投到平面上时，针的中点 M 到最近的一条平行直线的距离，以 φ 表示针与该平行直线的夹角，如图 1.3.2 所示. 那么针落在平面上的位置可由 (x, φ) 确定，故投针试验的所有可能结果是平面矩形区域

$$\Omega = \left\{ (x, \varphi) \left| 0 \leqslant x \leqslant \frac{a}{2}, \ 0 \leqslant \varphi \leqslant \pi \right. \right\}$$

随机事件 $A = \{针与某一平行直线相交\} = \{(x, \varphi) | 0 \leqslant x \leqslant \sin \varphi, 0 \leqslant \varphi \leqslant \pi\}$，如图 1.3.3 所示. 故

$$P(A) = \frac{S_A}{S_\Omega} = \frac{\int_0^\pi \frac{b}{2} \sin \varphi \, \mathrm{d}\varphi}{\frac{a}{2} \times \pi} = \frac{b}{\frac{a}{2} \times \pi} = \frac{2b}{a\pi}$$

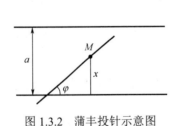

图 1.3.2　蒲丰投针示意图

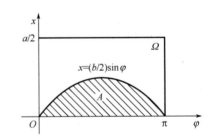

图 1.3.3　随机事件 A 示意图

1.4　条　件　概　率

1.4.1　条件概率的概念

设 A、B 是试验 E 中的两个事件，前面已经讨论了事件 A 与事件 B 的概率，但有时还需考虑在事件 A 已经发生的条件下，事件 B 发生的概率，我们将之记为 $P(B | A)$，即条件概率. 先

看下面的一个例子.

例 1.4.1　现有一批产品共 200 件, 是由甲、乙两厂共同生产的. 其中甲厂的产品中有正品 100 件、次品 20 件, 乙厂的产品中有正品 70 件、次品 10 件. 现从这批产品中任取一件, 设 $A = \{$取得的是乙厂产品$\}$, $B = \{$取得的是正品$\}$, 试求 $P(A)$, $P(AB)$ 及 $P(B \mid A)$.

解　按古典概型计算, 得

$$P(A) = \frac{80}{200}, \quad P(B) = \frac{170}{200}, \quad P(AB) = \frac{70}{200}$$

先考虑在已知 A 发生的条件下, 原来样本空间的样本点总个数从 200 缩减为 80, 再考虑 B 发生的概率, 此时在新的样本空间中 B 的样本点总个数变为 70, 若 B 发生, 则

$$P(B \mid A) = \frac{70}{80}$$

可见, $P(B \mid A)$ 是在缩减了的样本空间中进行计算的.

显然, $P(B) \neq P(B \mid A)$, 即 B 发生的概率与在 A 发生的条件下 B 发生的条件概率不等. 从上述算式, 可以得出

$$P(B \mid A) = \frac{70}{80} = \frac{70/200}{80/200} = \frac{P(AB)}{P(A)}$$

一般地, 对于古典概型上式总是成立的.

定义 1.4.1　设 A、B 是两个事件, 且 $P(A) > 0$, 称

$$P(B \mid A) = \frac{P(AB)}{P(A)} \tag{1.4.1}$$

为在事件 A 发生的条件下, 事件 B 发生的**条件概率**.

类似地, 当 $P(B) > 0$ 时, 可以定义在事件 B 发生的条件下, 事件 A 发生的条件概率为

$$P(A \mid B) = \frac{P(AB)}{P(B)} \tag{1.4.2}$$

例 1.4.2　抛掷一枚的骰子, 设事件 $A = \{$抛出的点数为奇数$\}$, 事件 $B = \{$抛出的点数大于 1$\}$, 计算 $P(B \mid A)$, $P(A \mid B)$.

解　$A = \{1,3,5\}$, $B = \{2,3,4,5,6\}$, $AB = \{3,5\}$

在事件 A 发生的条件下, 原来样本空间的样本点总个数从 6 缩减为 3. 在事件 A 发生的条件下 B 发生, 即事件 $\{3,5\}$, 因此 $P(B \mid A) = 2/3$.

由条件概率公式可得

$$P(B \mid A) = \frac{P(AB)}{P(A)} = \frac{2/6}{3/6} = \frac{2}{3}$$

类似地, 可得 $P(A \mid B) = 2/5$.

在一般情况下, $P(B \mid A)$ 与 $P(B)$ 不相等.

条件概率具有与概率一样的性质.

性质 1.4.1 设随机试验 E 的样本空间为 Ω，A，B，$A_1, A_2, \cdots$ 都是 E 的事件，若 $P(B) > 0$，则

1. **非负性**：对任一事件 A，$0 \leqslant P(A \mid B) \leqslant 1$；

2. **规范性**：$P(\Omega \mid B) = 1$；

3. **可列可加性**：对任意可列个互不相容事件 $A_1, A_2, \cdots$，有

$$P\left(\sum_{i=1}^{\infty} A_i \mid B\right) = \sum_{i=1}^{\infty} P(A_i \mid B)$$

1.4.2 乘法公式

由条件概率的定义，可得以下公式.

定理 1.4.1（乘法公式） 对于两个事件 A、B，如果 $P(A) > 0$，则有

$$P(AB) = P(A)P(B \mid A) \tag{1.4.3}$$

若 $P(B) > 0$，则有

$$P(AB) = P(B)P(A \mid B) \tag{1.4.4}$$

上式可推广到多个事件的积事件的概率，即

$$P(A_1 A_2 \cdots A_n) = P(A_1)P(A_2 \mid A_1)P(A_3 \mid A_1 A_2) \cdots P(A_n \mid A_1 A_2 \cdots A_{n-1}) \tag{1.4.5}$$

例 1.4.3 在 10 件产品中有 7 件正品，3 件次品，按不放回抽样的方式抽取两次，每次抽取一件，求两次都取到次品的概率.

解 设 $A_i = \{$第 i 次取到次品$\}$，$i = 1, 2$. 由乘法公式有

$$P(A_1 A_2) = P(A_1)P(A_2 \mid A_1) = \frac{3}{10} \times \frac{2}{9} = \frac{1}{15}$$

例 1.4.4 为了防止意外，矿井内同时装有甲、乙两种报警设备，已知设备甲在单独使用时有效的概率为 0.92，设备乙在单独使用时有效的概率为 0.93；在设备甲失效的条件下，设备乙有效的概率为 0.85，求在发生意外时至少有一种报警设备有效的概率.

解 设 $A = \{$设备甲有效$\}$，$B = \{$设备乙有效$\}$，已知

$$P(A) = 0.92, \quad P(B) = 0.93, \quad P(B \mid \overline{A}) = 0.85$$

由乘法公式有

$$\begin{aligned} P(\overline{A \cup B}) &= P(\overline{A}\,\overline{B}) \\ &= P(\overline{A})P(\overline{B} \mid \overline{A}) \\ &= P(\overline{A})[1 - P(B \mid \overline{A})] \\ &= 0.08 \times (1 - 0.85) = 0.012 \end{aligned}$$

因此，$P(A \cup B) = 1 - P(\overline{A \cup B}) = 0.988$.

例 1.4.5 假设在两人对抗式电子游戏中，若甲先向乙进攻，打中乙的概率是 0.2；若乙未被打中，进行还击打中甲的概率为 0.3；若甲又未被打中，再次进攻，打中乙的概率是 0.4. 分别计算在这几个回合中甲、乙被打中的概率.

解　设 $A=\{$乙被打中$\}$，$B=\{$甲被打中$\}$，$A_1=\{$乙第一次被打中$\}$，$A_2=\{$乙第二次被打中$\}$，由题意可知，A_1 与 A_2 互不相容，且 $A=A_1\bigcup A_2$，依题意有

$$P(A_1)=0.2，\quad P(B\,|\,\overline{A}_1)=0.3，\quad P(A_2\,|\,\overline{A}_1\overline{B})=0.4$$

甲被打中的概率为

$$P(B)=P(\overline{A}_1B)=P(\overline{A}_1)P(B\,|\,\overline{A}_1)=0.8\times0.3=0.24$$

乙被打中的概率为

$$P(A_1)=0.2$$

$$P(A_2)=P(\overline{A}_1\overline{B}A_2)=P(\overline{A}_1)P(\overline{B}\,|\,\overline{A}_1))P(A_2\,|\,\overline{A}_1\overline{B})$$
$$=0.8\times0.7\times0.4=0.224$$

$$P(A)=P(A_1\bigcup A_2)=P(A_1)+P(A_2)=0.2+0.224=0.424$$

即甲被打中的概率为 0.24，乙被打中的概率为 0.424.

　　例 1.4.6　（抓阄问题）设某班 30 位同学仅有一张球票，抽签决定谁可以拥有这张球票. 试问：每人抽得球票的机会是否均等？

　　解　设 $A_i=\{$第 i 个人抽得球票$\}$，$i=1,2,\cdots,30$，则
第一个人抽得球票的概率为

$$P(A_1)=\frac{1}{30}$$

第二个人抽得球票的概率为

$$P(A_2)=P(\overline{A}_1A_2)=P(\overline{A}_1)P(A_2\,|\,\overline{A}_1)=\frac{29}{30}\times\frac{1}{29}=\frac{1}{30}$$

类似地，第 i 个人抽得球票的概率为

$$P(A_i)=P(\overline{A}_1\overline{A}_2\cdots\overline{A}_{i-1}A_i)=P(\overline{A}_1)P(\overline{A}_2\,|\,\overline{A}_1)\cdots P(A_i\,|\,\overline{A}_1\overline{A}_2\cdots\overline{A}_{i-1})$$
$$=\frac{29}{30}\times\frac{28}{29}\cdots\frac{1}{30-(i-1)}=\frac{1}{30}，\qquad i=1,2,\cdots,n$$

可见，每个人抽得球票的概率都是 $\dfrac{1}{30}$，即机会均等.

1.4.3　全概率公式

　　前面讨论了直接利用概率的可加性及乘法公式计算一些简单事件的概率的问题，但是，对于某些复杂事件，需要先把它分解为一些互不相容的较简单事件，通过分别计算这些较简单事件的概率，再利用概率的可加性，来计算这个复杂事件的概率. 请看下面的例子.

　　例 1.4.7　有三个编号分别为 1、2、3 的箱子，1 号箱装有 1 个红球，4 个白球，2 号箱装有 2 个红球，3 个白球，3 号箱装有 3 个红球. 现从三个箱子中任取一箱，再从取得的箱子中任取一球，求取得红球的概率.

　　解　记 $A_i=\{$取得 i 号箱$\}$（$i=1,2,3$），$B=\{$取得红球$\}$，B 发生总是伴随着 A_1、A_2、A_3 之一同时发生，即 $B=A_1B\bigcup A_2B\bigcup A_3B$，且 A_1B、A_2B、A_3B 互不相容，运用概率的加法公式得

$$P(B) = P(A_1B) + P(A_2B) + P(A_3B)$$

对上式右边中的每一项运用乘法公式，代入数据计算得

$$P(B) = P(A_1)P(B|A_1) + P(A_2)P(B|A_2) + P(A_3)P(B|A_3)$$

$$= \frac{1}{3} \times \frac{1}{5} + \frac{1}{3} \times \frac{2}{5} + \frac{1}{3} \times 1 = \frac{8}{15}$$

将此例中所用的方法推广到一般情形，可以得到在概率计算中常用的全概率公式.

定义 1.4.2　设随机试验 E 的样本空间为 Ω，$B_1, B_2, \cdots, B_n$ 是 E 的一组事件，若

1. $B_iB_j = \varnothing$，$i \neq j$；
2. $B_1 \bigcup B_2 \bigcup \cdots \bigcup B_n = \Omega$.

则称 $B_1, B_2, \cdots, B_n$ 为 Ω 的一个**有限划分**.

定理 1.4.2　（全概率公式）设随机试验 E 的样本空间为 Ω，$A \subset \Omega$，$B_1, B_2, \cdots, B_n$ 为 Ω 的一个有限划分，且 $P(B_i) > 0$，$i = 1, 2, \cdots, n$，则有

$$P(A) = \sum_{i=1}^{n} P(B_i)P(A|B_i) \tag{1.4.6}$$

全概率公式的基本思想是把一个未知的复杂事件分解为若干个已知的简单事件来计算其概率，这些简单事件组成一个互不相容的事件组，使得事件 A 与 $B_1, B_2, \cdots, B_n$ 事件组中的至少一个同时发生.

例 1.4.8　市场上的某种商品由三个厂家同时供给，其供应量为甲厂家是乙厂家的 2 倍，乙、丙两个厂家相等，且各厂产品的次品率分别为 2%、2%、4%，求在市场上该种商品的次品率.

解　设 B_1、B_2、B_3 分别表示取到甲、乙、丙厂家的商品，A 表示取到次品. 由题意得，$P(B_1) = 0.5$，$P(B_2) = P(B_3) = 0.25$，$P(A|B_1) = 0.02$，$P(A|B_2) = 0.02$，$P(A|B_3) = 0.04$，由全概率公式有

$$P(A) = \sum_{i=1}^{3} P(B_i)P(A|B_i)$$

$$= 0.5 \times 0.02 + 0.25 \times 0.02 + 0.25 \times 0.04 = 0.025$$

例 1.4.9　播种用的一等小麦种子中混有 2% 的二等种子，1.5% 的三等种子，1% 的四等种子. 用一、二、三、四等种子长出的穗含 50 颗以上麦粒的概率分别为 0.5、0.15、0.1、0.05，求这批种子所结的穗含 50 颗以上麦粒的概率.

解　设 $B_i = \{$取到 i 等种子$\}$，$i = 1, 2, 3, 4$，$A = \{$从这批种子中任选一颗，所结的穗含 50 颗以上麦粒$\}$，由题意得

$$P(B_1) = 1 - 2\% - 1.5\% - 1\% = 95.5\%，\quad P(B_2) = 2\%，\quad P(B_3) = 1.5\%，\quad P(B_4) = 1\%$$

$$P(A|B_1) = 0.5，\quad P(A|B_2) = 0.15，\quad P(A|B_3) = 0.1，\quad P(A|B_4) = 0.05$$

由全概率公式有

$$P(A) = \sum_{i=1}^{4} P(B_i)P(A|B_i)$$

$$= 0.955 \times 0.5 + 0.02 \times 0.15 + 0.015 \times 0.1 + 0.01 \times 0.05$$

$$= 0.4825$$

1.4.4　贝叶斯公式

在实际应用中还有另外一类问题．例如，在例 1.4.8 中，已知取到一件次品，求该产品是甲厂生产的概率？或者求该产品是哪家工厂生产的可能性最大？这一类问题在实际应用中很常见，是全概率公式的逆问题，需要利用贝叶斯（Bayes）公式解决．

定理 1.4.3　（贝叶斯公式）设随机试验 E 的样本空间为 Ω，$A \subset \Omega$，$B_1, B_2, \cdots, B_n$ 为 Ω 的一个有限划分，且 $P(A) > 0$，$P(B_i) > 0$，$i = 1, 2, \cdots, n$，则有

$$P(B_j \mid A) = \frac{P(B_j)P(A \mid B_j)}{\sum\limits_{i=1}^{n} P(B_i)P(A \mid B_i)} \qquad (1.4.7)$$

由条件概率的定义及全概率公式不难证明上式．

该公式于 1763 年由英国数学家 Thomas Bayes 给出，在概率及数理统计中有着许多方面的应用．因为 $B_1, B_2, \cdots, B_n$ 是导致试验结果即事件 A 发生的原因，所以称 $P(B_i)$（$i = 1, 2, \cdots,$ n）为"先验概率"，它反映了各种原因发生的可能性大小，一般是以往经验的总结，在此次试验之前就已经知道．在试验中事件 A 发生了，这一信息将有助于研究事件发生的各种原因．$P(B_i \mid A)$ 是在附加了信息"A 已发生"的条件下 $P(B_i)$ 发生的概率，称为"后验概率"，它反映了在试验后对各种原因发生的可能性大小的新的认识．在实际应用中，贝叶斯公式可以帮助人们确定某试验结果（事件 A）发生的最可能原因．

例 1.4.10　在例 1.4.8 中，若从市场上的商品中随机抽取一件，发现是次品，求该产品是甲厂生产的概率．

解　由贝叶斯公式有

$$
\begin{aligned}
P(B_1 \mid A) &= \frac{P(B_1)P(A \mid B_1)}{\sum\limits_{i=1}^{3} P(B_i)P(A \mid B_i)} \\
&= \frac{P(B_1)P(A \mid B_1)}{P(A)} \\
&= \frac{0.5 \times 0.02}{0.025} = 0.40
\end{aligned}
$$

例 1.4.11　某种新产品投放市场面临失败（B_1）、勉强成功（B_2）、基本成功（B_3）三种结果．由以往经验，同类产品在投放市场后面临各种情况的概率是 $P(B_1) = 0.2$、$P(B_2) = 0.3$、$P(B_3) = 0.5$，在各种情况下能得到别人大量投资（A），以便进行进一步试验的概率分别为 $P(A \mid B_1) = 0.05$、$P(A \mid B_2) = 0.3$、$P(A \mid B_3) = 0.98$．求：（1）试验能获得大量投资的概率；（2）已获得大量投资，产品面临各种情况的概率．

解　（1）由全概率公式有

$$
\begin{aligned}
P(A) &= \sum_{i=1}^{3} P(B_i)P(A \mid B_i) \\
&= 0.2 \times 0.05 + 0.3 \times 0.3 + 0.5 \times 0.98 \\
&= 0.59
\end{aligned}
$$

（2）由贝叶斯公式有

$$P(B_1 \mid A) = \frac{P(B_1)P(A \mid B_1)}{P(A)} = \frac{0.2 \times 0.05}{0.59} \approx 0.017$$

$$P(B_2 \mid A) = \frac{P(B_2)P(A \mid B_2)}{P(A)} = \frac{0.3 \times 0.3}{0.59} \approx 0.153$$

$$P(B_3 \mid A) = \frac{P(B_3)P(A \mid B_3)}{P(A)} = \frac{0.5 \times 0.98}{0.59} \approx 0.830$$

因为后验概率 $P(B_3 \mid A) \approx 0.830$ 大于其对应的先验概率 $P(B_3) = 0.5$，说明通过市场试验研究可知，当获得大量投资时新产品基本成功的可能性变大了.

例 1.4.12 （疾病确诊率问题）假定用血清甲胎蛋白法诊断肝癌. 已知 $B = \{$此人患有肝癌$\}$，$A = \{$诊断出患有肝癌$\}$，人群中 $P(B) = 0.0004$，患有肝癌的检查确诊的概率 $P(A \mid B) = 0.95$，没有患癌的检查正常的概率 $P(\bar{A} \mid \bar{B}) = 0.90$. 现在若有一人被此检验诊断出患有肝癌，求此人确实患有肝癌的概率 $P(B \mid A)$.

解 由贝叶斯公式

$$P(B \mid A) = \frac{P(B)P(A \mid B)}{P(B)P(A \mid B) + P(\bar{B})P(A \mid \bar{B})}$$

$$= \frac{0.0004 \times 0.95}{0.0004 \times 0.95 + 0.9996 \times 0.1} \approx 0.0038$$

计算结果表明，虽然检验法相当可靠，但被诊断为肝癌的人确实患有肝癌的可能性并不大. 因此医生在诊断时，应采用多种检测手段，对被检者进行综合诊断，得出较为正确的判断.

1.5 事件的独立性

1.5.1 两个事件的独立性

对于事件 A、B，概率 $P(B)$ 与条件概率 $P(B \mid A)$ 是两个不同的概念. 一般来说，$P(B) \neq P(B \mid A)$，即事件 A 的发生对事件 B 的发生有影响. 若事件 A 的发生对事件 B 的发生没有影响，则有 $P(B \mid A) = P(B)$.

例 1.5.1 一袋中装有 a 只黑球和 b 只白球，进行有放回摸球，求

（1）在第一次摸得黑球的条件下，第二次摸得黑球的概率；

（2）第二次摸得黑球的概率.

解 记 $A = \{$第一次摸得黑球$\}$，$B = \{$第二次摸得黑球$\}$，则

$$P(A) = \frac{a}{a+b}, \quad P(AB) = \frac{a^2}{(a+b)^2}, \quad P(\bar{A}B) = \frac{ba}{(a+b)^2}$$

所以

（1）$P(B \mid A) = \dfrac{P(AB)}{P(A)} = \dfrac{a}{a+b}$

（2）$P(B) = P(AB) + P(\overline{A}B) = \dfrac{a^2}{(a+b)^2} + \dfrac{ba}{(a+b)^2} = \dfrac{a}{a+b}$

在此例中 $P(B|A) = P(B)$，即事件 A 发生与否，对事件 B 发生的概率没有影响. 因为此处采用的是有放回摸球的方式，所以第一次摸球的结果不会影响第二次摸球的结果. 此时也称，事件 A 的发生与事件 B 的发生有某种"独立性".

定义 1.5.1　如果两个事件 A、B 满足等式

$$P(AB) = P(A)P(B) \tag{1.5.1}$$

则称事件 A 与 B 相互独立.

性质 1.5.1　若事件 A、B 相互独立，且 $P(B) > 0$，则

$$P(A|B) = P(A) \tag{1.5.2}$$

性质 1.5.2　若事件 A、B 相互独立，则下列三对事件：$\overline{A}$ 与 B，A 与 $\overline{B}$，$\overline{A}$ 与 $\overline{B}$ 也相互独立.

证　A、B 相互独立，则有

$$P(\overline{A}B) = P(B) - P(AB) = P(B) - P(A)P(B)$$
$$= [1 - P(A)]P(B) = P(\overline{A})P(B)$$

所以 $\overline{A}$ 与 B 相互独立，其他情况同理可证.

例 1.5.2　甲、乙两人进行射击练习. 根据两人的历史成绩可知，甲的命中率为 0.9，乙的命中率为 0.8. 现甲、乙两人各自独立射击一次. 求

（1）甲、乙都命中目标的概率；

（2）甲、乙至少有一个命中目标的概率.

解　设 $A = \{$甲命中$\}$，$B = \{$乙命中$\}$，事件 A 与事件 B 相互独立. 因此

（1）甲、乙都命中目标的概率为

$$P(AB) = P(A)P(B) = 0.9 \times 0.8 = 0.72$$

（2）甲、乙至少有一个命中目标的概率为

$$P(A \bigcup B) = P(A) + P(B) - P(AB)$$
$$= 0.9 + 0.8 - 0.72$$
$$= 0.98$$

1.5.2　多个事件的独立性

对三个事件的独立性有下面的定义.

定义 1.5.2　如果三个事件 A、B、C 满足等式

$$\begin{cases} P(AB) = P(A)P(B) \\ P(BC) = P(B)P(C) \\ P(CA) = P(C)P(A) \end{cases} \tag{1.5.3}$$

则称事件 A、B、C **两两独立**.

进一步，若事件 A、B、C 还满足

$$P(ABC) = P(A)P(B)P(C) \tag{1.5.4}$$

则称事件 A、B、C 相互独立.

例 1.5.3 在三个元件串联的电路中，每个元件发生断电的概率依次为 0.3、0.4、0.6，各元件是否断电为相互独立事件，求电路断电的概率.

解 设 $A_i = \{$第 i 个元件断电$\}$ $(i=1,2,3)$，$A = \{$电路断电$\}$. 因 A_1, A_2, A_3 相互独立，则

$$\begin{aligned} P(A) &= P(A_1 \bigcup A_2 \bigcup A_3) \\ &= 1 - P(\overline{A_1 \bigcup A_2 \bigcup A_3}) \\ &= 1 - P(\overline{A_1})P(\overline{A_2})P(\overline{A_3}) \\ &= 1 - 0.7 \times 0.6 \times 0.4 = 0.832 \end{aligned}$$

例 1.5.4 假设每个人的血清中含有肝炎病毒的概率为 0.4%，混合 100 个人的血清，求此混合血清中含有肝炎病毒的概率.

解 设 $A_i = \{$第 i 个人血清中含有肝炎病毒$\}$ $(i=1,\cdots,100)$，$B = \{$混合血清中含有肝炎病毒$\}$，显然 $B = A_1 \bigcup A_2 \bigcup \cdots \bigcup A_{100}$，且 $A_1, A_2, \cdots, A_{100}$ 相互独立，从而 $\overline{A_1}, \overline{A_2}, \cdots, \overline{A_{100}}$ 也相互独立，所求概率为

$$\begin{aligned} P(B) &= P(A_1 \bigcup A_2 \bigcup \cdots \bigcup A_{100}) \\ &= 1 - P(\overline{A_1 \bigcup A_2 \bigcup \cdots \bigcup A_{100}}) \\ &= 1 - P(\overline{A_1}\,\overline{A_2}\cdots\overline{A_{100}}) \\ &= 1 - P(\overline{A_1})P(\overline{A_2})\cdots P(\overline{A_{100}}) \\ &= 1 - 0.996^{100} \approx 0.3302 \end{aligned}$$

1.5.3 伯努利概型

将只有两个结果 A 和 $\overline{A}$ 的随机试验称为伯努利试验. 将伯努利试验在相同条件下独立重复进行 n 次，称为 n 重伯努利试验或**伯努利概型**. 一个 n 重伯努利试验包含 n 次试验，在每次试验中基本事件 A 发生的概率保持不变，均为 p. 在 n 次独立试验中事件 A 恰好发生 k 次的概率为

$$P(A_k) = C_n^k p^k (1-p)^{n-k}, \quad k = 0,1,2,\cdots,n$$

例 1.5.5 甲、乙两人进行乒乓球比赛，采用五局三胜制，各局比赛相互独立，在每局比赛中甲胜的概率为 2/3，求甲最终获胜的概率.

解 设 $A_i = \{$一共打了 i 局甲最终获胜$\}$ $(i=3,4,5)$，$B = \{$甲最终获胜$\}$，显然 $B = A_3 \bigcup A_4 \bigcup A_5$，则

$$P(A_3) = \left(\frac{2}{3}\right)^3 = \frac{8}{81}$$

$$P(A_4) = C_3^2 \left(\frac{2}{3}\right)^2 \times \frac{1}{3} \times \frac{2}{3} = \frac{8}{27}$$

$$P(A_5) = C_4^2 \left(\frac{2}{3}\right)^2 \times \left(\frac{1}{3}\right)^2 \times \frac{2}{3} = \frac{16}{81}$$

$$P(B) = P(A_3 \bigcup A_4 \bigcup A_5) = P(A_3) + P(A_4) + P(A_5) = \frac{64}{81}$$

1.6 应用实例

患者的选择

一、某城市对一种严重疾病进行统计，有如下统计数据：在得病的 1000 人中有 200 人幸存，幸存者有 120 人是经手术后存活下来的，其余 80 人是没有经过手术存活下来的，并且做过手术的患者共 360 名.

现有一名患者对自己是否进行手术犹豫不决，为此对这个问题进行分析，帮助他做出选择. 将上述数据用矩阵表示如下

$$S = \begin{bmatrix} 120 & 240 \\ 80 & 560 \end{bmatrix} \begin{array}{l} \text{动手术人数} \\ \text{未动手术人数} \end{array}$$

令 $A = \{\text{患者存活下来}\}$，$B = \{\text{患者动手术}\}$.

由于事件的频率具有稳定性，因此用事件的频率近似替代概率，根据数据矩阵 S，有

$$P(A|B) = \frac{120}{360} = \frac{1}{3}, \quad P(\bar{A}|B) = \frac{240}{360} = \frac{2}{3}$$

$$P(A|\bar{B}) = \frac{80}{640} = \frac{1}{8}, \quad P(\bar{A}|\bar{B}) = \frac{560}{640} = \frac{7}{8}$$

可见患者动过手术的存活率超过不动手术的存活率.

另外，一名患者存活下来，是动手术让他存活的可能性有多大呢？需要计算条件概率 $P(B|A)$，根据贝叶斯公式，有

$$P(B|A) = \frac{P(A|B)P(B)}{P(A|B)P(B) + P(A|\bar{B})P(\bar{B})}$$

同理，假定 $P(B) = \frac{360}{1000} = \frac{9}{25}$，从而

$$P(B|A) = \frac{\frac{1}{3} \times \frac{9}{25}}{\frac{1}{3} \times \frac{9}{25} + \frac{1}{8} \times \frac{16}{25}} = \frac{3}{5} > \frac{2}{5} = P(\bar{B}|A)$$

若把历史数据作为预测未来的依据，则结果说明对生存欲望强烈的患者而言，动手术是最佳的选择.

二、许多人曾有这样的经历，进行一次检查，结果呈阳性提示此人患病，但实际上却是虚惊一场，这往往是检查的技术水平较低造成的错误诊断. 现有以下数据矩阵

$$T = \begin{bmatrix} 360 & 120 \\ 40 & 480 \end{bmatrix} \begin{array}{l} \text{正确诊断的人数} \\ \text{错误诊断的人数} \end{array}$$

现根据以上数据矩阵分析一名被诊断为患病的人确实患病的可能性. 令 $C=\{$此人确实患病$\}$, $D=\{$此人被诊断为患病$\}$.

同理, 用事件的频率近似替代概率, 有

$$P(D\,|\,C)=\frac{360}{400}=\frac{9}{10}, \quad P(\bar{D}\,|\,C)=\frac{40}{400}=\frac{1}{10}$$

$$P(D\,|\,\bar{C})=\frac{120}{600}=\frac{1}{5}, \quad P(\bar{D}\,|\,\bar{C})=\frac{480}{600}=\frac{4}{5}$$

可见患病的人被确诊的概率很高, 而没有患病的人被确诊为正常的概率也很高.

一名被诊断为患病的人确实患病的可能性有多大, 需要计算条件概率 $P(C\,|\,D)$, 根据贝叶斯公式

$$P(C\,|\,D)=\frac{P(D\,|\,C)P(C)}{P(D\,|\,C)P(C)+P(D\,|\,\bar{C})P(\bar{C})}$$

被检查的人群中患病的概率为 $P(C)=\dfrac{400}{1000}=\dfrac{2}{5}=0.4$, 从而

$$P(C\,|\,D)=\frac{\dfrac{9}{10}\times\dfrac{2}{5}}{\dfrac{9}{10}\times\dfrac{2}{5}+\dfrac{1}{5}\times\dfrac{3}{5}}=\frac{3}{4}=0.75$$

根据以上分析, 被诊断为患病的人确实患病的可能性为 0.75, 大于被检查的人群中患病的概率 $P(C)=0.4$, 但小于患病的人的确诊率 $P(D\,|\,C)=0.9$, 说明检查有助于判断是否患病, 但是准确率并不高, 因此建议复查, 以确定是否患病.

习　题　1

1. 写出下列随机试验的样本空间.

（1）观察某商场某日在开门半小时后场内的顾客数;

（2）生产某种产品直至得到 10 件正品为止, 记录生产产品的总件数;

（3）讨论某地区的气温;

（4）已知某批产品中有一等品、二等品、三等品及不合格品, 从中任取一件观察其等级;

（5）一口袋中装有 2 只红球、3 只白球, 从中任取 2 球, 不计顺序, 观察其结果.

2. 设 A、B、C 是某一试验的三个事件, 用 A、B、C 的运算关系表示下列事件:

（1）A、B、C 都发生;

（2）A、B、C 都不发生;

（3）A 与 B 发生, 而 C 不发生;

（4）A 发生, 而 B 与 C 不发生;

（5）A、B、C 至少有一个发生;

（6）A、B、C 至多有一个发生;

（7）A、B、C 恰有两个发生;

（8）A、B、C 至多有两个发生；

（9）A 与 B 都不发生；

（10）A 与 B 不都发生.

3. 甲、乙、丙三人各进行一次试验，事件 A_1、A_2、A_3 分别表示甲、乙、丙试验成功，说明下列事件所表示的试验结果.

$$\overline{A_1},\ \overline{A_1 \cup A_2},\ \overline{A_2 A_3},\ \overline{A_2 \cup A_3},\ A_1 A_2 A_3,\ A_1 A_2 \cup A_2 A_3 \cup A_1 A_3$$

4. 设 A、B 为两个事件，指出下列等式中哪些成立，哪些不成立？

（1）$A \cup B = A\overline{B} \cup B$；

（2）$A - B = A\overline{B}$；

（3）$(AB)(A\overline{B}) = \varnothing$；

（4）$(A - B) \cup B = A$.

5. 把 10 本书任意放在书架的一排上，求其中指定的 3 本书放在一起的概率.

6. 10 个产品中有 7 个正品、3 个次品，求

（1）不放回地取 3 次，每次 1 个，求取到 3 个次品的概率；

（2）有放回地取 3 次，每次 1 个，求取到 3 个次品的概率.

7. 盒子中有 12 粒围棋棋子，其中有 8 粒白子、4 粒黑子，从中任取 3 粒，求

（1）取到的都是白子的概率；

（2）取到 2 粒白子、1 粒黑子的概率；

（3）至少取到 1 粒黑子的概率；

（4）取到 3 粒颜色相同棋子的概率.

8. 若 $P(A) = 0.6$，$P(A \cup B) = 0.8$，$P(AB) = 0.1$ 求 $P(\overline{B})$ 和 $P(A - B)$.

9. 设 A、B、C 是三个事件，且 $P(A) = P(B) = P(C) = 1/4$，$P(AB) = P(BC) = 0$，$P(AC) = 1/8$，求 A、B、C 至少有一个发生的概率.

10. 设事件 A、B 互不相容，$P(A) = p$，$P(B) = q$，计算 $P(\overline{AB})$.

11. 在区间 $(0,1)$ 中随机取出两个数，求两数之和大于 1，且两数之积小于 $1/2$ 的概率.

12. 设 $P(A) = 0.5$，$P(A\overline{B}) = 0.3$，求 $P(B|A)$.

13. 设 $P(A) = 1/4$，$P(B|A) = 1/3$，$P(A|B) = 1/2$，求 $P(A \cup B)$.

14. 设某种动物活到 20 岁的概率为 0.8，活到 25 岁的概率为 0.4，求年龄为 20 岁的这种动物活到 25 岁的概率.

15. 在甲、乙、丙三个袋子中，甲袋中有 2 个白球、1 个黑球，乙袋中有 1 个白球、2 个黑球，丙袋中有 2 个白球、2 个黑球，现随机选出一个袋子再从袋中取一球，求取出的球是白球的概率.

16. 某保险公司把被保险人分成三类："谨慎的""一般的""冒失的"，他们在被保险人中依次占 20%、50%、30%. 统计资料表明，上述三种人在一年内发生事故的概率分别为 0.05、0.15 和 0.30. 现有某被保险人在一年内出了事故，求其是"谨慎的"客户的概率.

17. 已知男性中有 5% 是色盲患者，女性中有 0.25% 是色盲患者，现从男女人数相等的人群中随机挑选一人，恰好是色盲患者，求此人是男性的概率.

18. 有位朋友从远方来，他乘火车、轮船、汽车、飞机来的概率分别是 0.3、0.2、0.1、

0.4，如果他乘火车、轮船、汽车来，迟到的概率分别是 1/4、1/3、1/12，而乘飞机则不会迟到．求

（1）他迟到的概率；

（2）他迟到了，求他是乘火车来的概率．

19. 设事件 A 与 B 相互独立，$P(A)=0.3$，$P(B)=0.4$，计算 $P(A\bigcup B)$ 和 $P(AB)$．

20. 设 $P(A)=0.4$，$P(A\bigcup B)=0.7$

（1）若事件 A、B 互不相容，计算 $P(B)$；

（2）若事件 A、B 相互独立，计算 $P(B)$；

（3）若事件 $A\subset B$，计算 $P(B)$．

21. 三人独立地破译一密码，已知他们破译成功的概率分别为 1/4、1/3、1/5，求三人至少有一人能将密码破译成功的概率．

22. 某学生宿舍有 6 名学生，求

（1）6 人生日都在星期天的概率；

（2）6 人生日都不在星期天的概率；

（3）6 人生日不都在星期天的概率．

23. 某工人同时看管 3 台机器，在 1h 内，这 3 台机器需要看管的概率分别为 0.2、0.3、0.1，假设这 3 台机器是否需要看管是相互独立的，求在 1h 内

（1）3 台机器都不需要看管的概率；

（2）至少有 1 台机器需要看管的概率；

（3）至多有 1 台机器需要看管的概率．

24. 某种产品的生产过程要经过三道相互独立的工序．已知第一道工序的次品率为 3%，第二道工序的次品率为 5%，第三道工序的次品率为 2%，求该种产品的次品率．

25. 电路由电池 A 和两个并联的电池 B 和 C 串联而成，三个电池工作相互独立．设电池 A、B、C 损坏的概率分别是 0.3、0.2、0.2．求电路发生断电的概率．

第 2 章　随机变量及其分布

第 1 章讨论了随机事件与概率，这只是孤立地研究了随机试验的一个或几个结果，不能从全局上讨论随机现象的统计规律性. 为了进行定量的数学处理，需要把随机试验的结果数量化，因此引入随机变量的概念，从数量关系来研究随机现象的统计规律性. 本章主要讨论随机变量及其分布.

2.1　随机变量及其分布函数

2.1.1　随机变量

在讨论随机试验及其结果时，我们发现有些试验结果本身就是用数量表示的. 例如，X 表示医院一天的挂号人数，Y 表示某公司一天迟到的人数，Z 表示某地一季度的雨雪量，W 表示某车间一天的产出量，等等。这些随机试验结果本身就可以用数量表示. 而有些结果是不可以用数量表示的，但是可以将其转化为用数量表示. 例如，抛掷一枚均匀骰子，用 X 表示其出现的点数，X 可以取值 1,2,3,4,5,6. 再如，抛掷一枚均匀硬币，用$\{Y=1\}$表示$\{$出现正面$\}$，用$\{Y=0\}$表示$\{$出现反面$\}$，Y 可以取值 0,1.

在上面的例子中，我们遇到了两个变量 X 和 Y，这两个变量的取值依赖于试验的结果，具有随机性，称为随机变量.

定义 2.1.1　设 E 是随机试验，其样本空间为 Ω，对 Ω 中的每一个样本点 ω，有且仅有一个实数 $X(\omega)$ 与之对应，且对于任意实数 x（$X \leq x$）都有确定的概率，则称 X 为定义在 Ω 上的随机变量.

注　随机变量与普通变量的区别是，随机变量的取值随样本点的变化而变化，随机变量在一定区间内的取值有确定的概率.

例 2.1.1　在抛掷骰子试验中，试验的样本空间为 $\Omega = \{1,2,3,4,5,6\}$. 设有变量 X，使得 $X(\omega) = \omega$，（$\omega = 1,2,3,4,5,6$）. 这个 $X(\omega)$ 就是随机变量.

例 2.1.2　从 n 件产品中，任意抽取 m 件，观察抽到的次品数. 用 X 表示抽到的次品数，则以下事件可以用随机变量表示.

$\{$没有次品$\} = \{X = 0\}$

$\{$不多于 10 件次品$\} = \{X \leq 10\}$

$\{$至少有 2 件次品$\} = \{X \geq 2\}$

随机变量概念的引入是概率论发展进程上的一次飞跃，随机变量可以完整地描述随机试验的全部结果，而不必对每一个事件进行重复讨论. 我们可以借助高等数学等工具来分析随机变量的统计规律性. 为了更好地描述随机变量中事件 $\{X(\omega) \leq x\}$ 的概率，我们引入分布函数的概念.

2.1.2　分布函数

前面讲了随机变量的概念，下面先看几个例子.

例 2.1.3　记 X 为一天内到达某银行的顾客数，则 X 的可能取值为 $0,1,2,\cdots,n\cdots$. X 是一个随机变量，事件 $A=\{$至少有 200 名顾客$\}$，可以表示为 $A=\{X \geqslant 200\}$.

例 2.1.4　记 T 为一电子元件的寿命，则 T 的可能取值为 $[0,+\infty)$，事件 $B=\{$使用寿命为 10000 到 30000 小时$\}$，则可以表示为

$$B=\{10000 \leqslant T \leqslant 30000\}$$

为了掌握 X 的统计规律性，我们需要掌握 X 取各种值的概率. 由于 $\{X>a\}=\Omega-\{X \leqslant a\}$，$\{b<X \leqslant c\}=\{X \leqslant c\}-\{X \leqslant b\}$，因此对任意的实数 x 只要知道 $\{X \leqslant x\}$ 的概率就够了，记 $P\{X \leqslant x\}=F(x)$，这就是分布函数的概念.

定义 2.1.2　设 X 为一随机变量，对任意 $x \in \mathbf{R}$，称函数

$$F(x)=P\{X \leqslant x\} \tag{2.1.1}$$

为随机变量 X 的**分布函数**.

注　（1）分布函数的定义域为 $(-\infty,+\infty)$，值域为 $[0,1]$；

（2）分布函数 $F(x)$ 的函数值表示随机变量 X 落在区间 $(-\infty,x]$ 内的概率.

利用分布函数可以求有关事件的概率，计算方法为

$$P\{a<X \leqslant b\}=P\{X \leqslant b\}-P\{X \leqslant a\}=F(b)-F(a) \tag{2.1.2}$$

$$P\{X>b\}=1-F(b) \tag{2.1.3}$$

例 2.1.5　抛掷一枚均匀硬币一次，设 X 为正面出现的次数，求随机变量 X 的分布函数.

解　$P\{X=0\}=P\{$出现反面$\}=1/2$，$P\{X=1\}=P\{$出现正面$\}=1/2$

当 $x<0$ 时，$F(x)=P\{X \leqslant x\}=0$

当 $0 \leqslant x<1$ 时，$F(x)=P\{X \leqslant x\}=P\{X=0\}=1/2$

当 $x \geqslant 1$ 时，$F(x)=P\{X \leqslant x\}=P\{X=0\}+P\{X=1\}=1/2+1/2=1$

综上

$$F(x)=\begin{cases} 0, & x<0 \\ \dfrac{1}{2}, & 0 \leqslant x<1 \\ 1, & x \geqslant 1 \end{cases}$$

分布函数 $F(x)$ 的图形如图 2.1.1 所示，它是阶梯形的，在 $x=0$、$x=1$ 点处发生跳跃.

例 2.1.6　在区间 $(0,L)$ 上随机地抽取一点，记该点的坐标为 X，事件 $\{a<X \leqslant b\}$ 的概率为

$$P\{a<X \leqslant b\}=\frac{b-a}{L}, \quad (a,b) \subset (0,L)$$

求随机变量 X 的分布函数.

解　当 $x<0$ 时，$F(x)=P\{X \leqslant x\}=0$

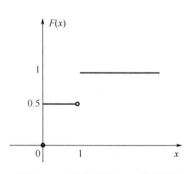

图 2.1.1　分布函数 $F(x)$ 的图形

当 $0 \le x < L$ 时，$F(x) = P\{X \le x\} = P\{0 < X \le x\} = x / L$

当 $x \ge L$ 时，$F(x) = P\{X \le x\} = P\{\Omega\} = 1$

综上

$$F(x) = \begin{cases} 0, & x < 0 \\ \dfrac{x}{L}, & 0 \le x < L \\ 1, & x \ge L \end{cases}$$

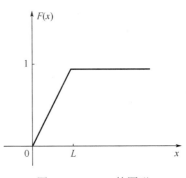

$F(x)$ 的图形如图 2.1.2 所示，$F(x)$ 是一个单调不降的连续函数.

图 2.1.2　$F(x)$ 的图形

分布函数具有以下基本性质.

定理 2.1.1　设 $F(x)$ 为随机变量 X 的分布函数，则

（1）$F(x)$ 是单调不降函数，即当 $x_1 < x_2$ 时，有 $F(x_1) \le F(x_2)$；

（2）$0 \le F(x) \le 1$，且 $\lim\limits_{x \to -\infty} F(x) = 0$，$\lim\limits_{x \to +\infty} F(x) = 1$；

（3）$F(x)$ 是右连续函数，即 $F(x_0 + 0) = \lim\limits_{x \to x_0^+} F(x) = F(x_0)$.

证　（1）对于任意两点 x_1、x_2，当 $x_1 < x_2$ 时，事件 $\{X \le x_1\} \subset \{X \le x_2\}$，由概率的单调性知 $P\{X \le x_1\} \le P\{X \le x_2\}$，即 $F(x_1) \le F(x_2)$；

（2）$F(x) = P\{X \le x\}$，由概率的性质知 $0 \le F(x) \le 1$；

若变量 $x \to -\infty$，则"随机变量 X 在 $(-\infty, x]$ 内取值"趋于不可能事件，其概率为 0，即 $F(-\infty) = 0$；

若变量 $x \to +\infty$，则"随机变量 X 在 $(-\infty, x]$ 内取值"趋于必然事件，其概率为 1，即 $F(+\infty) = 1$.

（3）证明超出本书范围，故不再赘述.

例 2.1.7　已知随机变量 X 的分布函数为

$$F(x) = A + B \arctan x，\quad x \in \mathbf{R}$$

求：（1）系数 A、B；（2）X 落在区间 $(-1, 1]$ 上的概率.

解　（1）$\lim\limits_{x \to -\infty} F(x) = A - \dfrac{\pi}{2} B = 0$，$\lim\limits_{x \to +\infty} F(x) = A + \dfrac{\pi}{2} B = 1$

得 $A = \dfrac{1}{2}$，$B = \dfrac{1}{\pi}$

（2）$P\{-1 < X \le 1\} = F(1) - F(-1) = \left(\dfrac{1}{2} + \dfrac{1}{4} \right) - \left(\dfrac{1}{2} - \dfrac{1}{4} \right) = \dfrac{1}{2}$

有了随机变量的分布函数的概念，就可以深入研究随机试验了. 接下来讨论离散型随机变量和连续型随机变量及其分布.

2.2　离散型随机变量

2.2.1　离散型随机变量及其分布律

定义 2.2.1　如果随机变量 X 取有限个值 $x_1, x_2, \cdots, x_n$，或者可列无穷多个值 $x_1, x_2, \cdots,$

$x_n, \cdots$，则称 X 为**离散型随机变量**.

X：抛掷一枚均匀骰子所出现的点数（有限个）

Y：对一目标进行射击，直到击中 5 次为止，则射击的总次数为 $5,6,7,8,\cdots$（可列无穷多个）

定义 2.2.2 设 X 为离散型随机变量，所有可能取值为 x_i（$i=1,2,3,\cdots$），且 $P\{X=x_i\}=p_i$（$i=1,2,3,\cdots$），则称 $P\{X=x_i\}=p_i$（$i=1,2,3,\cdots$）为 X 的分布律.

分布律也可表示为如表 2.2.1 所示的表格形式：

表 2.2.1　X 的分布律

X	x_1	x_2	$\cdots$	x_n	$\cdots$
P	p_1	p_2	$\cdots$	p_n	$\cdots$

离散型随机变量的分布律满足下列两条基本性质.

（1）$p_i \geqslant 0$，$i=1,2,\cdots$；

（2）$\displaystyle\sum_{i=1}^{\infty} p_i = 1$.

离散型随机变量的分布函数为

$$F(x) = P\{X \leqslant x\} = \sum_{x_i \leqslant x} P\{X = x_i\} \tag{2.2.1}$$

例 2.2.1 某射手向一个目标射击，直到击中为止. 用 X 表示首次击中目标时的射击次数，如果该射手每次击中目标的概率是 p，$0<p<1$，求 X 的分布律.

解 设 $A_i=\{$第 i 次射击时击中目标$\}$，$i=1,2,\cdots$

$$\begin{aligned}
P\{X=k\} &= P(\bar{A}_1 \bar{A}_2 \cdots \bar{A}_{k-1} A_k) \\
&= P(\bar{A}_1) P(\bar{A}_2) \cdots P(\bar{A}_{k-1}) P(A_k) \\
&= (1-p)^{k-1} p, \quad k=1,2,\cdots
\end{aligned}$$

且 $\displaystyle\sum_{k=1}^{\infty} P\{X=k\} = \sum_{k=1}^{\infty} (1-p)^{k-1} p = \frac{1}{1-(1-p)} p = 1$

故随机变量 X 的分布律如表 2.2.2 所示.

表 2.2.2　X 的分布律

X	1	2	$\cdots$	k	$\cdots$
P	p	$(1-p)p$	$\cdots$	$(1-p)^{k-1}p$	$\cdots$

例 2.2.2 设离散型随机变量 X 的分布律为 $P\{X=i\}=p^i$，（$i=1,2,\cdots$），$0<p<1$，求 p 的值.

解 由于 $\displaystyle\sum_{i=1}^{\infty} p_i = 1$，由无穷等比级数公式得

$$\sum_{i=1}^{\infty} p^i = \frac{p}{1-p} = 1$$

解得 $p = \dfrac{1}{2}$.

例 2.2.3　一间房间有 3 扇同样大小的窗子，其中只有一扇窗子是打开的. 有一只鸟从打开的窗子飞入房间，它只能从打开的窗子飞出去. 鸟在房间里飞来飞去，试图飞出房间. 假定鸟是没有记忆的，鸟飞向各窗子是随机的. 求

（1）以 X 表示鸟为了飞出房间试飞的次数，求 X 的分布律；

（2）户主称他养的鸟是有记忆的，它飞向任一窗子的尝试不多于 1 次. 以 Y 表示这只聪明的鸟为了飞出房间试飞的次数，若户主所说属实，求 Y 的分布律.

解　（1）X 的可能取值为 $1,2,3,\cdots,n,\cdots$，试飞次数为 n，表示前 $n-1$ 次飞向了另两扇窗子，第 n 次飞了出去，故随机变量 X 的分布律为

$$P\{X=n\}=\left(\frac{2}{3}\right)^{n-1}\times\frac{1}{3},\quad n=1,2,3,\cdots$$

（2）Y 的可能取值为 $1,2,3$

$$P\{Y=1\}=P\{第1次飞了出去\}=\frac{1}{3}$$

$$P\{Y=2\}=P\{第1次飞向另两扇窗子的1扇，第2次飞了出去\}=\frac{2}{3}\times\frac{1}{2}=\frac{1}{3}$$

$$P\{Y=3\}=P\{第1、2次飞向另两扇窗子，第3次飞了出去\}=\frac{2!}{3!}=\frac{1}{3}$$

故随机变量 Y 的分布律如表 2.2.3 所示.

表 2.2.3　Y 的分布律

Y	1	2	3
P	$\frac{1}{3}$	$\frac{1}{3}$	$\frac{1}{3}$

例 2.2.4　设 10 件产品中恰好有 2 件次品，现在进行不放回抽取，每次抽一件直到取到正品为止. 求

（1）抽取次数 X 的分布律；

（2）X 的分布函数；

（3）$P\{X=3.4\}$，$P\{X>-2\}$，$P\{1<X\leqslant3\}$.

解　（1）X 是离散型随机变量，当取到正品时则停止抽取，因为 10 件产品中有 2 件次品，因此最多抽取 3 次就可以取到正品. 因此 X 的分布律如表 2.2.4 所示.

表 2.2.4　X 的分布律

X	1	2	3
P	$\frac{4}{5}$	$\frac{8}{45}$	$\frac{1}{45}$

（2）X 是离散型随机变量，其分布函数 $F(x)$ 是 X 的取值不超过 x 的概率之和，是一个累积概率.

当 $x<1$ 时，$F(x)=P\{X\leqslant x\}=0$

当 $1\leqslant x<2$ 时，$F(x)=P\{X\leqslant x\}=P\{X=1\}=\frac{4}{5}$

当 $2 \leqslant x < 3$ 时，$F(x) = P\{X \leqslant x\} = P\{X = 1\} + P\{X = 2\} = \dfrac{4}{5} + \dfrac{8}{45} = \dfrac{44}{45}$

当 $x \geqslant 3$ 时，$F(x) = P\{X \leqslant x\} = P\{X = 1\} + P\{X = 2\} + P\{X = 3\} = \dfrac{4}{5} + \dfrac{8}{45} + \dfrac{1}{45} = 1$

所以此分布函数为

$$F(x) = \begin{cases} 0, & x < 1 \\[2mm] \dfrac{4}{5}, & 1 \leqslant x < 2 \\[2mm] \dfrac{44}{45}, & 2 \leqslant x < 3 \\[2mm] 1, & x \geqslant 3 \end{cases}$$

（3）$P\{X = 3.4\} = 0$

$$P\{X > -2\} = P\{X = 1\} + P\{X = 2\} + P\{X = 3\} = 1$$

或

$$P\{X > -2\} = 1 - P\{X \leqslant -2\} = 1 - F(-2) = 1 - 0 = 1$$

$$P\{1 < X \leqslant 3\} = P\{X = 2\} + P\{X = 3\} = \frac{1}{5}$$

或

$$P\{1 < X \leqslant 3\} = F(3) - F(1) = 1 - \frac{4}{5} = \frac{1}{5}$$

2.2.2　常见的离散型分布

1. 两点分布

在伯努利试验中，A 为伯努利试验的基本事件，$P(A) = p$，$0 < p < 1$. 令

$$X = \begin{cases} 1, & A \text{ 发生} \\ 0, & A \text{ 不发生} \end{cases}$$

则 X 的分布律如表 2.2.5 所示

表 2.2.5　X 的分布律

X	0	1
P	$1 - p$	p

或

$$P\{X = x\} = p^x (1 - p)^{1-x}, \quad x = 0, 1$$

称 X 服从**两点分布**，也称为 **0-1 分布**.

两点分布的概率背景是一次伯努利试验，X 表示事件 A 发生的次数. 两点分布是离散型分布中最简单的分布，只有两个试验结果的伯努利试验都满足两点分布，只是不同的试验，p 不同而已.

2. 二项分布

将伯努利试验在相同条件下重复进行 n 次，各次试验的结果相互独立，则称这 n 次试验为 n 重伯努利试验.

注："重复"是指在这 n 次试验中 $P(A) = p$ 保持不变，"独立"是指各次试验结果互不影响.

定义 2.2.3 在 n 重伯努利试验中，事件 A 在每次试验中发生的概率为 p，$0 < p < 1$，令 X 表示 n 次试验中事件 A 发生的次数，则 X 的分布律为

$$P_n(k) = P\{X = k\} = C_n^k p^k (1-p)^{n-k}, \quad k = 0, 1, 2, \cdots, n \tag{2.2.2}$$

称 X 服从参数为 n，p 的二项分布，记为 $X \sim B(n, p)$.

二项分布研究的是在 n 重伯努利试验中，事件 A 发生的次数的分布律，两点分布研究的是在一次伯努利试验中，事件 A 发生的次数的分布律，两点分布也可记为 $X \sim B(1, p)$. 二项分布的随机变量可以看作 n 个两点分布的随机变量的和，即已知 $X_i \sim B(1, p)$，$i = 1, 2, 3, \cdots, n$，则

$$X = \sum_{i=1}^n X_i \sim B(n, p)$$

例 2.2.5 某特效药的临床有效率为 0.95，现有 10 人服用，求至少有 8 人被治愈的概率.

解 设 X 为 10 人中被治愈的人数，则 X 服从二项分布，即 $X \sim B(10, 0.95)$，所求概率为

$$P\{X \geq 8\} = P\{X = 8\} + P\{X = 9\} + P\{X = 10\}$$
$$= C_{10}^8 (0.95)^8 (0.05)^2 + C_{10}^9 (0.95)^9 (0.05)^1 + C_{10}^{10} (0.95)^{10} (0.05)^0 \approx 0.9885$$

即 10 人中至少有 8 人被治愈的概率约为 0.9885.

例 2.2.6 从甲地到乙地需经过 3 个红绿灯路口，假设每个路口的红绿灯独立工作，出现红灯的概率都为 1/4，设 X 表示途中遇到红灯的次数，求随机变量 X 的分布律及 $P\{X \leq 1\}$.

解 $X \sim B\left(3, \dfrac{1}{4}\right)$，其分布律为 $P\{X = k\} = C_3^k \left(\dfrac{1}{4}\right)^k \left(1 - \dfrac{1}{4}\right)^{3-k}$，$k = 0, 1, 2, 3$，如表 2.2.6 所示.

表 2.2.6　X 的分布律

X	0	1	2	3
P	$\dfrac{27}{64}$	$\dfrac{27}{64}$	$\dfrac{9}{64}$	$\dfrac{1}{64}$

$$P\{X \leq 1\} = P\{X = 0\} + P\{X = 1\} = \frac{27}{64} + \frac{27}{64} = \frac{27}{32}$$

3. 泊松分布

设随机变量 X 的分布律为

$$P\{X = k\} = \frac{\lambda^k}{k!} e^{-\lambda}, \quad k = 0, 1, 2, \cdots, \quad \lambda > 0 \tag{2.2.3}$$

则称 X 服从参数为 λ 的**泊松分布**（**S.D.Poisson**），记为 $X \sim P(\lambda)$.

例 2.2.7 尽管在几何教科书中已经讲过用圆规和直尺三等分一个任意角是不可能的，但每年仍有一些"发明者"撰写关于利用圆规和直尺将角三等分的文章. 设某地区撰写此类文章的篇数 X 服从参数为 6 的泊松分布，求明年没有此类文章的概率.

解　$X \sim P(6)$，则 X 的分布律为

$$P(X = k) = \frac{6^k}{k!}\mathrm{e}^{-6} \quad (k = 0,1,2,\cdots)$$

故 $P(X = 0) = \mathrm{e}^{-6} \approx 0.0025$

泊松分布实际上是二项分布的极限形式.

定理 2.2.1 （泊松定理）设随机变量 X_n（$n = 1,2,3,\cdots$）服从二项分布，其分布律为 $P\{X_n = k\} = \mathrm{C}_n^k p_n^{\ k}(1 - p_n)^{n-k}$（$k = 0,1,2,\cdots,n$），其中 p_n 为与 n 有关的数，如果 $np_n \to \lambda$（$n \to \infty$），则有

$$\lim_{n \to \infty} P\{X_n = k\} \approx \frac{\lambda^k}{k!}\mathrm{e}^{-\lambda} \tag{2.2.4}$$

泊松分布研究的是在 n 重伯努利试验中事件 A 发生的次数，只是 n 比较大，p 比较小.

$$P\{X = k\} = \mathrm{C}_n^k p^k(1 - p)^{n-k} \approx \frac{\lambda^k}{k!}\mathrm{e}^{-\lambda}, \quad \lambda = np \tag{2.2.5}$$

在实际应用中，一般当 $n > 10$，$p_n < 0.1$ 时，上述公式有较好的近似程度，泊松分布的概率值可以通过附表 1 泊松分布表查得.

泊松分布在各个领域中有着极为广泛的应用，它与单位时间（或单位产品、单位面积）上的计数过程相联系. 例如，某个交通路口在一段时间内的汽车流量、放射性物质放射出的粒子数、大地震后的余震数、某商场一天中到达的顾客人次、保险公司在一定时间内被索赔的次数、$1\mathrm{m}^2$ 内玻璃上的气泡数、单位时间内电话总机接到用户呼叫的次数，等等，都可以近似用泊松分布来描述.

例 2.2.8　有 300 台独立运转的同类机床，每台机床发生故障的概率都是 0.01，若一人负责排除一台机床的故障. 求至少需要多少名工人，才能保证不能及时排除故障的概率小于 0.01.

解　由于一台机床在某一时刻的试验结果只有两个，发生故障或不发生故障，因此我们可以把一台机床是否发生故障看作一次伯努利试验，300 台同类机床在独立运转互不影响时，可以看作 n 重伯努利试验.

假设 X 表示同一时刻发生故障的机床数，则 $X \sim B(300,0.1)$.

假设需要 N 个工人，要保证不能及时排除故障的概率小于 0.01，也就是要求 $P\{X > N\} < 0.01$，即

$$\sum_{k=N+1}^{300} \mathrm{C}_{300}^k (0.1)^k (0.99)^{300-k} < 0.01$$

此计算非常复杂，可以通过泊松定理来解决.

$n = 300$，$p = 0.01$，取 $\lambda = np = 300 \times 0.01 = 3$，则 X 近似服从参数为 3 的泊松分布，即 $X \sim P(3)$，于是 $P\{X > N\} < 0.01$，即

$$\sum_{k=N+1}^{300} \frac{3^k}{k!}\mathrm{e}^{-3} < 0.01$$

查附表 1 可得 $P\{X > 7\} = 0.11905 > 0.01$，$P\{X > 8\} = 0.003803 < 0.01$，所以至少需要 8 名

工人.

例 2.2.9　有一个繁忙的汽车站,每天有大量汽车通过,设每辆汽车在一天的某段时间内,出事故的概率为 0.0001,在每天的该段时间内有 1000 辆汽车通过,求出事故的次数不小于 2 的概率.

解　设当 1000 辆汽车通过时出事故的次数为 X,则 $X \sim B(1000, 0.0001)$

故所求概率为

$$P\{X \geqslant 2\} = \sum_{k=2}^{1000} P\{X = k\} = \sum_{k=2}^{1000} C_{1000}^{k} \times (0.0001)^k \times (0.9999)^{1000-k}$$

直接计算 $P\{X \geqslant 2\}$,计算量很大. 由于 $n = 1000$, $p = 0.0001$,取 $\lambda = np = 0.1$,则 X 近似服从参数为 0.1 的泊松分布,即 $X \sim P(0.1)$,则

$$P\{X \geqslant 2\} \approx 1 - \frac{1}{0!} \times e^{-0.1} - \frac{0.1}{1!} \times e^{-0.1} \approx 0.0047$$

4. 几何分布

在伯努利试验中,事件 A 在每次试验中发生的概率为 p,$0 < p < 1$. 令随机变量 X 表示事件 A 首次出现时的试验次数,则 X 的可能取值为 $1, 2, \cdots$,随机变量 X 的分布律为

$$P\{X = k\} = (1-p)^{n-1} \cdot p, \quad k = 1, 2, \cdots \tag{2.2.6}$$

则称 X 服从参数为 p 的**几何分布**,记为 $X \sim GE(p)$.

5. 超几何分布

从一个有限总体中不放回抽样,常会遇到超几何分布. 设有 N 件产品,其中 M 件为不合格品,其余 $N - M$ 件为合格品. 若从中不放回地随机抽取 n 件,设 X 表示 n 件产品中的不合格产品数,则随机变量 X 的分布律为

$$P\{X = k\} = \frac{C_M^k C_{N-M}^{n-k}}{C_N^n}, \quad k = 0, 1, 2, \cdots, r \tag{2.2.7}$$

式中,$r = \min\{M, n\}$,$M \leqslant N$,$n \leqslant N$,n, N, M 均为正整数. 称 X 服从参数为 n, N, M 的**超几何分布**,记为 $X \sim H(n, N, M)$.

2.3　连续型随机变量

2.3.1　连续型随机变量及其概率密度函数

离散型随机变量只可能取有限个或可列无穷多个值,而在实际问题中,还有一些随机变量的取值是充满某个有限区间或无穷区间的,如列车到达某个车站的时间、电子元件的寿命、子弹的弹落点到靶心的距离等,这类随机变量称为连续型随机变量.

例 2.3.1　某钢铁加工厂生产内径为 25.40mm 的钢管,为了检验产品的质量,从一批产品中任取 100 件进行检测,测得钢管内径的实际尺寸如表 2.3.1 所示.

表 2.3.1　钢管内径的实际尺寸　　　　　　　　　　　　单位：mm

25.39	25.36	25.34	25.42	25.45	25.38	25.39	25.42	25.42	25.47
25.47	25.35	25.41	25.43	25.44	25.48	25.45	25.43	25.38	25.39
25.46	25.40	25.51	25.45	25.40	25.39	25.41	25.36	25.47	25.34
25.38	25.31	25.56	25.43	25.40	25.38	25.37	25.44	25.37	25.33
25.33	25.46	25.40	25.49	25.34	25.42	25.50	25.37	25.30	25.39
25.35	25.32	25.45	25.40	25.27	25.43	25.54	25.39	25.40	25.35
25.45	25.43	25.40	25.43	25.44	25.41	25.53	25.37	25.36	25.46
25.38	25.24	25.44	25.40	25.36	25.42	25.39	25.46	25.41	25.37
25.38	25.35	25.31	25.34	25.40	25.36	25.41	25.32	25.29	25.40
25.38	25.42	25.40	25.33	25.37	25.41	25.49	25.35	25.47	25.39

　　设钢管内径的实际尺寸 x 是一个随机变量，我们将各个钢管的频率用直方图表示出来，如图 2.3.1 所示，其中 x 表示产品内径尺寸，y 表示单位长度上的频率. 图 2.3.1 表明，当 Δx 越来越小时，其频率直方图越来越光滑.

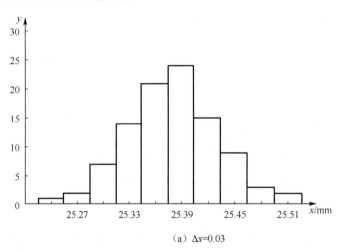

（a）$\Delta x=0.03$

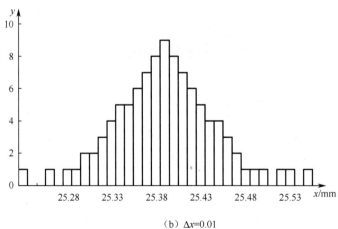

（b）$\Delta x=0.01$

图 2.3.1　各个钢管的频率直方图

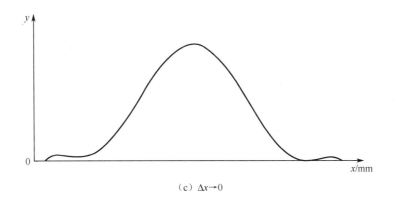

（c）$\Delta x \to 0$

图 2.3.1　各个钢管的频率直方图（续）

（1）当 $\Delta x = 0.03$ 时，频率直方图如图 2.3.1（a）所示，图中的矩形宽度为 0.03，高度为 $\dfrac{p}{\Delta x} = \dfrac{\text{频率}}{0.03}$，所以所有小矩形面积之和为 1. 此时钢管内径是一个离散型随机变量.

（2）当 $\Delta x = 0.01$ 时，频率直方图如图 2.3.1（b）所示，图中的矩形宽度为 0.01，高度为 $\dfrac{p}{\Delta x} = \dfrac{\text{频率}}{0.01}$，所以所有小矩形面积之和为 1.

（3）当 $\Delta x \to 0$ 时，频率直方图如图 2.3.1（c）所示，为一条光滑的曲线，其高度为概率密度值. 如果记这条曲线为 $f(x)$，则 $f(x)$ 与 x 轴所夹面积仍为 1，此时钢管内径 X 的取值充满整个区间，即 X 是一个连续型随机变量，$f(x)$ 是连续型随机变量的概率密度函数.

定义 2.3.1　设 $F(x)$ 是随机变量 X 的分布函数，如果存在非负可积函数 $f(x)$，使得对于任意实数 x，有

$$F(x) = P\{X \leqslant x\} = \int_{-\infty}^{x} f(t)\mathrm{d}t \tag{2.3.1}$$

则称 X 为连续型随机变量，$f(x)$ 为 X 的概率密度函数.

连续型随机变量的概率密度函数满足下列两条基本性质.

（1）$f(x) \geqslant 0$；

（2）$\displaystyle\int_{-\infty}^{+\infty} f(x)\mathrm{d}x = 1$.

证　由于 $F(x) = P\{X \leqslant x\} = \displaystyle\int_{-\infty}^{x} f(t)\mathrm{d}t$，$\displaystyle\int_{-\infty}^{+\infty} f(x)\mathrm{d}x = F(+\infty)$，根据分布函数的性质可知，$\displaystyle\lim_{x \to +\infty} F(x) = 1$，所以 $\displaystyle\int_{-\infty}^{+\infty} f(x)\mathrm{d}x = 1$.

凡是满足上述两条基本性质的函数 $f(x)$ 一定是某个连续型随机变量的概率密度函数.

由分布函数和概率密度函数的性质可以得到以下性质.

性质 2.3.1　在 $f(x)$ 的连续点处，有 $F'(x) = f(x)$.

证　$F'(x) = \displaystyle\lim_{\Delta x \to 0} \dfrac{\displaystyle\int_{x}^{x+\Delta x} f(t)\mathrm{d}t}{\Delta x} = \lim_{\Delta x \to 0} \dfrac{f(\xi)\Delta x}{\Delta x} = \lim_{\Delta x \to 0} f(\xi) = f(x)$.

性质 2.3.2　　$P\{x_1 < X \leqslant x_2\} = F(x_2) - F(x_1) = \int_{x_1}^{x_2} f(x)\mathrm{d}x$.

证　　$P\{x_1 < X \leqslant x_2\} = F(x_2) - F(x_1) = \int_{-\infty}^{x_2} f(x)\mathrm{d}x - \int_{-\infty}^{x_1} f(x)\mathrm{d}x = \int_{x_1}^{x_2} f(x)\mathrm{d}x$.

在几何上，$P\{x_1 < X \leqslant x_2\}$ 表示以 x 轴上的区间 $(x_1, x_2]$ 为底，以曲线 $y = f(x)$ 为顶的曲边梯形的面积，如图 2.3.2 所示.

性质 2.3.3　　对任意实数 x，有 $P\{X = x\} = 0$.

性质 2.3.3 表明：（1）对于连续型随机变量 X，有

$$P\{x_1 \leqslant X \leqslant x_2\} = P\{x_1 < X < x_2\} = P\{x_1 \leqslant X < x_2\}$$

$$= P\{x_1 < X \leqslant x_2\} = \int_{x_1}^{x_2} f(x)\mathrm{d}x$$

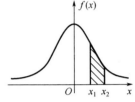

图 2.3.2　$P\{x_1 < X \leqslant x_2\}$ 的
几何表示

当求随机变量落在某个区间上的概率时，可以不用考虑端点；

（2）若 A 是不可能事件，则 $P(A) = 0$，反之不成立，即不可能事件的概率为 0，但是概率为 0 的事件不一定是不可能事件；

（3）连续型随机变量 X 取任意常数值的概率为 0，这是连续型随机变量与离散型随机变量最大的区别.

例 2.3.2　　设学生完成一道作业的时间 X 是一个随机变量（单位：h），其概率密度函数为

$$f(x) = \begin{cases} cx^2 + x, & 0 < x < 0.5 \\ 0, & 其他 \end{cases}$$

（1）确定常数 c；

（2）写出 X 的分布函数；

（3）试求在 20min 内完成一道作业的概率.

解　　（1）$1 = \int_{-\infty}^{+\infty} f(x)\mathrm{d}x = \int_0^{0.5}(cx^2 + x)\mathrm{d}x = \dfrac{c+3}{24}$，得 $c = 21$

$$f(x) = \begin{cases} 21x^2 + x, & 0 < x < 0.5 \\ 0, & 其他 \end{cases}$$

（2）当 $x < 0$ 时，$F(x) = \int_{-\infty}^{x} f(u)\mathrm{d}u = \int_{-\infty}^{x} 0\mathrm{d}u = 0$

当 $0 \leqslant x < 0.5$ 时，$F(x) = \int_{-\infty}^{x} f(u)\mathrm{d}u = \int_{-\infty}^{0} 0\mathrm{d}u + \int_0^x (21u^2 + u)\mathrm{d}u = 7x^3 + \dfrac{x^2}{2}$

当 $x \geqslant 0.5$ 时，$F(x) = \int_{-\infty}^{x} f(u)\mathrm{d}u = \int_{-\infty}^{0} 0\mathrm{d}u + \int_0^{0.5}(21u^2 + u)\mathrm{d}u + \int_{0.5}^{x} 0\mathrm{d}u = 1$

综上，

$$F(x) = \begin{cases} 0, & x < 0 \\ 7x^3 + \dfrac{x^2}{2}, & 0 \leqslant x < 0.5 \\ 1, & x \geqslant 0.5 \end{cases}$$

（3）$P\left\{0 < X < \dfrac{1}{3}\right\} = \int_0^{\frac{1}{3}}(21x^2 + x)\mathrm{d}x = \dfrac{17}{54} \approx 0.31$

或

$$P\left\{0 < X < \frac{1}{3}\right\} = F\left(\frac{1}{3}\right) - F(0) = 7\left(\frac{1}{3}\right)^3 + \frac{1}{2}\left(\frac{1}{3}\right)^2 = \frac{17}{54} \approx 0.31$$

例 2.3.3 某电子元件的寿命 X （单位：h）的概率密度函数为

$$f(x) = \begin{cases} \dfrac{100}{x^2}, & x > 100 \\ 0, & x \leqslant 100 \end{cases}$$

求 5 个同类型的电子元件在使用的前 150h 内恰有 2 个需要更换的概率.

解 设 A={某电子元件在使用的前 150h 内需要更换}，Y 表示 5 个电子元件中使用寿命不超过 150h 的电子元件个数，则

$$P(A) = P\{X \leqslant 150\} = \int_{-\infty}^{150} f(x)\mathrm{d}x = \int_{100}^{150} \frac{100}{x^2}\mathrm{d}x = \frac{1}{3}$$

Y 表示 5 个电子元件中使用寿命不超过 150h 的电子元件数，则 $Y \sim B\left(5, \dfrac{1}{3}\right)$，故所求概率为

$$P\{Y = 2\} = \mathrm{C}_5^2 \times \left(\frac{1}{3}\right)^2 \times \left(\frac{2}{3}\right)^3 = \frac{80}{243}$$

2.3.2 常见的连续型分布

1. 均匀分布

设连续型随机变量 X 具有概率密度函数

$$f(x) = \begin{cases} \dfrac{1}{b-a}, & a < x < b \\ 0, & 其他 \end{cases} \tag{2.3.2}$$

则称 X 在区间 $[a,b]$ 上服从**均匀分布**，记为 $X \sim U[a,b]$，概率密度函数 $f(x)$ 的图形如图 2.3.3 所示. 其分布函数为

$$F(x) = \begin{cases} 0, & x < a \\ \dfrac{x-a}{b-a}, & a \leqslant x \leqslant b \\ 1, & x < b \end{cases} \tag{2.3.3}$$

若随机变量 $X \sim U[a,b]$，则对任意长度为 l 的子区间 $(c,c+l) \subset (a,b)$，有

$$P\{c < X \leqslant c+l\} = \int_c^{c+l} f(x)\mathrm{d}x = \int_c^{c+l} \frac{1}{b-a}\mathrm{d}x = \frac{l}{b-a}$$

即 X 落在 $[a,b]$ 的子区间内的概率只取决于子区间的长度，而与子区间的位置无关.

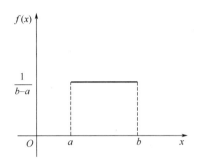

图 2.3.3　概率密度函数 $f(x)$ 的图形

均匀分布可以看作随机点 X 落在 $[a,b]$ 上的任一位置是等可能的. 例如，在数值计算中由于四舍五入造成的误差、在区间 $[a,b]$ 上随机抽取一点的坐标、在一段时间内乘客候车的时间等都可以用均匀分布来描述.

例 2.3.4　某观光电梯从上午 8:00 起，每半小时运行一趟：8:00，8:30，9:00，$\cdots$，某人在上午 8:00～9:00 到达，求此人等候时间少于 5min 的概率.

解　设随机变量 X 表示某人到达的时间，则 $X \sim U[0,60]$，其概率密度函数为

$$f(x) = \begin{cases} \dfrac{1}{60}, & 0 \leqslant x \leqslant 60 \\ 0, & \text{其他} \end{cases}$$

为了使等候时间少于 5min，此人应在电梯运行前 5min 之内到达，故所求概率为

$$P\{25 < X \leqslant 30\} + P\{55 < X \leqslant 60\} = \int_{25}^{30} \frac{1}{60} \mathrm{d}x + \int_{55}^{60} \frac{1}{60} \mathrm{d}x = \frac{1}{6}$$

例 2.3.5　设随机变量 Y 在区间 $(0,5)$ 上服从均匀分布，求方程

$$4x^2 + 4xY + Y + 2 = 0$$

有实根的概率.

解　由于 $Y \sim U(0,5)$，则 $f(y) = \begin{cases} \dfrac{1}{5}, & 0 < y < 5 \\ 0, & \text{其他} \end{cases}$

方程要有实根，则 $\Delta = (4Y)^2 - 4 \times 4 \times (Y+2) \geqslant 0$，即 $Y \leqslant -1$ 或 $Y \geqslant 2$，故所求概率为

$$P\{Y \leqslant -1\} + P\{Y \geqslant 2\} = 0 + \int_{2}^{5} \frac{1}{5} \mathrm{d}x = \frac{3}{5}$$

2. 指数分布

设连续型随机变量 X 具有概率密度函数

$$f(x) = \begin{cases} \lambda \mathrm{e}^{-\lambda x}, & x > 0 \\ 0, & x \leqslant 0 \end{cases} \tag{2.3.4}$$

式中，$\lambda > 0$ 为常数，则称 X 服从参数为 λ 的**指数分布**，记为 $X \sim \mathrm{Exp}(\lambda)$.

指数分布的分布函数为

$$F(x) = \begin{cases} 1 - e^{-\lambda x}, & x > 0 \\ 0, & x \leqslant 0 \end{cases} \quad (2.3.5)$$

因为指数分布随机变量只能取非负实数，所以指数分布常被用作各种"寿命分布". 例如，元件的使用寿命、动物的寿命、电话的通话时间、呼叫服务的时间间隔、机器的维修时间、访问某网站的时间、放射性元素的衰变期等都可以用指数分布描述.

例 2.3.6 设某医院门诊一次诊疗时间 X （单位：min）服从 $\lambda = 0.1$ 的指数分布. 如果某人刚好在你前面走进诊疗室，求你需要等待 10～20min 的概率.

解 由于一次诊疗时间 X 服从指数分布，则其概率密度函数为

$$f(x) = \begin{cases} \dfrac{1}{10} e^{-\frac{x}{10}}, & x > 0 \\ 0, & x \leqslant 0 \end{cases}$$

令 $B = \{$等待时间为 10～20min$\}$，则

$$P(B) = P\{10 \leqslant X \leqslant 20\} = \int_{10}^{20} \frac{1}{10} e^{-\frac{x}{10}} dx = -e^{-\frac{x}{10}} \Big|_{10}^{20} = e^{-1} - e^{-2} \approx 0.2325$$

所以等待 10～20min 的概率约为 0.2325.

3. 正态分布

设连续型随机变量 X 具有概率密度函数

$$f(x) = \frac{1}{\sigma\sqrt{2\pi}} e^{-\frac{(x-\mu)^2}{2\sigma^2}}, \quad x \in \mathbf{R} \quad (2.3.6)$$

式中，μ、σ 都是常数，$\sigma > 0$，则称 X 服从参数为 μ 和 σ^2 的**正态分布**，记为 $X \sim N(\mu, \sigma^2)$.

特别地，当 $\mu = 0$，$\sigma = 1$ 时，即 $X \sim N(0,1)$，称 X 服从**标准正态分布**，其概率密度函数为

$$\varphi(x) = \frac{1}{\sqrt{2\pi}} e^{-\frac{x^2}{2}}, \quad x \in \mathbf{R} \quad (2.3.7)$$

正态分布最早由德国数学家高斯在研究测量误差时得到，所以正态分布又被称为高斯分布. 正态分布是概率论与数理统计中最重要也最常见的一种分布，许多实际问题都可以用正态分布描述. 例如，各种测量的误差、成年人的身高、工厂产品的尺寸、农作物的收获量、海洋波浪的强度、金属线的抗拉强度、学生的考试成绩等都服从或近似服从正态分布.

正态分布的概率密度函数的图形如图 2.3.4 所示.

通过观察正态分布曲线，得到正态分布的概率密度函数的性质如下.

（1）$f(x)$ 的图形呈钟形曲线，关于 $x = \mu$ 对称，即对于任意的 $h > 0$，有 $P(\mu - h < X \leqslant \mu) = P\{\mu < X \leqslant \mu + h\}$；

（2）$f(x)$ 在 $x = \mu$ 处取得最大值 $\dfrac{1}{\sigma\sqrt{2\pi}}$，在 $(-\infty, \mu)$ 内单调增加，在 $(\mu, +\infty)$ 内单调减少，以 x 轴为渐近线.

x 距离 μ 越远，$f(x)$ 的值越小，这表明对于同样长度的区间，x 距离 μ 越远，随机变量 X

落在该区间的概率越小.

（3）参数 μ 决定曲线的位置，参数 σ^2 决定曲线的形状. 当 σ^2 较大时，曲线较平坦；当 σ^2 较小时，曲线较陡峭. 参数 σ^2 反映了随机变量取值的分散程度. 不同参数 σ^2 对应的正态曲线如图 2.3.5 所示.

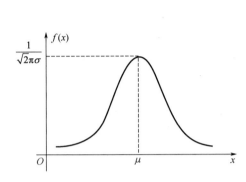

图 2.3.4   正态分布的概率密度函数的图形　　　图 2.3.5   不同参数 σ^2 对应的正态曲线

若随机变量 $X \sim N(\mu, \sigma^2)$，则其分布函数为

$$F(x) = \frac{1}{\sigma\sqrt{2\pi}} \int_{-\infty}^{x} e^{-\frac{(t-\mu)^2}{2\sigma^2}} dt, \quad x \in \mathbf{R} \tag{2.3.8}$$

若随机变量 $X \sim N(0,1)$，则其分布函数为

$$\Phi(x) = \frac{1}{\sqrt{2\pi}} \int_{-\infty}^{x} e^{-\frac{t^2}{2}} dt, \quad x \in \mathbf{R} \tag{2.3.9}$$

$\Phi(x)$ 的取值可以通过附表 2 标准正态分布表查得.

正态分布随机变量的概率计算均可以转化为标准正态分布随机变量的概率计算.

（1）若 $X \sim N(0,1)$，利用 $\Phi(x)$ 的对称性，有 $\Phi(-x) = 1 - \Phi(x)$；

（2）若 $X \sim N(0,1)$，则 $P\{a < X \leqslant b\} = \Phi(b) - \Phi(a)$，$P\{X \leqslant b\} = \Phi(b)$，$P\{X > a\} = 1 - \Phi(a)$；

（3）若 $X \sim N(\mu, \sigma^2)$，$P\{X \leqslant b\} = \dfrac{1}{\sigma\sqrt{2\pi}} \int_{-\infty}^{b} e^{-\frac{(x-\mu)^2}{2\sigma^2}} dx$，令 $t = \dfrac{x-\mu}{\sigma}$，则

$$P\{X \leqslant b\} = \frac{1}{\sqrt{2\pi}} \int_{-\infty}^{\frac{b-\mu}{\sigma}} e^{-\frac{t^2}{2}} dt = \Phi\left(\frac{b-\mu}{\sigma}\right)$$

则 $P\{a < X \leqslant b\} = \Phi\left(\dfrac{b-\mu}{\sigma}\right) - \Phi\left(\dfrac{a-\mu}{\sigma}\right)$，$P\{X > a\} = 1 - \Phi\left(\dfrac{a-\mu}{\sigma}\right)$.

设 $X \sim N(0,1)$，若

$$P\{X \geqslant u_\alpha\} = \int_{u_\alpha}^{+\infty} \frac{1}{\sqrt{2\pi}} e^{-\frac{t^2}{2}} dt = \alpha \tag{2.3.10}$$

则称 u_α 是标准正态分布的上侧临界值.

例 2.3.7　设 $X \sim N(0,1)$，求

（1）$P\{X \leqslant 1.67\}$；

（2）$P\{X > 2.5\}$；

（3）$P\{|X| \leq 2\}$.

解　（1）$P\{X \leq 1.67\} = \Phi(1.67) = 0.9525$

（2）$P\{X > 2.5\} = 1 - P\{X \leq 2.5\} = 1 - \Phi(2.5) = 1 - 0.9938 = 0.0062$

（3）$P\{|X| \leq 2\} = P\{-2 \leq X \leq 2\} = \Phi(2) - \Phi(-2) = \Phi(2) - 1 + \Phi(2)$
$$= 2 \times 0.9772 - 1 = 0.9544$$

例 2.3.8　设 $X \sim N(2, 0.16)$，求

（1）$P\{X \geq 2.3\}$；

（2）$P\{1.8 \leq X \leq 2.1\}$.

解　（1）$P\{X \geq 2.3\} = 1 - P\{X < 2.3\} = 1 - \Phi\left(\dfrac{2.3 - 2}{0.4}\right) = 1 - \Phi(0.75)$
$$= 1 - 0.7734 = 0.2266$$

（2）$P\{1.8 \leq X \leq 2.1\} = \Phi\left(\dfrac{2.1 - 2}{0.4}\right) - \Phi\left(\dfrac{1.8 - 2}{0.4}\right) = \Phi(0.25) - \Phi(-0.5)$
$$= \Phi(0.25) - 1 + \Phi(0.5) = 0.5987 - 1 + 0.6915 = 0.2902$$

例 2.3.9　恒温箱是靠温度调节器根据箱内温度的变化不断进行调整的，所以恒温箱内的实际温度 X（单位：℃）是一个随机变量. 如果将温度调节器设定在 d℃，且 $X \sim N(d, \sigma^2)$，其中 σ 反映的是温度调节器的精度.

（1）当 $d = 90$℃，$\sigma = 2$ 时，求箱内温度为 $89 \sim 91$℃ 的概率；

（2）当 $\sigma = 0.5$ 时，要有 95% 的可能性保证箱内温度不低于 90℃，问应将温度调节器设定为多少摄氏度？

解　（1）所求概率为
$$P\{89 \leq X < 91\} = \Phi\left(\dfrac{91 - 90}{0.5}\right) - \Phi\left(\dfrac{89 - 90}{0.5}\right) = 2\Phi(0.5) - 1 = 2 \times 0.6915 - 1 = 0.3830$$

（2）按题意，d 满足 $P\{X \geq 90\} \geq 0.95$，即
$$1 - \Phi\left(\dfrac{90 - d}{0.5}\right) \geq 0.95$$

则
$$\Phi\left(\dfrac{d - 90}{0.5}\right) \geq 0.95$$

查附表 2 得
$$\dfrac{d - 90}{0.5} \geq 1.645$$

所以 $d \geq 1.645 \times 0.5 + 90 = 90.8225$，故取 $d = 91$℃ 可满足要求.

例 2.3.10　已知随机变量 $X \sim N(\mu, \sigma^2)$，证明：$P\{|X - \mu| < x\} = 2\Phi\left(\dfrac{x}{\sigma}\right) - 1$.

证　$P\{\mu - x < X < \mu + x\} = \Phi\left(\dfrac{\mu + x - \mu}{\sigma}\right) - \Phi\left(\dfrac{\mu - x - \mu}{\sigma}\right)$

$$= \Phi\left(\frac{x}{\sigma}\right) - \Phi\left(\frac{-x}{\sigma}\right) = \Phi\left(\frac{x}{\sigma}\right) - \left[1 - \Phi\left(\frac{x}{\sigma}\right)\right]$$

$$= 2\Phi\left(\frac{x}{\sigma}\right) - 1$$

特别地，有

$$P\{-\sigma < x - \mu < \sigma\} = P\{|x - \mu| < \sigma\} = 0.628$$

$$P\{-2\sigma < x - \mu < 2\sigma\} = P\{|x - \mu| < 2\sigma\} = 0.9545$$

$$P\{-3\sigma < x - \mu < 3\sigma\} = P\{|x - \mu| < 3\sigma\} = 0.9973$$

由这组数据可见，正态分布随机变量 X 落在 $(\mu - 3\sigma, \mu + 3\sigma)$ 的概率达到了 99.73%，X 几乎不在 $(\mu - 3\sigma, \mu + 3\sigma)$ 之外取值. 在实际应用中，该性质称为正态分布的"三倍标准差原理"或"3σ-原理". 工业生产用的控制图及一些产品质量指数都是根据 3σ-原理制定的. 例如，在质量控制中，常用标准指示值 $\pm 3\sigma$ 作两条线，当生产过程的指标观察值落在两线之外时发出警报，表明生产出现异常现象.

2.4　随机变量函数的分布

前面介绍了一些最基本和最常用的概率分布，但实际问题中还有许多随机变量的分布是由已知分布的随机变量 X 的函数 $Y = g(X)$ 导出的. 因此，需要研究随机变量之间的关系，从而通过它们之间的函数关系，由已知的随机变量的分布求出另一随机变量的分布.

已知随机变量 X，关于 X 的函数 $g(X)$ 是连续函数，则 $Y = g(X)$ 称为随机变量 X 的函数，Y 也是随机变量.

如何根据已知的随机变量 X 的分布求得随机变量 $Y = g(X)$ 的分布呢？我们分别对离散型随机变量和连续型随机变量进行讨论.

2.4.1　离散型随机变量函数的分布

设离散型随机变量 X 的分布律为

$$P\{X = x_i\} = p_i, \quad i = 1, 2, \cdots$$

若它的函数 $Y = g(X)$ 仍是离散型随机变量，则其分布律为

$$P\{Y = y_j\} = P\{g(X) = y_j\} = \sum_{x_k \in S_j} P\{X = x_k\} \tag{2.4.1}$$

式中，$S_j = \{x_k : g(x_k) = y_j\}$.

如果离散型随机变量 X 的分布律如表 2.4.1 所示，

表 2.4.1　X 的分布律

X	x_1	x_2	x_3	x_4	x_5
P	p_1	p_2	p_3	p_4	p_5

则 $Y = g(X)$ 的分布律如表 2.4.2 所示.

表 2.4.2　*Y=g(X)* 的分布律

$Y = g(X)$	$g(x_1)$	$g(x_2)$	$g(x_3)$	$g(x_4)$	$g(x_5)$
P	p_1	p_2	p_3	p_4	p_5

若 $g(x_i)$ 中有取值相同的，应将对应的 p_i 合并.

　　例 2.4.1　设随机变量 X 的分布律如表 2.4.3 所示.

表 2.4.3　*X* 的分布律

X	-2	-1	0	1	2
P	0.1	0.2	0.3	0.2	0.2

求：（1）$Y = X + 1$ 的分布律；

　　（2）$Z = X^2$ 的分布律.

　　解　由题设可得，X 及函数的分布如表 2.4.4 所示.

表 2.4.4　*X* 及函数的分布

X	-2	-1	0	1	2
P	0.1	0.2	0.3	0.2	0.2
$Y = X + 1$	-1	0	1	2	3
$Z = X^2$	4	1	0	1	4

　　（1）$Y = X + 1$ 的分布律如表 2.4.5 所示.

表 2.4.5　*Y=X+1* 的分布律

Y	-1	0	1	2	3
P	0.1	0.2	0.3	0.2	0.2

　　（2）$Z = X^2$ 的分布律如表 2.4.6 所示.

表 2.4.6　*Z=X²* 的分布律

Z	0	1	4
P	0.3	0.4	0.3

2.4.2　连续型随机变量函数的分布

　　设连续型随机变量 X 的概率密度函数为 $f_X(x)$，若它的函数 $Y = g(X)$ 仍是连续型随机变量，则其分布函数为

$$F_Y(y) = P\{Y \leqslant y\} = P\{g(X) \leqslant y\} = \int_{\{x:\ g(x) \leqslant y\}} f_X(x)\mathrm{d}x \qquad (2.4.2)$$

概率密度函数为

$$f_Y(y) = \begin{cases} F_Y'(y), & \text{在} f_Y(y) \text{的连续点} \\ 0, & \text{其他} \end{cases} \qquad (2.4.3)$$

　　此为求连续型随机变量函数的分布的基本方法，即先求 $Y = g(X)$ 的分布函数，再求其概

率密度函数.

例 2.4.2 设随机变量 X 的概率密度函数为

$$f(x) = \begin{cases} 2x, & x > 0 \\ 0, & x < 0 \end{cases}$$

求随机变量 $Y = 2X + 1$ 的概率密度函数.

解 随机变量 Y 的分布函数为

$$F_Y(y) = P\{Y \le y\} = P\{2X + 1 \le y\} = P\left\{X \le \frac{y-1}{2}\right\}$$

当 $y < 1$ 时，$F_Y(y) = P\{2X + 1 \le y\} = 0$

当 $y \ge 1$ 时，$F_Y(y) = P\{2X + 1 \le y\} = P\left\{X \le \frac{y-1}{2}\right\} = \int_0^{\frac{y-1}{2}} 2x\mathrm{d}x$

$$F_Y(y) = \begin{cases} \int_0^{\frac{y-1}{2}} 2x\mathrm{d}x, & y \ge 1 \\ 0, & y < 1 \end{cases}$$

随机变量 Y 的概率密度函数为

$$f_Y(y) = F_Y'(y) = \begin{cases} \left(\int_0^{\frac{y-1}{2}} 2x\mathrm{d}x\right)_y' = \frac{y-1}{2}, & y \ge 1 \\ 0, & y < 1 \end{cases}$$

将上题的解题方法推广到一般情形，我们可以推导出一个常用的公式.

定理 2.4.1 设连续型随机变量 X 的概率密度函数为 $f_X(x)$（$-\infty < x < +\infty$），函数 $y = g(x)$ 处处可导，且严格单调，则 $Y = g(X)$ 是连续型随机变量，其概率密度函数为

$$f_Y(y) = \begin{cases} f_X[g^{-1}(y)] \cdot \left|g^{-1}(y)\right|', & \alpha < y < \beta \\ 0, & \text{其他} \end{cases}$$

式中，$\alpha = \min\{g(-\infty), g(+\infty)\}$，$\beta = \max\{g(-\infty), g(+\infty)\}$.

证 设 $y = g(x)$ 单调增加，$y = g(x)$ 的反函数 $x = g^{-1}(y)$ 存在并处处可导，在 (α, β) 上单调增加，随机变量 Y 的分布函数为

当 $y < \alpha$ 时，$F_Y(y) = P\{Y \le y\} = 0$；

当 $y \ge \beta$ 时，$F_Y(y) = P\{Y \le y\} = 1$；

当 $\alpha \le y < \beta$ 时，$F_Y(y) = P\{Y \le y\} = P\{g(X) \le y\}$

$$= P\{X \le g^{-1}(y)\} = \int_{-\infty}^{g^{-1}(y)} f_X(x)\mathrm{d}x.$$

随机变量 Y 的概率密度函数为

$$f_Y(y) = F_Y'(y) = \begin{cases} f_X[g^{-1}(y)] \cdot [g^{-1}(y)]', & \alpha < y < \beta \\ 0, & \text{其他} \end{cases}$$

同理可证，当 $y = g(x)$ 单调减少时，随机变量 Y 的概率密度函数为

$$f_Y(y) = F_Y'(y) = \begin{cases} f_X[g^{-1}(y)] \cdot [-g^{-1}(y)]', & \alpha < y < \beta \\ 0, & \text{其他} \end{cases}$$

综上，定理成立.

例 2.4.3 设随机变量 $X \sim N(\mu, \sigma^2)$，求随机变量 $Y = aX + b$ 的概率密度函数.

解 $X \sim N(\mu, \sigma^2)$，$f(x) = \dfrac{1}{\sigma\sqrt{2\pi}} \mathrm{e}^{-\frac{(x-\mu)^2}{2\sigma^2}}$，$x \in \mathbf{R}$

$g(x) = ax + b$ 在 $(-\infty, +\infty)$ 上处处可导，且严格单调，其反函数

$$g^{-1}(y) = \frac{y-b}{a}，\quad [g^{-1}(y)]' = \frac{1}{a}$$

由定理 2.4.1，得随机变量 Y 的概率密度函数为

$$f_Y(y) = \frac{1}{\sigma\sqrt{2\pi}} \mathrm{e}^{-\frac{\left(\frac{y-b}{a}-\mu\right)^2}{2\sigma^2}} \cdot \left|\frac{1}{a}\right| = \frac{1}{|a|\sigma\sqrt{2\pi}} \mathrm{e}^{-\frac{[y-(a\mu+b)]^2}{2(a\sigma)^2}}，\quad y \in \mathbf{R}$$

即 $Y \sim N(a\mu + b, a^2\sigma^2)$.

由此可知，若随机变量 X 服从正态分布 $N(\mu, \sigma^2)$，则其线性函数 $aX + b$ 也服从正态分布，且 $aX + b \sim N(a\mu + b, a^2\sigma^2)$.

例 2.4.4 设随机变量 $X \sim U[0, \pi]$，求 $Y = \cos X$ 的概率密度函数.

解 $X \sim U[0, \pi]$，$f(x) = \begin{cases} \dfrac{1}{\pi}, & 0 \leqslant x \leqslant \pi \\ 0, & \text{其他} \end{cases}$

函数 $g(x) = \cos x$ 在 $[0, \pi]$ 上处处可导，且严格单调，其反函数为

$$g^{-1}(y) = \arccos y，\quad [g^{-1}(y)]' = \frac{-1}{\sqrt{1-y^2}}$$

由定理 2.4.1，得随机变量 Y 的概率密度函数为

$$f_Y(y) = \begin{cases} \dfrac{1}{\pi} \cdot \left|\dfrac{-1}{\sqrt{1-y^2}}\right| = \dfrac{1}{\pi\sqrt{1-y^2}}, & -1 \leqslant y \leqslant 1 \\ 0, & \text{其他} \end{cases}$$

在应用定理 2.4.1 时一定要验证是否满足条件" $y = g(x)$ 处处可导，且严格单调"，否则应该考虑先求分布函数再求概率密度函数的方法.

2.5 应 用 实 例

2.5.1 离散型随机变量的应用实例

例 2.5.1 （老鼠在哪个房间）将老鼠放在有 3 个房间的迷宫内，在任一时刻观察老鼠的

状况. 设随机变量 X 为老鼠所在房间的编号，试写出 X 的分布律.

方法 1：假设老鼠处于三个房间是等可能的，则 X 的分布律如表 2.5.1 所示

表 2.5.1　X 的分布律

X	1	2	3
P	1/3	1/3	1/3

方法 2：通过试验的方法确定 X 的分布律，进行 10 次观察，记录 X 的数值，如表 2.5.2 所示.

表 2.5.2　X 的数值

实验序号	1	2	3	4	5	6	7	8	9	10
变量 X	2	1	3	3	2	3	1	2	1	3

由测得数据可算出 X 取各个数值的频率如表 2.5.3 所示.

表 2.5.3　X 取各个数值的频率

X	1	2	3
频率	0.3	0.3	0.4

上述两种方法各有利弊. 方法 1 相对简单，可以计算各种可能结果的概率，便于进行数学分析和处理，但仅限于十分简单的情况，问题越复杂，数学分析和处理就越困难，而且该方法丢失了试验数据的信息；方法 2 与观察数据相符，并且不会随着问题复杂程度的增大产生更大的困难，但不便于数学分析和处理，不得不依赖于模拟得到的统计结果，并且由于试验次数的不同，会得到不同的结果. 一般来说，试验次数越多，结果相对越精确.

例 2.5.2　某保险公司为 2500 名员工购买保险公司的意外险，在一年中每个人出意外死亡的概率为 0.002，每个参加保险的人在每年 1 月 1 日要交 12 元保险费，而在死亡时家属可从保险公司领取 2000 元赔偿金. 求

（1）保险公司亏本的概率；

（2）保险公司获利不少于 20000 元的概率.

解　（1）设一年中死亡的人数为 X，则 $X \sim B(2500, 0.002)$，取 $\lambda = np = 2500 \times 0.002 = 5$，则 X 近似服从参数为 5 的泊松分布，即 $X \sim P(5)$

又设 $A = \{$保险公司亏本$\}$，保险公司一年的总收入为 $2500 \times 12 = 30000$（元），则

$$P(A) = P(2000X > 30000) = P\{X > 15\} = 1 - P\{X \leqslant 15\}$$

$$\approx 1 - \sum_{k=0}^{15} \frac{5^k e^{-5}}{k!} \approx 0.000069$$

保险公司亏本的概率约为 0.0069%.

（2）设 $B = \{$保险公司获利不少于 20000 元$\}$

$$P(B) = P\{30000 - 2000X \geqslant 20000\} = P\{X \leqslant 5\}$$

$$\approx \sum_{k=0}^{5} \frac{5^k e^{-5}}{k!} \approx 0.615961$$

即保险公司获利不少于 20000 元的概率约为 62%.

2.5.2　连续型随机变量的应用实例

例 2.5.3　设某类日光灯管的使用寿命 X 服从参数 $\lambda = \dfrac{1}{2000}$ 的指数分布（单位：h），其分布函数为

$$F_Y(y) = \begin{cases} 1 - \mathrm{e}^{-\frac{x}{2000}}, & x > 0 \\ 0, & x \leqslant 0 \end{cases}$$

（1）任取一只这种灯管，求能正常使用 1000h 以上的概率；

（2）有一只这种灯管已经正常使用了 500h，求还能使用 1000h 以上的概率.

解　（1）$P\{X > 1000\} = 1 - P\{X \leqslant 1000\} = 1 - F(1000) = \mathrm{e}^{-\frac{1}{2}} \approx 0.607$

（2）$P\{X > 1500 | X > 500\} = \dfrac{P\{X > 1500, X > 500\}}{P\{X > 500\}} = \dfrac{P\{X > 1500\}}{P\{X > 500\}}$

$$= \frac{1 - P\{X \leqslant 1500\}}{1 - P\{X \leqslant 500\}} = \frac{1 - F(1500)}{1 - F(500)} = \frac{\mathrm{e}^{-\frac{1500}{2000}}}{\mathrm{e}^{-\frac{500}{2000}}} = \mathrm{e}^{-\frac{1}{2}} \approx 0.607$$

从上述结果可以看出，$P\{X > n\} = P\{X > m + n | X > m\}$，将此性质称为指数分布的"无记忆性"，有时也将指数分布称为"永远年轻"的分布.

例 2.5.4　某人从酒店乘车去机场，现有两条路线可供选择. 第一条路线，穿过市区，路程较短，但道路拥堵，所需时间 $X_1 \sim N(30, 10^2)$（单位：min）；第二条路线，通过高架，路程较长，但交通畅通，所需时间 $X_2 \sim N(45, 4^2)$（单位：min）. 当距离停止办理登机手续分别有（1）45min；（2）60min 时，请问选哪条路线较好？

解　在两种情形下，都应选择能准时到达的概率大的路线.

（1）
$$P\{X_1 \leqslant 45\} = \Phi\left(\frac{45 - 30}{10}\right) = \Phi(1.5)$$

$$P\{X_2 \leqslant 45\} = \Phi\left(\frac{45 - 45}{4}\right) = \Phi(0)$$

$\Phi(1.5) > \Phi(0)$，选第一条路线较好.

（2）
$$P\{X_1 \leqslant 60\} = \Phi\left(\frac{60 - 30}{10}\right) = \Phi(3)$$

$$P\{X_2 \leqslant 50\} = \Phi\left(\frac{60 - 45}{4}\right) = \Phi(3.75)$$

$\Phi(3) < \Phi(3.75)$，选第二条路线较好.

2.6　Excel 在概率统计中的应用

Excel 是 Microsoft 的一款电子表格软件，其界面直观、操作简单、计算功能强大，是十

分流行的个人计算机数据处理软件. Excel 不仅用作常规的办公软件，其在概率统计中也有着广泛的应用. 本节主要介绍如何利用 Excel 中的函数命令计算几个常见分布的概率. 软件基于 Excel 2007 版本，单击公式编辑区的 fx 图标，选择统计类函数.

2.6.1　二项分布

二项分布函数命令：BINOM.DIST

函数语法：BINOM.DIST(Number_s,Trials,Probability_s,Cumulative)

参数含义：Number_s，必需，表示事件发生的次数 k；

Trials，必需，表示独立试验的次数 n；

Probability_s，必需，表示每次试验成功的概率 p；

Cumulative，必需，决定函数形式的逻辑值. 如果 Cumulative 为 TRUE，则 BINOM.DIST 返回累积分布概率，即至多 Number_s（k）次成功的概率为 $\sum_{i=0}^{k} C_n^i p^i (1-p)^{n-i}$；如果为 FALSE，则返回二项分布概率，即恰好 Number_s（k）次成功的概率为 $C_n^k p^k (1-p)^{n-k}$.

例 2.6.1　某特效药的临床有效率为 0.95，现有 10 人服用，求

（1）有 8 人被治愈的概率；

（2）至多有 8 人被治愈的概率.

解　（1）第一步，打开 Excel 工作表，选中一个空白单元格，单击公式编辑区的"fx"图标，选择统计类函数，如图 2.6.1 所示.

第二步，选择 BINOM.DIST 函数，单击"确定"按钮，在"函数参数"对话框中输入参数，具体为 Number_s=8，Trials=10，Probability_s=0.95，Cumulative=FALSE，在公式编辑框中将出现相应的函数命令"=BINOM.DIST(8,10,0.95,FALSE)"，如图 2.6.2 所示.

第三步，单击"确定"按钮，得到计算结果 0.0746，即有 8 人被治愈的概率是 0.0746.

注：在计算此类函数值时，如果不熟悉函数命令，可以先选择函数再输入参数；如果熟悉函数命令，可以直接在公式编辑框中输入函数命令和参数，得到的结果一样.

图 2.6.1　"插入函数"对话框

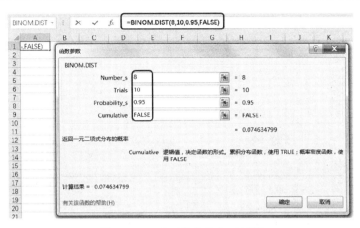

图 2.6.2   "函数参数"对话框

（2）与上一题步骤一致，因为求至多有 8 人被治愈的概率，所以参数 Cumulative=TRUE，函数命令为"=BINOM.DIST(8,10,0.95,TRUE)"，得到计算结果 0.0861，即至多有 8 人被治愈的概率是 0.0861.

2.6.2   泊松分布

泊松分布函数命令：POISSON.DIST

函数语法：POISSON.DIST(X,Mean,Cumulative)

参数含义：X，必需，表示事件发生的次数；

Mean，必需，表示期望值，即泊松分布的参数 λ；

Cumulative，必需，决定函数形式的逻辑值. 如果 Cumulative 为 TRUE，则 POISSON.DIST 返回累积分布概率，即随机事件至多发生 X 次的概率为 $\sum_{k=0}^{x} \frac{\lambda^{k}}{k!} e^{-\lambda}$；如果为 FALSE，则返回泊松分布概率，即随机事件恰好发生 X 次的概率为 $\frac{\lambda^{x}}{x!} e^{-\lambda}$.

例 2.6.2   某交通路口在上午 8:00～9:00 的汽车流量服从参数为 500 的泊松分布，求

（1）汽车流量恰为 450 的概率.

（2）汽车流量至多为 450 的概率.

解   （1）第一步，打开 Excel 工作表，选中一个空白单元格，单击公式编辑区的 f_x 图标，选择统计类函数.

第二步，选择 POISSON.DIST 函数，单击"确定"按钮，在"函数参数"对话框中输入参数，具体为 X=450，Mean=500，Cumulative=FALSE，在公式编辑框中将出现相应的函数命令"=POISSON.DIST(450,500,FALSE)"，如图 2.6.3 所示.

第三步，单击"确定"按钮，得到计算结果 0.0014，即汽车流量恰为 450 的概率是 0.0014.

（2）与上一题步骤一致，因为求至多为 450 的概率，所以函数参数 Cumulative=TRUE，函数命令为"=POISSON.DIST(450,500,TRUE)"，得到计算结果 0.0124，即汽车流量至多为 450 的概率是 0.0124.

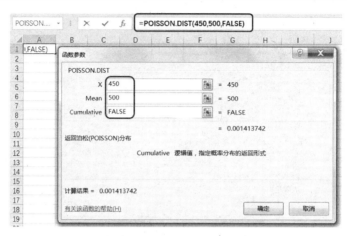

图 2.6.3   "函数参数"对话框

2.6.3   超几何分布

超几何分布函数命令：HYPGEOM.DIST

函数语法：HYPGEOM.DIST(Sample_s,Number_sample,Population_s,Number_pop,Cumulative)

参数含义：Sample_s，必需，表示样本中随机事件发生的次数 k；

Number_sample，必需，表示样本的容量 n；

Population_s，必需，表示总体中随机事件发生的次数 M；

Number_pop，必需，表示总体的容量 N；

Cumulative，必需，决定函数形式的逻辑值. 如果 Cumulative 为 TRUE，则 HYPGEOM.DIST 返回累积分布概率，即随机事件至多发生 k 次的概率为 $\sum_{i=0}^{k} \dfrac{C_M^i C_{N-M}^{n-i}}{C_N^n}$；如果为 FALSE，则返回超几何分布概率，即随机事件恰好发生 k 次的概率为 $\dfrac{C_M^k C_{N-M}^{n-k}}{C_N^n}$.

例 2.6.3   设有 100 件产品，其中 10 件不合格，若从中不放回地随机抽取 5 件，求

（1）恰好抽到 3 件不合格产品的概率；

（2）至多抽到 3 件不合格产品的概率.

解   （1）第一步，打开 Excel 工作表，选中一个空白单元格，单击公式编辑区的 fx 图标，选择统计类函数.

第二步，选择 HYPGEOM.DIST 函数，单击"确定"按钮，在"函数参数"对话框中输入参数，具体为 Sample_s=3，Number_sample=5，Population_s=10，Number_pop=100，Cumulative=FALSE，在公式编辑框中将出现相应的函数命令"=HYPGEOM.DIST(3,5,10,100,FALSE)"，如图 2.6.4 所示.

第三步，单击"确定"按钮，得到计算结果 0.0064，即恰好抽到 3 件不合格产品的概率是 0.0064.

（2）与上一题步骤一致，因为求至多抽到 3 件不合格产品的概率，所以函数参数 Cumulative=TRUE，函数命令为"=HYPGEOM.DIST(3,5,10,100,TRUE)"，得到计算结果 0.9997，即至多抽到 3 件不合格产品的概率是 0.9997.

图 2.6.4　"函数参数"对话框

2.6.4　指数分布

指数分布函数命令：EXPON.DIST

函数语法：EXPON.DIST(X,Lambda,Cumulative)

参数含义：X，必需，表示随机变量的取值；

Lambda，必需，表示指数分布的参数 λ；

Cumulative，必需，决定函数形式的逻辑值. 如果 Cumulative 为 TRUE，则 EXPON.DIST 返回累积分布函数，即随机变量的概率 $P\{X \leqslant x\} = F(x) = \int_0^x \lambda \mathrm{e}^{-\lambda t} \mathrm{d}t$；如果为 FALSE，则返回指数分布概率密度函数 $f(x) = \lambda \mathrm{e}^{-\lambda x} \quad (x > 0)$.

例 2.6.4　设某医院门诊一次的诊疗时间 X（单位：min）服从参数 $\lambda = 0.1$ 的指数分布，试求 $P\{10 \leqslant X \leqslant 20\}$.

解　方法一：计算 X 落在区间[10,20]上的概率，可以先分别计算 $P\{X \leqslant 20\}$ 和 $P\{X \leqslant 10\}$，再两者相减.

第一步，打开 Excel 工作表，选中 A1 单元格，单击公式编辑区的" fx "图标，选择统计类函数.

第二步，选择 EXPON.DIST 函数，单击"确定"按钮，在"函数参数"对话框中输入函数参数，具体为 X=20，Lambda=0.1，Cumulative=TRUE，在公式编辑框中将出现相应的函数命令"=EXPON.DIST(20,0.1,TRUE)"，如图 2.6.5 所示.

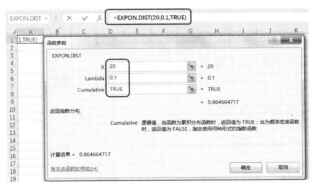

图 2.6.5　"函数参数"对话框

第三步，单击"确定"按钮，得到计算结果 0.8647，即诊疗时间≤20min 的概率是 0.8647.

第四步，选中 B1 单元格，重复以上步骤，输入函数参数，X=10，Lambda=0.1，Cumulative=TRUE，出现函数命令"=EXPON.DIST(10,0.1,TRUE)"，得到计算结果 0.6321，即诊疗时间小于等于 10min 的概率是 0.6321.

第五步，对 A1 和 A2 单元格进行减法运算，在公式编辑框中输入命令"=A1-B1"，如图 2.6.6 所示，得到最终结果 0.2325，即诊疗时间为 10～20min 的概率是 0.2325.

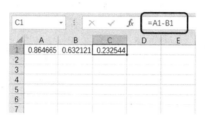

图 2.6.6　公式编辑框 1

方法二：直接在公式编辑框中输入函数命令"=EXPON.DIST(20,0.1,TRUE)-EXPON.DIST(10,0.1,TRUE)"，得到计算结果 0.2325，如图 2.6.7 所示，即诊疗时间为 10～20min 的概率是 0.2325.

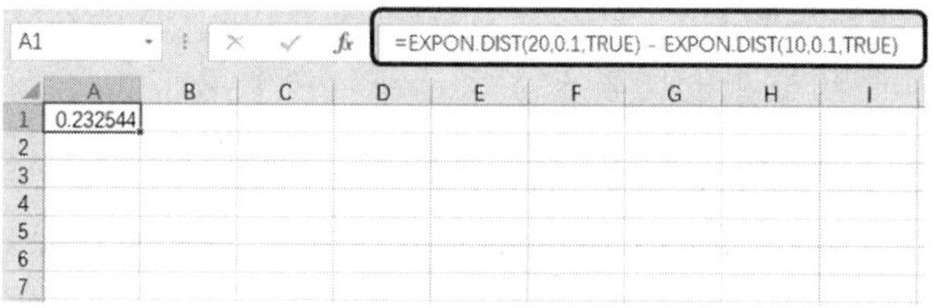

图 2.6.7　公式编辑框 2

2.6.5　正态分布

正态分布函数命令：NORM.DIST

函数语法：NORM.DIST(X,Mean,Standard_dev,Cumulative)

参数含义：X，必需，表示随机变量的取值；

Mean，必需，表示期望值，即正态分布的均值 μ；

Standard_dev，必需，表示标准差，即正态分布的标准差 σ；

Cumulative，必需，决定函数形式的逻辑值. 如果 Cumulative 为 TRUE，则 NORM.DIST 返回累积分布概率，即随机变量的概率 $P\{X \leqslant x\} = F(x) = \dfrac{1}{\sigma\sqrt{2\pi}} \int_{-\infty}^{x} e^{-\frac{(t-\mu)^2}{2\sigma^2}} \mathrm{d}t$；如果为 FALSE，则返回正态分布概率密度函数 $f(x) = \dfrac{1}{\sigma\sqrt{2\pi}} e^{-\frac{(t-\mu)^2}{2\sigma^2}}$.

例 2.6.5　设 $X \sim N(0,1)$，求

（1）$P\{X \leqslant 1.67\}$；

（2）$P\{X > 2.5\}$；

（3）$P\{|X| \leqslant 2\}$.

解 （1）第一步，打开 Excel 工作表，选中一个空白单元格，单击公式编辑区的" *fx* "图标，选择统计类函数.

第二步，选择 NORM.DIST 函数，单击"确定"按钮，在"函数参数"对话框中输入函数参数，具体为 X=1.67，Mean=0，Standard_dev=1，Cumulative=TRUE，在公式编辑框中将出现相应的函数命令"=NORM.DIST(1.67,0,1,TRUE)"，如图 2.6.8 所示.

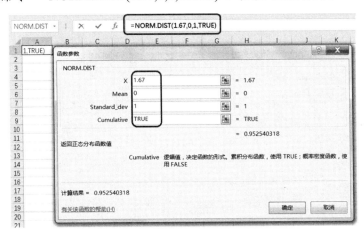

图 2.6.8 "函数参数"对话框

第三步，单击"确定"按钮，得到计算结果 0.9525，即 $P\{X \leqslant 1.67\} = 0.9525$.

（2）选中一个空白单元格，在公式编辑框中输入函数命令"=1-NORM.DIST(2.5,0,1,TRUE)"，得到计算结果 0.0062，即 $P\{X > 2.5\} = 0.0062$，如图 2.6.9 所示.

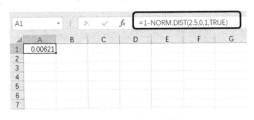

图 2.6.9 公式编辑框 1

（3）选中一个空白单元格，在公式编辑框中输入函数命令"= NORM.DIST(2,0,1,TRUE)-NORM.DIST(-2,0,1,TRUE)"，得到计算结果 0.9545，即 $P\{|X| \leqslant 2\} = 0.9545$，如图 2.6.10 所示.

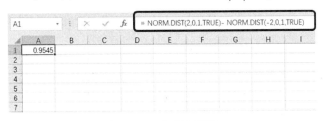

图 2.6.10 公式编辑框 2

例 2.6.6 设 $X \sim N(2, 0.16)$，求

（1）$P\{X \geqslant 2.3\}$；

（2）$P\{1.8 \leqslant X \leqslant 2.1\}$.

解　（1）打开 Excel 工作表，选中一个空白单元格，在公式编辑框中输入函数命令"=1-NORM.DIST(2.3,2,0.4,TRUE)"，输出结果 0.2266，即 $P\{X \geq 2.3\} = 0.2266$；

（2）选中一个空白单元格，在公式编辑框中输入函数命令"=NORM.DIST(2.1,2,0.4,TRUE)-NORM.DIST(1.8,2,0.4,TRUE)"，输出结果 0.2902，即 $P\{1.8 \leq X \leq 2.1\} = 0.2902$.

习题 2

1. 一袋中有 5 只乒乓球，分别标号 1、2、3、4、5，现从中任取 3 个球，设 X 是取出球的号码中的最大值，求 X 的分布律，并计算 $P\{X \leq 4\}$.

2. 某盒产品中恰有 6 件正品，2 件次品，每次从中任取一件进行检查，直到取到正品为止，X 表示抽取次数，求 X 的分布律.

（1）无放回抽取；

（2）有放回抽取.

3. 设离散型随机变量 X 的分布函数为

$$F(x) = \begin{cases} 0, & x < -1 \\ a, & -1 \leq x < 1 \\ \dfrac{2}{3} - a, & 1 \leq x < 2 \\ a + b, & x \geq 2 \end{cases}$$

且 $P\{X = 1\} = \dfrac{1}{2}$，试确定常数 a，b 的值.

4. 某射手的命中率为 0.8，连续独立地进行两次射击，X 表示命中目标的次数，求

（1）X 的分布律；

（2）X 的分布函数 $F(x)$；

（3）利用 $F(x)$ 求 $P\{0 < X \leq 1\}$，$P\{X > 1\}$.

5. 一批产品中有 10% 的不合格产品，现从中任取 3 件，求

（1）至多有 1 件不合格的概率；

（2）至少有 1 件不合格的概率；

（3）恰有 2 件不合格的概率.

6. 设 $X \sim B(2, p)$，$Y \sim B(3, p)$，若 $P\{X \geq 1\} = \dfrac{5}{9}$，求 $P\{Y \geq 1\}$.

7. 一大楼内装有 5 个同类型的供水设备，调查表明在任一时刻 t 每个设备被使用的概率为 0.1，求在同一时刻

（1）恰有 2 个设备被使用的概率；

（2）至多有 3 个设备被使用的概率；

（3）至少有 1 个设备被使用的概率.

8. 设离散型随机变量 X 的分布律为 $P\{X = k\} = \dfrac{a}{k(k+1)}$，（$k = 1, 2, 3, \cdots, 10$），试确定常数 a.

9. 设随机变量 X 的分布函数为

$$F(x) = \begin{cases} 0, & x < 0 \\ Ax^2, & 0 \leq x < 1 \\ 1, & x \geq 1. \end{cases}$$

求：（1）系数 A；

（2）X 落在区间 $(0.3, 0.7)$ 上的概率；

（3）X 的概率密度函数.

10. 设随机变量 X 的概率密度函数为

$$f(x) = \begin{cases} x, & 0 \leq x < 1 \\ a - x, & 1 \leq x < 2 \\ 0, & \text{其他} \end{cases}$$

求：（1）系数 a；（2）$P\{X \leq 1.5\}$.

11. 已知随机变量 X 的概率密度函数为 $f(x) = A\mathrm{e}^{-|x|}$（$-\infty < x < +\infty$），求

（1）系数 A；

（2）X 的分布函数 $F(x)$；

（3）$P\{Y = X^2\}$；

（4）$P\{-1 < X < 1\}$.

12. 甲站每天的整点都有列车发往乙站，一位从甲站前往乙站的乘客在 9:00～10:00 随机地到达甲站，X 表示他的候车时间（单位：min），求

（1）$P\{X \geq 20\}$；

（2）$P\{20 \leq X \leq 30\}$；

（3）$P\{X = 20\}$.

13. 某人午觉醒来后发现手表停了，于是打开收音机等报时（整点报时），求其等待时间不超过 10min 的概率.

14. 设 a 服从参数 $\lambda = 1$ 的指数分布，求方程 $4x^2 + 4ax + a + 2 = 0$ 无实根的概率.

15. 设随机变量 X 表示电视机的寿命（单位：年），其概率密度函数为

$$f(x) = \begin{cases} \dfrac{1}{12}\mathrm{e}^{-\frac{t}{12}}, & t > 0 \\ 0, & t \leq 0 \end{cases}$$

求：（1）电视机的寿命最多为 6 年的概率；

（2）电视机的寿命为 5～10 年的概率.

16. 设随机变量 X 在 $[2,5]$ 上服从均匀分布，现对 X 进行三次独立观测，求至少有两次观测值大于 3 的概率.

17. 设顾客在银行排队等候服务的时间 X（单位：min）服从参数为 $1/5$ 的指数分布，假设某顾客一个月要去银行 5 次，当等候时间超过 10min 时，他就离开. 以 Y 表示一个月内他未等到服务而离开的次数，求 Y 的分布律和 $P\{Y \geq 1\}$.

18. 设 $X \sim N(3,4)$，求：（1）$P\{2 < X \leq 5\}$；（2）$P\{-2 < X < 7\}$；（3）$P\{|X| > 2\}$；（4）$P\{X > 3\}$；（5）确定常数 c，使得 $P\{X > 3\} = P\{X \leq 3\}$.

19. 一个工厂生产的电子管寿命 X （单位：h），服从参数 $\mu = 160$ 的正态分布，若要求 $P\{120 < X \leqslant 200\} \geqslant 0.8$，求 σ 的最大值.

20. 假设新生入学考试成绩 $X \sim N(72, \sigma^2)$，已知 96 分以上的考生占 2.3%，现任意抽取一份试卷，求该试卷的成绩为 60～84 分的概率.

21. 设随机变量 X 的分布律为

X	0	$\dfrac{\pi}{2}$	π
P	$\dfrac{1}{4}$	$\dfrac{1}{2}$	$\dfrac{1}{4}$

求 $Y = \dfrac{2}{3}X + 2$ 和 $Z = \sin X$ 的分布律.

22. 设随机变量 X 的概率密度函数为

$$f(x) = \begin{cases} \dfrac{3}{2}x^2, & -1 < x < 1 \\ 0, & \text{其他} \end{cases}$$

求以下随机变量的概率密度函数.

（1） $Y = 3X$；（2） $Z = 3 - X$.

第3章 多维随机变量及其分布

上一章讨论了一个随机变量的情况，但在实际问题中某些随机试验的结果需要同时用两个或两个以上的随机变量来描述. 例如，研究某一地区的学龄前儿童的身体发育情况，需要同时考虑儿童的身高和体重；研究一个地区的财政收入情况，需要同时分析当地的国内生产总值、税收和其他收入等. 因此，本章介绍多维随机变量及其分布.

3.1 多维随机变量及其分布函数

3.1.1 多维随机变量

定义 3.1.1 设 Ω 是随机试验的样本空间，对 Ω 中的每一个样本点 ω，有 n 个实数 $X_1(\omega)$，$X_2(\omega)$，$\cdots$，$X_n(\omega)$ 与之对应，称 $(X_1, X_2, \cdots, X_n)$ 为定义在 Ω 上的一个 n 维随机变量.

由于二维随机变量与 n 维随机变量没有本质的区别，为简单起见，下面着重讨论二维随机变量.

定义 3.1.2 设 Ω 是随机试验的样本空间，对 Ω 中的每一个样本点 ω，有两个实数 $X(\omega)$、$Y(\omega)$ 与之对应，称 (X, Y) 为定义在 Ω 上的一个二维随机变量.

3.1.2 联合分布函数

与一维随机变量类似，首先引入二维随机变量的分布函数.

定义 3.1.3 设 (X, Y) 是二维随机变量，对任意 $x, y \in \mathbf{R}$，称二元函数

$$F(x, y) = P\{X \leq x, Y \leq y\} \tag{3.1.1}$$

为二维随机变量 (X, Y) 的**联合分布函数**.

若将二维随机变量 (X, Y) 看作平面上的随机点，则联合分布函数 $F(x, y)$ 的几何意义为随机点 (X, Y) 落在点 (x, y) 左下方阴影部分内的概率，如图 3.1.1 所示.

与一维随机变量的分布函数类似，二维随机变量的联合分布函数 $F(x, y)$ 具有以下基本性质.

定理 3.1.1 设 $F(x, y)$ 为二维随机变量 (X, Y) 的联合分布函数，则 $F(x, y)$ 满足

(1) 单调性：$F(x, y)$ 分别关于 x，y 单调不降，即

当 $x_1 < x_2$ 时，$F(x_1, y) \leq F(x_2, y)$；

当 $y_1 < y_2$ 时，$F(x, y_1) \leq F(x, y_2)$.

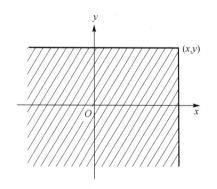

图 3.1.1 分布函数 $F(x, y)$ 的几何意义

(2) 有界性：$0 \leq F(x, y) \leq 1$，且 $\lim\limits_{x \to -\infty} F(x, y) = 0$，$\lim\limits_{y \to -\infty} F(x, y) = 0$，$\lim\limits_{\substack{x \to +\infty \\ y \to +\infty}} F(x, y) = 1$.

（3）右连续性：$F(x, y)$ 是右连续函数，即

$$F(x_0 + 0, y) = \lim_{x \to x_0^+} F(x, y) = F(x_0, y),$$

$$F(x, y_0 + 0) = \lim_{y \to y_0^+} F(x, y) = F(x, y_0).$$

（4）相容性：对于任意实数 $x_1 < x_2$，$y_1 < y_2$，

$$P\{x_1 < X \leqslant x_2, y_1 < Y \leqslant y_2\}$$
$$= F(x_2, y_2) - F(x_2, y_1) - F(x_1, y_2) + F(x_1, y_1) \geqslant 0.$$

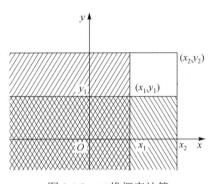

图 3.1.2　二维概率计算

二维概率计算如图 3.1.2 所示.

满足以上四条性质的二元函数 $F(x, y)$，一定是某个二维随机变量的联合分布函数；反之，二维随机变量的联合分布函数一定满足以上四条性质.

例 3.1.1　设二维随机变量 (X, Y) 的联合分布函数为

$$F(x, y) = A(B + \arctan x)(C + \arctan y), \quad (x, y) \in \mathbf{R}^2$$

试求系数 A、B、C，并求 $P\{0 \leqslant x < 1, 0 \leqslant y < 1\}$.

解　
$$\lim_{x \to -\infty} F(x, y) = \lim_{x \to -\infty} A(B + \arctan x)(C + \arctan y)$$
$$= A\left(B - \frac{\pi}{2}\right)(C + \arctan y) = 0$$

$$\lim_{y \to -\infty} F(x, y) = \lim_{y \to -\infty} A(B + \arctan x)(C + \arctan y)$$
$$= A(B + \arctan x)\left(C - \frac{\pi}{2}\right) = 0$$

$$\lim_{\substack{x \to +\infty \\ y \to +\infty}} F(x, y) = \lim_{\substack{x \to +\infty \\ y \to +\infty}} A(B + \arctan x)(C + \arctan y)$$
$$= A\left(B + \frac{\pi}{2}\right)\left(C + \frac{\pi}{2}\right) = 1$$

由此可得 $A = \dfrac{1}{\pi^2}$，$B = C = \dfrac{\pi}{2}$

根据联合分布函数的相容性可知

$$P\{0 \leqslant X < 1, 0 \leqslant Y < 1\} = F(1,1) - F(0,1) - F(1,0) + F(0,0) = \frac{1}{16}$$

定义 3.1.4　设 $(X_1, X_2, \cdots, X_n)$ 为 Ω 上的一个 n 维随机变量，对任意 $x_i \in \mathbf{R}$，$i = 1, 2, \cdots, n$，称 n 元函数

$$F(x_1, x_2, \cdots, x_n) = P\{X_1 \leqslant x_1, X_2 \leqslant x_2, \cdots X_n \leqslant x_n\} \tag{3.1.2}$$

为 n 维随机变量 $(X_1, X_2, \cdots, X_n)$ 的**联合分布函数**.

式中，$\{X_1 \leqslant x_1, X_2 \leqslant x_2, \cdots X_n \leqslant x_n\} = \{X_1 \leqslant x_1\} \bigcap \{X_2 \leqslant x_2\} \bigcap \cdots \bigcap \{X_n \leqslant x_n\}$.

3.1.3　联合分布律

定义 3.1.5　如果二维随机变量 (X, Y) 只取有限对或可列无穷多对值 (x_i, y_j)，$i, j = 1, 2, \cdots$，

则称 (X, Y) 为二维离散型随机变量，称

$$P\{X = x_i, Y = y_j\} = p_{ij}, \quad (i, j = 1, 2, \cdots) \tag{3.1.3}$$

为 (X, Y) 的**联合分布律**.

二维离散型随机变量的联合分布律也可表示为如表 3.1.1 所示的表格形式.

表 3.1.1　二维离散型随机变量的联合分布律

X	Y				
	y_1	y_2	$\cdots$	y_j	$\cdots$
x_1	p_{11}	p_{12}	$\cdots$	p_{1j}	$\cdots$
x_2	p_{21}	p_{22}	$\cdots$	p_{2j}	$\cdots$
$\vdots$	$\vdots$	$\vdots$		$\vdots$	
x_i	p_{i1}	p_{i2}	$\cdots$	p_{ij}	$\cdots$
$\vdots$	$\vdots$	$\vdots$		$\vdots$	

二维离散型随机变量的联合分布律满足下列两条基本性质.

（1） $p_{ij} \geq 0$，$i, j = 1, 2, \cdots$；

（2） $\displaystyle\sum_{i=1}^{\infty}\sum_{j=1}^{\infty} p_{ij} = 1$.

二维离散型随机变量的联合分布函数为

$$F(x, y) = \sum_{x_i \leq x}\sum_{y_j \leq y} p_{ij} \tag{3.1.4}$$

例 3.1.2　（二维两点分布）用剪刀随机地去剪一条悬挂有小球的绳子. 剪中绳子的概率为 p（$0 < p < 1$），设 X 表示剪中绳子的次数，Y 表示小球下落的次数. 求 (X, Y) 的联合分布律.

解　(X, Y) 的联合分布律如表 3.1.2 所示.

表 3.1.2　(X, Y) 的联合分布律

X	Y	
	0	1
0	$1-p$	0
1	0	p

3.1.4　联合概率密度函数

定义 3.1.6　设 $F(x, y)$ 是二维随机变量 (X, Y) 的联合分布函数，如果存在非负可积函数 $f(x, y)$，使得对于任意实数对 (x, y)，有

$$F(x, y) = \int_{-\infty}^{x}\int_{-\infty}^{y} f(u, v)\mathrm{d}u\mathrm{d}v \tag{3.1.5}$$

则称 (X, Y) 为二维连续型随机变量，$f(x, y)$ 为 (X, Y) 的**联合概率密度函数**.

二维连续型随机变量的联合概率密度函数满足下列两条基本性质.

（1） $f(x, y) \geq 0$；

（2）$\int_{-\infty}^{+\infty}\int_{-\infty}^{+\infty} f(x,y)\mathrm{d}x\mathrm{d}y = 1$.

凡是满足上述两条性质的二元函数 $f(x,y)$，一定是某个二维连续型随机变量的概率密度函数；反之，某个二维连续型随机变量的概率密度函数一定满足上述两条性质.

由联合分布函数和联合概率密度函数的性质可以得到以下结论.

（1）在 $f(x,y)$ 的连续点处，有 $\dfrac{\partial^2 F(x,y)}{\partial x \partial y} = f(x,y)$；

（2）$P\{(X,Y) \in G\} = \iint\limits_G f(x,y)\mathrm{d}x\mathrm{d}y$.

例 3.1.3　设二维随机变量 (X,Y) 的联合概率密度函数为

$$f(x,y) = \begin{cases} c\mathrm{e}^{-(2x+y)}, & x > 0, y > 0 \\ 0, & \text{其他} \end{cases}$$

求：（1）常数 c；

（2）$P\{X \geqslant Y\}$；

（3）联合分布函数 $F(x,y)$.

解　（1）$1 = \int_{-\infty}^{+\infty}\int_{-\infty}^{+\infty} f(x,y)\mathrm{d}x\mathrm{d}y = \int_{-\infty}^{+\infty}\int_{-\infty}^{+\infty} c\mathrm{e}^{-(2x+y)}\mathrm{d}x\mathrm{d}y = c\int_0^{+\infty}\mathrm{e}^{-2x}\mathrm{d}x\int_0^{+\infty}\mathrm{e}^{-y}\mathrm{d}x = \dfrac{c}{2}$，得 $c = 2$.

（2）$P\{X \geqslant Y\} = \iint\limits_{x \geqslant y} f(x,y)\mathrm{d}x\mathrm{d}y = \int_0^{+\infty} 2\mathrm{e}^{-2x}\mathrm{d}x\int_0^x \mathrm{e}^{-y}\mathrm{d}y = \int_0^{+\infty} 2\mathrm{e}^{-2x}(1-\mathrm{e}^{-x})\mathrm{d}x = \dfrac{1}{3}$

（3）$F(x,y) = \int_{-\infty}^x\int_{-\infty}^y f(u,v)\mathrm{d}u\mathrm{d}v = \begin{cases} \int_0^x\int_0^y 2\mathrm{e}^{-2u}\mathrm{e}^{-v}\mathrm{d}u\mathrm{d}v, & x > 0, y > 0 \\ 0, & \text{其他} \end{cases}$

$\qquad\qquad = \begin{cases} (1-\mathrm{e}^{-2x})(1-\mathrm{e}^{-y}), & x > 0, y > 0 \\ 0, & \text{其他} \end{cases}$

3.1.5　常见的二维连续型分布

1. 二维均匀分布（几何概率）

设 G 为平面上某个有界区域，其面积为 $S(G)$，如果二维连续型随机变量 (X,Y) 具有联合概率密度函数

$$f(x,y) = \begin{cases} \dfrac{1}{S(G)}, & (x,y) \in G \\ 0, & (x,y) \notin G \end{cases} \tag{3.1.6}$$

则称 (X,Y) 在区域 G 上服从**二维均匀分布**，记为 $(X,Y) \sim U(G)$.

若二维随机变量 $(X,Y) \sim U(G)$，则对任意区域 $D \subset G$，有

$$P\{(X,Y) \in D\} = \iint\limits_D f(x,y)\mathrm{d}\sigma = \dfrac{1}{S(G)}\iint\limits_D \mathrm{d}\sigma = \dfrac{S(D)}{S(G)} \tag{3.1.7}$$

二维均匀分布描述的随机现象是向平面区域 G 中随机投点，该点坐标 (X,Y) 落在 G 的任何子区域 D 中的概率只与该子区域的面积有关，而与其位置无关．上一章讨论了一维随机变量的均匀分布，即

若随机变量 $X \sim U(a,b)$ ，则对任意区间 $(c,d) \subset (a,b)$ ，有

$$P\{c < X \leqslant d\} = \frac{d-c}{b-a} = \frac{(c,\text{d})\text{的长度}}{(a,b)\text{的长度}} \tag{3.1.8}$$

随机变量 X 落在 (a,b) 的任何子区间内的概率只与该子区间的长度有关，而与其位置无关．

在上述结论中，借助几何度量（长度、面积、体积等）来计算的概率，即为第 1 章中提到的几何概型．

例 3.1.4 设二维随机变量 (X,Y) 在区域 $G = \{(x,y) \mid 0 < x < 1,$ $|y| < x\}$ 上服从均匀分布，求

（1） (X,Y) 的联合概率密度函数；

（2） $P\{X + Y \leqslant 1\}$ ．

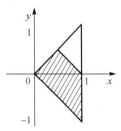

解 （1） $S(G) = 1$ ， $f(x,y) = \begin{cases} 1, & 0 < x < 1, |y| < x \\ 0, & \text{其他} \end{cases}$

（2）设 $D = \{(x,y) \mid x + y \leqslant 1\}$ ，如图 3.1.3 所示， $S(D) = \frac{3}{4}$ ，

图 3.1.3 区域 D 示意图

$$P\{X + Y \leqslant 1\} = \frac{S(D)}{S(G)} = \frac{3}{4}$$

例 3.1.5 （约会等待问题）甲、乙两艘轮船驶向一个不能同时停泊两艘轮船的码头停泊，它们在一昼夜内到达的时刻是等可能的．如果甲的停泊时间为 1h，乙的停泊时间为 2h，求两艘轮船相遇的概率.

解 设 X 、 Y 分别表示甲、乙两船到达的时间，

则 $(X,Y) \sim U(G)$ ， $G = \{(x,y) \mid 0 \leqslant x \leqslant 24, 0 \leqslant y \leqslant 24\}$ ，

假设甲船先到，则两船要相遇，应满足 $X \leqslant Y \leqslant X+1$ ；

假设乙船先到，则两船要相遇，应满足 $Y \leqslant X \leqslant Y+2$ ．

所以两船要相遇，即 (X,Y) 落在 $D = \{(x,y) \mid x-2 \leqslant y \leqslant x+1\}$ 内，如图 3.1.4 所示，

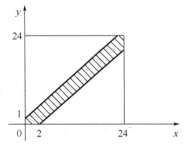

$$p = \frac{S(D)}{S(G)} = \frac{24^2 - \frac{1}{2} \times 23^2 - \frac{1}{2} \times 22^2}{24^2} \approx 0.12$$

图 3.1.4 两船相遇示意图

2. 二维正态分布

设二维连续型随机变量 (X,Y) 具有联合概率密度函数

$$f(x,y) = \frac{1}{2\pi\sigma_1\sigma_2\sqrt{1-\rho^2}} \exp\left\{\frac{-1}{2(1-\rho^2)}\left[\frac{(x-\mu_1)^2}{\sigma_1^2} - 2\rho\frac{(x-\mu_1)(y-\mu_2)}{\sigma_1\sigma_2} + \frac{(y-\mu_2)^2}{\sigma_2^2}\right]\right\}$$

$$x \in \mathbf{R} ，\quad y \in \mathbf{R} \tag{3.1.9}$$

式中， $\mu_1, \mu_2, \sigma_1, \sigma_2, \rho$ 都是常数，且 $\sigma_1 > 0$ ， $\sigma_2 > 0$ ， $-1 < \rho < 1$ ，则称 (X,Y) 服从二维正态分

布，记为 $(X,Y) \sim N(\mu_1, \sigma_1^2; \mu_2, \sigma_2^2; \rho)$.

3.2 边缘分布与独立性

3.2.1 边缘分布函数

X 和 Y 的分布函数 $F_X(x) = P\{X \leq x\}$、$F_Y(y) = P\{Y \leq y\}$ 分别称为 (X,Y) 关于 X 和 Y 的边缘分布函数.

如果已知 (X,Y) 的联合分布函数 $F(x,y)$，则由 $F(x,y)$ 可以导出 X 和 Y 的边缘分布函数为

$$F_X(x) = P\{X \leq x\} = P\{X \leq x, Y < +\infty\} = F(x, +\infty) = \lim_{y \to +\infty} F(x,y) \qquad (3.2.1)$$

$$F_Y(y) = P\{Y \leq y\} = P\{X < +\infty, Y \leq y\} = F(+\infty, y) = \lim_{x \to +\infty} F(x,y) \qquad (3.2.2)$$

联合分布函数 $F(x,y)$ 可以完全决定 X 和 Y 的边缘分布函数 $F_X(x)$、$F_Y(y)$，但反之不一定，X 和 Y 的边缘分布函数 $F_X(x)$、$F_Y(y)$ 不能完全决定联合分布函数.

例 3.2.1 设二维随机变量 (X,Y) 的联合分布函数为

$$F(x,y) = \begin{cases} 1 - e^{-x} - e^{-y} + e^{-x-y-\lambda xy}, & x > 0, \ y > 0 \\ 0, & \text{其他} \end{cases}$$

求 X 和 Y 的边缘分布函数.

解 X 的边缘分布函数为

$$F_x(x) = \lim_{y \to +\infty} F(x,y) = \begin{cases} 1 - e^{-x}, & x > 0 \\ 0, & x \leq 0 \end{cases}$$

Y 的边缘分布函数为

$$F_y(x) = \lim_{x \to +\infty} F(x,y) = \begin{cases} 1 - e^{-y}, & y > 0 \\ 0, & y \leq 0 \end{cases}$$

这两个边缘分布函数都是一维指数分布函数，它们与 λ 无关. 当 λ 不同时，对应的二维联合分布函数不同，但它们的边缘分布函数却相同. 这说明，仅利用边缘分布函数还不足以完全描述联合分布函数. 这是因为二维随机变量不仅与两个分量有关，还与各分量间的联系有关.

X_i 的分布函数 $F_{X_i}(x_i) = P\{X_i \leq x_i\}$，$i = 1, 2, \cdots, n$，称为 $(X_1, X_2, \cdots, X_n)$ 关于 X_i 的**边缘分布函数**.

3.2.2 边缘分布律

对于二维离散型随机变量 (X,Y)，$P\{X = x_i\}$ 称为随机变量 X 的**边缘分布律**.

$$P\{X = x_i\} = p_{i\cdot} = \sum_{j=1}^{\infty} p_{ij}, \quad (i = 1, 2, \cdots) \qquad (3.2.3)$$

对于二维离散型随机变量 (X,Y)，$P\{Y = y_j\}$ 称为随机变量 Y 的**边缘分布律**.

$$P\{Y = y_j\} = p._j = \sum_{i=1}^{\infty} p_{ij} , \quad (j = 1, 2, \cdots) \qquad (3.2.4)$$

边缘分布律与联合分布律可以表示为如表 3.2.1 所示的表格形式.

表 3.2.1　边缘分布律与联合分布律

X	Y					$p_i.$
	y_1	y_2	$\cdots$	y_j	$\cdots$	
x_1	p_{11}	p_{12}	$\cdots$	p_{1j}	$\cdots$	$p_1.$
x_2	p_{21}	p_{22}	$\cdots$	p_{2j}	$\cdots$	$p_2.$
$\vdots$	$\vdots$	$\vdots$		$\vdots$		$\vdots$
x_i	p_{i1}	p_{i2}	$\cdots$	p_{ij}	$\cdots$	$p_i.$
$\vdots$	$\vdots$	$\vdots$		$\vdots$		$\vdots$
$p._j$	$p._1$	$p._2$	$\cdots$	$p._j$	$\cdots$	1

由表 3.2.1 可见，将表格中各行的元素相加，置于最后一列，构成随机变量 X 的边缘分布律；将表格中各列的元素相加，置于最后一行，构成随机变量 Y 的边缘分布律.

例 3.2.2　袋子中有 3 个球，分别标有数字 1、2、3，从中任取两次，每次取 1 个球，以 X、Y 分别表示第 1 次和第 2 次取到的球上的数字，在无放回取球和有放回取球的两种情形下，求 (X, Y) 的联合分布律和边缘分布律.

解　无放回取球的情形如表 3.2.2 所示.

表 3.2.2　无放回取球的情形

X	Y		$p_i.$
	1	2	
1	0	$\dfrac{1}{3}$	$\dfrac{1}{3}$
2	$\dfrac{1}{3}$	$\dfrac{1}{3}$	$\dfrac{2}{3}$
$p._j$	$\dfrac{1}{3}$	$\dfrac{2}{3}$	1

有放回取球的情形如表 3.2.3 所示.

表 3.2.3　有放回取球的情形

X	Y		$p_i.$
	1	2	
1	$\dfrac{1}{9}$	$\dfrac{2}{9}$	$\dfrac{1}{3}$
2	$\dfrac{2}{9}$	$\dfrac{4}{9}$	$\dfrac{2}{3}$
$p._j$	$\dfrac{1}{3}$	$\dfrac{2}{3}$	1

根据上例可以看出，由 (X,Y) 的联合分布律可以完全确定 X、Y 的边缘分布律，但由 X、Y 的边缘分布律不能完全确定 (X,Y) 的联合分布律。在上例中 X、Y 的边缘分布律都相同，但两种情况却有不同的联合分布律。所以二维随机变量的分布不仅与两个分量有关，还与各分量间的联系有关。

3.2.3 边缘概率密度函数

X 和 Y 的概率密度函数 $f_X(x)$、$f_Y(y)$ 分别称为 (X,Y) 关于 X、Y 的**边缘概率密度函数**。

随机变量 X 的边缘概率密度函数为

$$f_X(x) = \int_{-\infty}^{+\infty} f(x,y)\mathrm{d}y , \quad x \in \mathbf{R} \tag{3.2.5}$$

随机变量 Y 的边缘概率密度函数为

$$f_Y(y) = \int_{-\infty}^{+\infty} f(x,y)\mathrm{d}x , \quad y \in \mathbf{R} \tag{3.2.6}$$

因为

$$F_X(x) = F(x,+\infty) = \int_{-\infty}^{x}\left[\int_{-\infty}^{+\infty} f(u,v)\mathrm{d}v\right]\mathrm{d}u$$

$$f_X(x) = F_X'(x) = \int_{-\infty}^{+\infty} f(x,v)\mathrm{d}v , \quad \text{即} \quad f_X(x) = \int_{-\infty}^{+\infty} f(x,y)\mathrm{d}y$$

同理

$$f_Y(y) = F_Y'(y) = \int_{-\infty}^{y}\left[\int_{-\infty}^{+\infty} f(u,v)\mathrm{d}u\right]\mathrm{d}v = \int_{-\infty}^{+\infty} f(u,y)\mathrm{d}u = \int_{-\infty}^{+\infty} f(x,y)\mathrm{d}x$$

例 3.2.3 设二维随机变量 (X,Y) 的联合概率密度函数为

$$f(x,y) = \begin{cases} 2\mathrm{e}^{-(2x+y)} , & x>0, y>0 \\ 0, & \text{其他} \end{cases}$$

求：（1）边缘概率密度函数 $f_X(x)$；
（2）边缘概率密度函数 $f_Y(y)$。

解 （1） $f_X(x) = \int_{-\infty}^{+\infty} f(x,y)\mathrm{d}y = \begin{cases} \int_{0}^{+\infty} 2\mathrm{e}^{-2x}\mathrm{e}^{-y}\mathrm{d}y , & x>0 \\ 0, & x \leqslant 0 \end{cases} = \begin{cases} 2\mathrm{e}^{-2x} , & x>0 \\ 0, & x \leqslant 0 \end{cases}$

（2） $f_Y(y) = \int_{-\infty}^{+\infty} f(x,y)\mathrm{d}x = \begin{cases} \int_{0}^{+\infty} 2\mathrm{e}^{-2x}\mathrm{e}^{-y}\mathrm{d}x , & y>0 \\ 0, & y \leqslant 0 \end{cases} = \begin{cases} \mathrm{e}^{-y} , & y>0 \\ 0, & y \leqslant 0 \end{cases}$

定理 3.2.1 若二维随机变量 $(X,Y) \sim N(\mu_1,\sigma_1^2;\mu_2,\sigma_2^2;\rho)$，则 $X \sim N(\mu_1,\sigma_1^2)$，$Y \sim N(\mu_2,\sigma_2^2)$。
证略。

该定理说明随机变量 (X,Y) 服从二维正态分布，则 X、Y 的边缘分布函数均为一维正态分布函数。

推论 3.2.1　若二维随机变量 $(X,Y) \sim N(0,1;0,1;\rho)$，则 $X \sim N(0,1)$，$Y \sim N(0,1)$.

例 3.2.4　已知二维随机变量 (X,Y) 在区域 $G = \{(x,y) \mid x^2 + y^2 \le 1\}$ 上服从二维均匀分布，试求关于 X、Y 的边缘概率密度函数.

解　(X,Y) 的联合概率密度函数为

$$f(x,y) = \begin{cases} \dfrac{1}{\pi}, & x^2 + y^2 \le 1 \\[2mm] 0, & \text{其他} \end{cases}$$

X 的边缘概率密度函数为

$$f_X(x) = \int_{-\infty}^{+\infty} f(x,y)\mathrm{d}y = \begin{cases} \displaystyle\int_{-\sqrt{1-x^2}}^{+\sqrt{1-x^2}} \dfrac{1}{\pi}\mathrm{d}y, & -1 \le x \le 1 \\[2mm] 0, & \text{其他} \end{cases} = \begin{cases} \dfrac{2}{\pi}\sqrt{1-x^2}, & -1 \le x \le 1 \\[2mm] 0, & \text{其他} \end{cases}$$

Y 的边缘概率密度函数为

$$f_Y(y) = \int_{-\infty}^{+\infty} f(x,y)\mathrm{d}x = \begin{cases} \displaystyle\int_{-\sqrt{1-y^2}}^{+\sqrt{1-y^2}} \dfrac{1}{\pi}\mathrm{d}x, & -1 \le y \le 1 \\[2mm] 0, & \text{其他} \end{cases} = \begin{cases} \dfrac{2}{\pi}\sqrt{1-y^2}, & -1 \le y \le 1 \\[2mm] 0, & \text{其他} \end{cases}$$

此例说明二维均匀随机变量的边缘分布不一定是均匀分布；联合分布可以确定边缘分布，但边缘分布不一定能确定联合分布.

3.2.4　随机变量的独立性

在第 1 章中我们介绍过随机事件的独立性，下面我们借助随机事件的独立性，引入随机变量的独立性.

定义 3.2.1　设 (X,Y) 为二维随机变量，若对任意实数对 (x,y)，有

$$P\{X \le x, Y \le y\} = P\{X \le x\}P\{Y \le y\} \tag{3.2.7}$$

成立，则称随机变量 X 与 Y 相互独立.

如果两个事件 A 和 B 相互独立，则 $P(AB) = P(A)P(B)$，把 $P\{X \le x\}$ 和 $P\{Y \le y\}$ 分别看作两个事件 A、B，则根据事件独立性就可得出上述定义.

定理 3.2.2　设 (X,Y) 为二维随机变量，其联合分布函数为 $F(x,y)$，X 和 Y 的边缘分布函数分别为 $F_X(x)$、$F_Y(y)$，则 X 与 Y 相互独立的充分必要条件是对一切实数对 (x,y)，都有

$$F(x,y) = F_X(x) \cdot F_Y(y) \tag{3.2.8}$$

定理 3.2.3　设 (X,Y) 为二维离散型随机变量，则 X 与 Y 相互独立的充分必要条件是对 (X,Y) 的任意一对取值 (x_i, y_j)，都有

$$P\{X = x_i, Y = y_j\} = P\{X = x_i\} \cdot P\{Y = y_j\}, \quad i,j = 1,2,\cdots \tag{3.2.9}$$

定理 3.2.4　设 (X,Y) 为二维连续型随机变量，其联合概率密度函数为 $f(x,y)$，X 和 Y 的边缘概率密度函数分别为 $f_X(x)$、$f_Y(y)$，则 X 与 Y 相互独立的充分必要条件是对 $f(x,y)$、$f_X(x)$、$f_Y(y)$ 的一切公共连续点，都有

$$f(x,y) = f_X(x) \cdot f_Y(y) \tag{3.2.10}$$

随机变量的独立性具有与随机事件的独立性相同的性质.

（1）若 $X_1, X_2, \cdots, X_n$ 相互独立，则其中任意 m $(2 \leqslant m \leqslant n)$ 个随机变量也相互独立，反之不成立.

（2）若 X 与 Y 相互独立，$h(\cdot)$ 和 $g(\cdot)$ 是连续函数，则 $h(X)$ 与 $g(Y)$ 也相互独立.

（3）若 $(X_1, X_2, \cdots, X_m)$ 与 $(X_{m+1}, X_{m+2}, \cdots, X_n)$ 相互独立，$h(\cdot)$ 和 $g(\cdot)$ 是连续函数，则 $h(X_1, X_2, \cdots, X_m)$ 与 $g(X_{m+1}, X_{m+2}, \cdots, X_n)$ 也相互独立.

例 3.2.5　在例 3.2.2 中，在无放回取球和有放回取球的两种情形下讨论随机变量 X 与 Y 的独立性.

解　无放回取球的情形如表 3.2.4 所示.

表 3.2.4　无放回取球的情形

X	Y		
	1	2	$p_{i\cdot}$
1	0	$\dfrac{1}{3}$	$\dfrac{1}{3}$
2	$\dfrac{1}{3}$	$\dfrac{1}{3}$	$\dfrac{2}{3}$
$p_{\cdot j}$	$\dfrac{1}{3}$	$\dfrac{2}{3}$	1

$P\{X=1, Y=1\} \neq P\{X=1\} \cdot P\{Y=1\}$，$X$ 与 Y 不相互独立.

有放回取球的情形如表 3.2.5 所示.

表 3.2.5　有放回取球的情形

X	Y		
X	1	2	$p_{i\cdot}$
1	$\dfrac{1}{9}$	$\dfrac{2}{9}$	$\dfrac{1}{3}$
2	$\dfrac{2}{9}$	$\dfrac{4}{9}$	$\dfrac{2}{3}$
$p_{\cdot j}$	$\dfrac{1}{3}$	$\dfrac{2}{3}$	1

$P\{X=i, Y=j\} = P\{X=i\} \cdot P\{Y=j\}$，$i, j = 1, 2$，$X$ 与 Y 相互独立.

例 3.2.6　已知二维随机变量 (X, Y) 的联合概率密度函数为

$$f(x, y) = \begin{cases} 8xy, & 0 \leqslant x \leqslant y \leqslant 1 \\ 0, & \text{其他} \end{cases}$$

讨论 X 与 Y 的独立性.

解　$f_X(x) = \displaystyle\int_{-\infty}^{+\infty} f(x, y)\mathrm{d}y = \begin{cases} \displaystyle\int_x^1 8xy\,\mathrm{d}y, & 0 \leqslant x \leqslant 1 \\ 0, & \text{其他} \end{cases} = \begin{cases} 4x(1-x^2), & 0 \leqslant x \leqslant 1 \\ 0, & \text{其他} \end{cases}$

$f_Y(y) = \displaystyle\int_{-\infty}^{+\infty} f(x, y)\mathrm{d}x = \begin{cases} \displaystyle\int_0^y 8xy\,\mathrm{d}x, & 0 \leqslant y \leqslant 1 \\ 0, & \text{其他} \end{cases} = \begin{cases} 4y^3, & 0 \leqslant y \leqslant 1 \\ 0, & \text{其他} \end{cases}$

由 $f_X(x) \cdot f_Y(y) \neq f(x,y)$，则 X 与 Y 不相互独立.

例 3.2.7　设甲、乙两种元件的寿命 X、Y 相互独立，服从同一分布，其概率密度函数为

$$f(x) = \begin{cases} \dfrac{1}{2}\mathrm{e}^{-\frac{x}{2}}, & x > 0 \\ 0, & \text{其他} \end{cases}$$

求甲元件寿命不大于乙元件寿命 2 倍的概率.

解　由于 X、Y 服从同一分布且相互独立，则 X、Y 的联合概率密度函数 $f(x,y)$ 为

$$f(x,y) = f_X(x)f_Y(y) = \begin{cases} \dfrac{1}{4}\mathrm{e}^{-\frac{x+y}{2}}, & x > 0,\ y > 0 \\ 0, & \text{其他} \end{cases}$$

故所求概率为

$$P\{X \leqslant 2Y\} = \int_0^{+\infty} \mathrm{d}x \int_{\frac{x}{2}}^{+\infty} \frac{1}{4}\mathrm{e}^{-\frac{x+y}{2}}\mathrm{d}y = \int_0^{+\infty} \frac{1}{2}\mathrm{e}^{-\frac{x}{2}}\mathrm{e}^{-\frac{x}{4}}\mathrm{d}x = \int_0^{+\infty} \frac{1}{2}\mathrm{e}^{-\frac{3x}{4}}\mathrm{d}x = \frac{2}{3}$$

即甲元件寿命不大于乙元件寿命 2 倍的概率为 $\dfrac{2}{3}$.

例 3.2.8　证明：已知二维随机变量 $(X,Y) \sim N(\mu_1,\sigma_1^2;\mu_2,\sigma_2^2;\rho)$，则 X 与 Y 相互独立的充分必要条件是 $\rho = 0$.

证　由定理 3.2.1 可知，若 $(X,Y) \sim N(\mu_1,\sigma_1^2;\mu_2,\sigma_2^2;\rho)$，则

$$X \sim N(\mu_1,\sigma_1^2),\quad Y \sim N(\mu_2,\sigma_2^2)$$

(X,Y) 的联合概率密度函数为

$$f(x,y) = \frac{1}{2\pi\sigma_1\sigma_2\sqrt{1-\rho^2}}\exp\left\{\frac{-1}{2(1-\rho^2)}\left[\frac{(x-\mu_1)^2}{\sigma_1^2} - 2\rho\frac{(x-\mu_1)(y-\mu_2)}{\sigma_1\sigma_2} + \frac{(y-\mu_2)^2}{\sigma_2^2}\right]\right\}$$

X、Y 的边缘概率密度函数分别为

$$f_X(x) = \frac{1}{\sqrt{2\pi}\sigma_1}\exp\left\{\frac{-1}{2}\left[\frac{(x-\mu_1)^2}{\sigma_1^2}\right]\right\}$$

$$f_Y(y) = \frac{1}{\sqrt{2\pi}\sigma_2}\exp\left\{\frac{-1}{2}\left[\frac{(y-\mu_2)^2}{\sigma_2^2}\right]\right\}$$

若 $\rho = 0$，则

$$f(x,y) = \frac{1}{2\pi\sigma_1\sigma_2}\exp\left\{\frac{-1}{2}\left[\frac{(x-\mu_1)^2}{\sigma_1^2} + \frac{(y-\mu_2)^2}{\sigma_2^2}\right]\right\} = f_X(x) \cdot f_Y(y)$$

即 X 与 Y 相互独立.

反之，若 X 与 Y 相互独立，$f(x,y) = f_X(x) \cdot f_Y(y)$ 对一切 $(x,y) \in \mathbf{R}^2$ 成立，令 $x = \mu_1$，$y = \mu_2$，有 $\dfrac{1}{\sqrt{2\pi}\sigma_1} \cdot \dfrac{1}{\sqrt{2\pi}\sigma_2} = \dfrac{1}{2\pi\sigma_1\sigma_2\sqrt{1-\rho^2}}$，故 $\rho = 0$.

例 3.2.9　某公司老板到达办公室的时间均匀分布在 8:00～12:00,他的秘书到达办公室的

时间均匀分布在 7:00～9:00，假设两人到达的时间相互独立，求两人到达办公室的时间相差不超过 5min 的概率.

解　设 X、Y 分别是老板和他的秘书到达办公室的时间，由假设 X 和 Y 的概率密度函数分别为

$$f_X(x) = \begin{cases} \dfrac{1}{4}, & 8 \leqslant x \leqslant 12 \\ 0, & \text{其他} \end{cases}, \qquad f_Y(y) = \begin{cases} \dfrac{1}{2}, & 7 \leqslant x \leqslant 9 \\ 0, & \text{其他} \end{cases}$$

因为 X、Y 相互独立，故 (X,Y) 的联合概率密度函数为

$$f(x,y) = f_X(x) \cdot f_Y(y) = \begin{cases} \dfrac{1}{8}, & 8 \leqslant x \leqslant 12,\ 7 \leqslant y \leqslant 9 \\ 0, & \text{其他} \end{cases}$$

两人到达办公室的时间相差不超过 5min，即 $|X-Y| \leqslant \dfrac{5}{60}$，如图 3.2.1 所示，其概率为

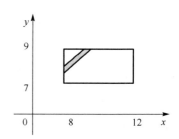

$$P\left\{|X-Y| \leqslant \frac{5}{60}\right\} = \frac{S(D)}{S(G)} = \frac{\dfrac{1}{2} \times \left(\dfrac{13}{12}\right)^2 - \dfrac{1}{2} \times \left(\dfrac{11}{12}\right)^2}{4 \times 2} = \frac{1}{48}$$

即老板和他的秘书到达办公室的时间相差不超过 5min 的概率为 $\dfrac{1}{48}$.

图 3.2.1　X、Y 取值范围

3.3　条件分布

3.3.1　条件分布律

定义 3.3.1　设二维离散型随机变量 (X,Y) 的联合分布律为

$$P\{X = x_i, Y = y_j\} = p_{ij}, \quad (i,j = 1,2,\cdots)$$

对固定的 j，若 $P\{Y = y_j\} > 0$，则称

$$P\{X = x_i \mid Y = y_j\} = \frac{P\{X = x_i, Y = y_j\}}{P\{Y = y_j\}} = \frac{p_{ij}}{p_{\cdot j}} \quad (i = 1,2,\cdots) \tag{3.3.1}$$

为在 $Y = y_j$ 的条件下，随机变量 X 的**条件分布律**.

对固定的 i，若 $P\{X = x_i\} > 0$，则称

$$P\{Y = y_j \mid X = x_i\} = \frac{P\{X = x_i, Y = y_j\}}{P\{X = x_i\}} = \frac{p_{ij}}{p_{i\cdot}} \quad (j = 1,2,\cdots) \tag{3.3.2}$$

为在 $X = x_i$ 的条件下，随机变量 Y 的**条件分布律**.

条件分布律 $P\{X = x_i \mid Y = y_j\}$ 满足分布律的性质.

（1）$P\{X = x_i \mid Y = y_j\} > 0$，$(i = 1,\ 2,\ \cdots)$；

（2）$\displaystyle\sum_{i=1}^{\infty} P\{X = x_i \mid Y = y_j\} = \frac{1}{p_{\cdot j}} \sum_{i=1}^{\infty} p_{ij} = 1$.

条件分布律 $P\{Y = y_j \mid X = x_i\}$ 类似.

例 3.3.1　设随机变量 X 在 1、2、3、4 四个整数中等可能地取值，另一随机变量 Y 在 1～X 中等可能地取值，求

（1）(X,Y) 的联合分布律；

（2）X、Y 的边缘分布律；

（3）判断 X、Y 的独立性.

解　（1）X 的分布律如表 3.3.1 所示.

表 3.3.1　X 的分布律

X	1	2	3	4
P	$\frac{1}{4}$	$\frac{1}{4}$	$\frac{1}{4}$	$\frac{1}{4}$

在 $X = i$ 的条件下，Y 的条件分布律为

$$P\{Y = j \mid X = i\} = \begin{cases} \dfrac{1}{i}, & j \leqslant i \\[2mm] 0, & j > i \end{cases} \quad (i,j = 1,2,3,4)$$

(X,Y) 的联合分布律为

$$p_{ij} = P\{X = i, Y = j\} = P\{X = i\}\, P\{Y = j \mid X = i\} = \begin{cases} \dfrac{1}{4} \cdot \dfrac{1}{i}, & j \leqslant i \\[2mm] 0, & j > i \end{cases} \quad (i,j = 1,2,3,4)$$

(X,Y) 的联合分布律用表格表示，如表 3.3.2 所示.

表 3.3.2　(X,Y) 的联合分布律

X	Y				
	1	2	3	4	$P_{i\cdot}$
1	$\frac{1}{4}$	0	0	0	$\frac{1}{4}$
2	$\frac{1}{8}$	$\frac{1}{8}$	0	0	$\frac{1}{4}$
3	$\frac{1}{12}$	$\frac{1}{12}$	$\frac{1}{12}$	0	$\frac{1}{4}$
4	$\frac{1}{16}$	$\frac{1}{16}$	$\frac{1}{16}$	$\frac{1}{16}$	$\frac{1}{4}$
$P_{\cdot j}$	$\frac{25}{48}$	$\frac{13}{48}$	$\frac{7}{48}$	$\frac{3}{48}$	1

（2）Y 的分布律如表 3.3.3 所示.

表 3.3.3 Y 的分布律

Y	1	2	3	4
P	$\dfrac{25}{48}$	$\dfrac{13}{48}$	$\dfrac{7}{48}$	$\dfrac{3}{48}$

（3）由于 $P\{X=i, Y=j\} \neq P\{X=i\} \cdot P\{Y=j\}$，所以 X 与 Y 不相互独立.

3.3.2 条件概率密度函数

定义 3.3.2 设二维连续型随机变量 (X, Y) 的联合概率密度函数为 $f(x, y)$，对一切使 $f_Y(y) > 0$ 的 y，分别称

$$F_{X|Y}(x \mid y) = \int_{-\infty}^{x} \frac{f(u, y)}{f_Y(y)} \mathrm{d}u \tag{3.3.3}$$

$$f_{X|Y}(x \mid y) = \frac{f(x, y)}{f_Y(y)} \tag{3.3.4}$$

为在 $Y = y$ 的条件下，随机变量 X 的**条件分布函数**和**条件概率密度函数**.

对一切使 $f_X(x) > 0$ 的 x，分别称

$$F_{Y|X}(y \mid x) = \int_{-\infty}^{y} \frac{f(x, v)}{f_X(x)} \mathrm{d}v \tag{3.3.5}$$

$$f_{Y|X}(y \mid x) = \frac{f(x, y)}{f_X(x)} \tag{3.3.6}$$

为在 $X = x$ 的条件下，随机变量 Y 的**条件分布函数**和**条件概率密度函数**.

例 3.3.2 已知二维随机变量 (X, Y) 在区域 $G = \{(x, y) \mid x^2 + y^2 \leq 1\}$ 上服从二维均匀分布，试求在 $Y = y$ 的条件下，X 的条件概率密度函数 $f_{X|Y}(x \mid y)$.

解 (X, Y) 的联合概率密度函数为

$$f(x, y) = \begin{cases} \dfrac{1}{\pi}, & x^2 + y^2 \leq 1 \\ 0, & \text{其他} \end{cases}$$

Y 的边缘概率密度函数为

$$f_Y(y) = \int_{-\infty}^{+\infty} f(x, y)\mathrm{d}x = \begin{cases} \dfrac{2}{\pi}\sqrt{1 - y^2}, & -1 \leq y \leq 1 \\ 0, & \text{其他} \end{cases}$$

当 $-1 < y < 1$ 时，在 $Y = y$ 的条件下，X 的条件概率密度函数为

$$f_{X|Y}(x \mid y) = \frac{f(x, y)}{f_Y(y)} = \begin{cases} \dfrac{1/\pi}{2\sqrt{1 - y^2}/\pi} = \dfrac{1}{2\sqrt{1 - y^2}}, & -\sqrt{1 - y^2} \leq x \leq \sqrt{1 - y^2} \\ 0, & \text{其他} \end{cases}$$

3.4　二维随机变量函数的分布

在第 2 章中讨论过一维随机变量函数 $Y = g(X)$ 的分布，本节进一步讨论二维随机变量函数 $Z = f(X,Y)$ 的分布. 假设 (X,Y) 为二维随机变量，$Z = f(X,Y)$ 是 (X,Y) 的函数，Z 也是随机变量.

3.4.1　二维离散型随机变量函数的分布

设二维离散型随机变量 (X,Y) 的联合分布律为

$$P\{X = x_i, Y = y_j\} = p_{ij}，（i,j = 1,2,\cdots）$$

若 (X,Y) 的函数 $Z = f(X,Y)$ 仍是离散型随机变量，则其分布律为

$$P\{Z = z_k\} = P\{f(X,Y) = z_k\} = \sum_{(x_i,y_j) \in S_k} P\{X = x_i, Y = y_j\} \tag{3.4.1}$$

式中，$S_k = \{(x_i, y_j): f(x_i, y_j) = z_k\}$.

例 3.4.1　设二维随机变量 (X,Y) 的联合分布律如表 3.4.1 所示.

表 3.4.1　(X,Y) 的联合分布律

X	Y		
	-1	1	2
-1	$\frac{1}{10}$	$\frac{2}{10}$	$\frac{3}{10}$
2	$\frac{2}{10}$	$\frac{1}{10}$	$\frac{1}{10}$

求：（1）$X+Y$ 的分布律；（2）XY 的分布律；（3）X/Y 的分布律；（4）$\max(X,Y)$ 的分布律.

解　由 (X,Y) 联合分布律，得 (X,Y) 及函数的分布如表 3.4.2 所示.

表 3.4.2　(X,Y) 及函数的分布

P	$\frac{1}{10}$	$\frac{2}{10}$	$\frac{3}{10}$	$\frac{2}{10}$	$\frac{1}{10}$	$\frac{1}{10}$
(X,Y)	$(-1,-1)$	$(-1,1)$	$(-1,2)$	$(2,-1)$	$(2,1)$	$(2,2)$
$X+Y$	-2	0	1	1	3	4
XY	1	-1	-2	-2	2	4
X/Y	1	-1	$-1/2$	-2	2	1
$\max(X,Y)$	-1	1	2	2	2	2

（1）$X+Y$ 的分布律如表 3.4.3 所示.

表 3.4.3　$X+Y$ 的分布律

$X+Y$	-2	0	1	3	4
P	$\frac{1}{10}$	$\frac{2}{10}$	$\frac{5}{10}$	$\frac{1}{10}$	$\frac{1}{10}$

（2）XY 的分布律如表 3.4.4 所示.

表 3.4.4　XY 的分布律

XY	-2	-1	1	2	4
P	$\dfrac{5}{10}$	$\dfrac{2}{10}$	$\dfrac{1}{10}$	$\dfrac{1}{10}$	$\dfrac{1}{10}$

（3）X/Y 的分布律如表 3.4.5 所示.

表 3.4.5　X/Y 的分布律

X/Y	-2	-1	$-1/2$	1	2
P	$\dfrac{2}{10}$	$\dfrac{2}{10}$	$\dfrac{3}{10}$	$\dfrac{2}{10}$	$\dfrac{1}{10}$

（4）$\max(X,Y)$ 的分布律如表 3.4.6 所示.

表 3.4.6　$\max(X,Y)$ 的分布律

$\max(X,Y)$	-1	1	2
P	$\dfrac{1}{10}$	$\dfrac{2}{10}$	$\dfrac{7}{10}$

例 3.4.2　（泊松分布的可加性）设随机变量 X 与 Y 相互独立，且 $X \sim P(\lambda_1)$，$Y \sim P(\lambda_2)$，求 $X+Y$ 的分布律.

解　$P\{X=k\} = \dfrac{\lambda_1^{\,k}}{k!}\mathrm{e}^{-\lambda_1}$，$P\{Y=h\} = \dfrac{\lambda_2^{\,h}}{h!}\mathrm{e}^{-\lambda_2}$，（$k,h = 0,1,2,\cdots$）

$$P\{X+Y=n\} = P\{X=0,Y=n\} + P\{X=1,Y=n-1\} + \cdots + P\{X=n,Y=0\}$$

$$= \sum_{k=0}^{n} P\{X=k\}\{Y=n-k\} = \sum_{k=0}^{n} \frac{\lambda_1^{\,k}}{k!}\mathrm{e}^{-\lambda_1}\frac{\lambda_2^{\,n-k}}{(n-k)!}\mathrm{e}^{-\lambda_2}$$

$$= \frac{\mathrm{e}^{-\lambda_1-\lambda_2}}{n!}\sum_{k=0}^{n}\frac{n!}{k!(n-k)!}\lambda_1^{\,k}\lambda_2^{\,n-k} = \frac{\mathrm{e}^{-\lambda_1-\lambda_2}}{n!}\sum_{k=0}^{n}\mathrm{C}_n^k\lambda_1^{\,k}\lambda_2^{\,n-k}$$

$$= \frac{(\lambda_1+\lambda_2)^n}{n!}\mathrm{e}^{-(\lambda_1+\lambda_2)}\quad(n=0,1,2,\cdots)$$

从而 $X+Y \sim P(\lambda_1+\lambda_2)$.

两个相互独立的泊松分布随机变量之和仍然服从泊松分布，且参数为相应的参数之和，称泊松分布具有**可加性**.

类似地，二项分布具有可加性：$X \sim B(n_1,p)$，$Y \sim B(n_2,p)$，且相互独立，则它们的和 $X+Y \sim B(n_1+n_2,p)$.

两点分布具有可加性：$X_i \sim B(1,p)$，$X_1,X_2,\cdots,X_n$ 相互独立同分布，则它们的和 $X_1 + X_2 + \cdots + X_n \sim B(n,p)$. 二项分布可以看作 n 个相互独立的两点分布随机变量的和.

3.4.2　二维连续型随机变量函数的分布

设二维连续型随机变量 (X,Y) 的联合概率密度函数为 $f(x,y)$，若 (X,Y) 的函数 $Z = f(X,Y)$ 仍为连续型随机变量，则其分布函数为

$$F_Z(z) = P\{Z \leqslant z\} = P\{f(X,Y) \leqslant z\} = \iint\limits_{\{(x,y)|G(x,y)\leqslant z\}} f(x,y)\mathrm{d}x\mathrm{d}y \qquad (3.4.2)$$

概率密度函数为

$$f_Z(z) = \begin{cases} F_Z'(z), & \text{在} f_Z(z) \text{的连续点} \\ 0, & \text{其他} \end{cases} \qquad (3.4.3)$$

此为求随机变量函数的分布的基本方法，即从求 Z 的分布函数出发，将求 Z 的分布函数转化为求 (X,Y) 的事件的概率，求出 Z 的分布函数，再求其概率密度函数.

例 3.4.3　设随机变量 X 与 Y 相互独立，且都服从 $N(0,1)$，求 $Z = \sqrt{X^2 + Y^2}$ 的概率密度函数.

解　(X,Y) 的联合概率密度函数为 $f(x,y) = \dfrac{1}{2\pi}\mathrm{e}^{-\frac{x^2+y^2}{2}}$

当 $z < 0$ 时，$F_Z(z) = 0$

当 $z \geqslant 0$ 时，$F_Z(z) = P\{Z \leqslant z\} = P\{\sqrt{X^2 + Y^2} \leqslant z\} = \iint\limits_{\sqrt{x^2+y^2}\leqslant z} \dfrac{1}{2\pi}\mathrm{e}^{-\frac{x^2+y^2}{2}}\mathrm{d}\sigma$

$$= \dfrac{1}{2\pi}\int_0^{2\pi}\mathrm{d}\theta\int_0^z \mathrm{e}^{-\frac{r^2}{2}}r\mathrm{d}r = \int_0^z \mathrm{e}^{-\frac{r^2}{2}}r\mathrm{d}r$$

综上，Z 的分布函数为

$$F_Z(z) = \begin{cases} \displaystyle\int_0^z \mathrm{e}^{-\frac{r^2}{2}}r\mathrm{d}r, & z \geqslant 0 \\ 0, & z < 0 \end{cases}$$

Z 的概率密度函数为

$$f_Z(z) = F_Z'(z) = \begin{cases} z\mathrm{e}^{-\frac{z^2}{2}}, & z \geqslant 0 \\ 0, & z < 0 \end{cases}$$

例 3.4.4　已知 (X,Y) 的联合概率密度函数为

$$f(x,y) = \begin{cases} 3x, & 0 < x < 1,\ 0 < y < x \\ 0, & \text{其他} \end{cases}$$

求 $Z = X + Y$ 的概率密度函数 $f_Z(z)$.

解　设 $Z = X + Y$ 的分布函数为 $F_Z(z)$

当 $z \leqslant 0$ 时，$F_Z(z) = 0$；当 $z \geqslant 2$ 时，$F_Z(z) = 1$

当 $0 < z \leqslant 1$ 时，如图 3.4.1 所示.

$$F_Z(z) = P\{Z \leqslant z\} = P\{X + Y \leqslant z\} = \iint\limits_{x+y\leqslant z} 3x\mathrm{d}x\mathrm{d}y = \int_0^{z/2}\mathrm{d}y\int_y^{z-y} 3x\mathrm{d}x = \dfrac{3}{8}z^3$$

当 $1 < z < 2$ 时，如图 3.4.2 所示.

$$F_Z(z) = P\{Z \leqslant z\} = P\{X + Y \leqslant z\} = 1 - P\{X + Y > z\}$$

$$= 1 - \iint\limits_{x+y>z} 3x\mathrm{d}x\mathrm{d}y = 1 - \int_{z/2}^1 \mathrm{d}x \int_{z-x}^x 3x\mathrm{d}y = \frac{3}{2}z - \frac{z^3}{8} - 1$$

综上，Z 的分布函数为

$$F_Z(z) = \begin{cases} 0, & z \leqslant 0 \\ \dfrac{3}{8}z^3, & 0 < z \leqslant 1 \\ \dfrac{3}{2}z - \dfrac{z^3}{8} - 1, & 1 < z < 2 \\ 1, & z \geqslant 2 \end{cases}$$

Z 的概率密度函数为

$$f_Z(z) = F_Z'(z) = \begin{cases} \dfrac{9}{8}z^2, & 0 < z \leqslant 1 \\ \dfrac{3}{2}\left(1 - \dfrac{z^2}{4}\right), & 1 < z < 2 \\ 0, & 其他 \end{cases}$$

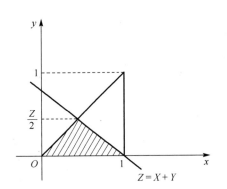 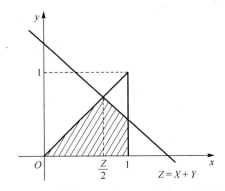

图 3.4.1　$0 < z \leqslant 1$ 时的积分区域　　　　图 3.4.2　$1 < z < 2$ 时的积分区域

3.4.3　特殊函数的分布

下面讨论几种特殊函数的分布.

1. 和的分布（卷积公式）

设二维随机变量 (X, Y) 的联合概率密度函数为 $f(x, y)$，X 和 Y 的边缘概率密度函数分别为 $f_X(x)$、$f_Y(y)$，则和 $Z = X + Y$ 的概率密度函数为

$$f_Z(z) = \int_{-\infty}^{+\infty} f(x, z - x)\mathrm{d}x = \int_{-\infty}^{+\infty} f(z - y, y)\mathrm{d}y \tag{3.4.4}$$

特别地，当 X 与 Y 相互独立时

$$f_Z(z) = \int_{-\infty}^{+\infty} f_X(x) f_Y(z-x) \mathrm{d}x = \int_{-\infty}^{+\infty} f_X(z-y) f_Y(y) \mathrm{d}y \qquad (3.4.5)$$

上述两个公式也称为卷积公式.

证　$F_Z(z) = P\{Z \leqslant z\} = P\{X + Y \leqslant z\} = \iint\limits_{x+y \leqslant z} f(x,y)\mathrm{d}x\mathrm{d}y = \int_{-\infty}^{+\infty}\left[\int_{-\infty}^{z-y} f(x,y)\mathrm{d}x\right]\mathrm{d}y$

$$= \int_{-\infty}^{z-y}\left[\int_{-\infty}^{+\infty} f(x,y)\mathrm{d}y\right]\mathrm{d}x$$

Z 的概率密度函数为

$$f_Z(z) = F_Z'(z) = \int_{-\infty}^{+\infty} f(z-y,y)\mathrm{d}y$$

由 X 与 Y 的对称性，得 $f_Z(z) = \int_{-\infty}^{+\infty} f(x,z-x)\mathrm{d}x$.

例 3.4.5　例 3.4.4 也可用卷积公式求解.

解
$$f(x,y) = \begin{cases} 3x, & 0 < x < 1,\ 0 < y < x \\ 0, & \text{其他} \end{cases}$$

由卷积公式 $f_Z(z) = \int_{-\infty}^{+\infty} f(x,z-x)\mathrm{d}x$ 求解，得

$$f(x,z-x) = \begin{cases} 3x, & 0 < x < 1,\ x < z < 2x \\ 0, & \text{其他} \end{cases}$$

积分区域如图 3.4.3 所示.

当 $z < 0$ 或 $z \geqslant 2$ 时，$f_Z(z) = 0$

当 $0 \leqslant z < 1$ 时，$f_Z(z) = \int_{-\infty}^{+\infty} f(x,z-x)\mathrm{d}x = \int_{z/2}^{z} 3x\mathrm{d}x = \dfrac{9}{8}z^2$

当 $1 \leqslant z < 2$ 时，$f_Z(z) = \int_{-\infty}^{+\infty} f(x,z-x)\mathrm{d}x = \int_{z/2}^{1} 3x\mathrm{d}x = \dfrac{3}{2}\left(1 - \dfrac{z^2}{4}\right)$

综上，Z 的概率密度函数为

$$f_Z(z) = \begin{cases} \dfrac{9}{8}z^2, & 0 \leqslant z < 1 \\[2mm] \dfrac{3}{2}\left(1 - \dfrac{z^2}{4}\right), & 1 \leqslant z < 2 \\[2mm] 0, & \text{其他} \end{cases}$$

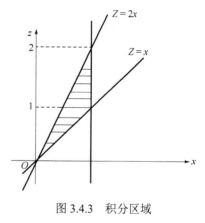

图 3.4.3　积分区域

例 3.4.6　设随机变量 X 与 Y 相互独立，$X \sim N(0,1)$，$Y \sim N(0,1)$，求 $Z = X + Y$ 的概率密度函数.

解
$$f_Z(z) = \int_{-\infty}^{+\infty} f_X(x) f_Y(z-x)\mathrm{d}x = \dfrac{1}{2\pi}\int_{-\infty}^{+\infty} \mathrm{e}^{-\frac{x^2}{2}} \cdot \mathrm{e}^{-\frac{(z-x)^2}{2}}\mathrm{d}x$$

$$= \dfrac{1}{2\pi}\mathrm{e}^{-\frac{z^2}{4}}\int_{-\infty}^{+\infty} \mathrm{e}^{-\left(x-\frac{z}{2}\right)^2}\mathrm{d}x$$

令 $t = x - \dfrac{z}{2}$，则

$$f_Z(z) = \frac{1}{2\pi} e^{-\frac{z^2}{4}} \int_{-\infty}^{+\infty} e^{-t^2} dt = \frac{1}{2\sqrt{\pi}} e^{-\frac{z^2}{4}} = \frac{1}{\sqrt{2\pi}\sqrt{2}} e^{-\frac{z^2}{2(\sqrt{2})^2}}$$

即 $Z \sim N(0,2)$.

例 3.4.7 设二维随机变量 (X,Y) 在以点 $(0,1)$、$(1,0)$、$(1,1)$ 为顶点的三角形区域上服从均匀分布，求 $Z = X + Y$ 的概率密度函数.

解 (X,Y) 的联合概率密度函数为 $f(x,y) = \begin{cases} 2, & 0 \leq x \leq 1,\ 1-x \leq y \leq 1 \\ 0, & \text{其他} \end{cases}$

$$G = \{(x,z) | 0 \leq x \leq 1, 1-x \leq z-x \leq 1\} = \{(x,z) | 0 \leq x \leq 1, 1 \leq z \leq 1+x\}$$

当 $1 \leq z < 2$ 时，$f_Z(z) = \displaystyle\int_{-\infty}^{+\infty} f_X(x) f_Y(z-x) dx = \int_{z-1}^{1} 2dx = 2(2-z)$

当 $z < 1$ 或 $z \geq 2$ 时，$f_Z(z) = 0$

综上，Z 的概率密度函数为

$$f_Z(z) = \begin{cases} 2(2-z), & 1 \leq z < 2 \\ 0, & \text{其他} \end{cases}$$

2. 极值分布

设随机变量 X 与 Y 相互独立，其分布函数分别为 $F_X(x)$、$F_Y(y)$，则最大值 $Z_1 = \max(X,Y)$ 和最小值 $Z_2 = \min(X,Y)$ 的分布函数分别为

$$F_{Z_1}(z) = P\{\max(X,Y) \leq z\} = P\{X \leq z, Y \leq z\}$$

$$= P\{X \leq z\} P\{Y \leq z\} = F_X(z) F_Y(z), \quad z \in \mathbf{R} \tag{3.4.6}$$

$$F_{Z_2}(z) = P\{\min(X,Y) \leq z\} = 1 - P\{\min(X,Y) > z\}$$

$$= 1 - P\{X > z, Y > z\} = 1 - P\{X > z\} P\{Y > z\}$$

$$= 1 - [1 - P\{X \leq z\}][1 - P\{Y \leq z\}]$$

$$= 1 - [1 - F_X(z)][1 - F_Y(z)], \quad z \in \mathbf{R} \tag{3.4.7}$$

3.5 应 用 实 例

例 3.5.1 设某班车起点站上车人数 X 服从参数为 λ（$\lambda > 0$）的泊松分布，每位乘客在中途下车的概率为 p（$0 < p < 1$），并且他们在中途下车与否是相互独立的，用 Y 表示在中途下车的人数，求二维随机变量 (X,Y) 的概率分布.

解 X 服从泊松分布 $P\{X = n\} = \dfrac{\lambda^n e^{-\lambda}}{n!}$，（$n = 0,1,2,\cdots$）

在上车人数为 n 的条件下，每位乘客下车与否看作一次伯努利试验，下车人数 Y 服从二项分布

$$P\{Y = m \mid X = n\} = C_n^m p^m (1-p)^{n-m}，（ m \leqslant n，n = 1,2,\cdots，m = 0,1,2,\cdots）$$

(X,Y) 的联合分布律

当 $m \leqslant n$，$n = 1,2,\cdots$，$m = 0,1,2,\cdots$ 时，

$$P\{X = n, Y = m\} = P\{X = n\}P\{Y = m \mid X = n\} = \frac{\lambda^n e^{-\lambda}}{n!} C_n^m p^m (1-p)^{n-m}$$

当 $n = m = 0$ 时，

$$P(X = n, Y = m) = e^{-\lambda}$$

例 3.5.2 某足球队在任何长度为 t 的时间区间内得黄牌（或红牌）的次数 $N(t)$ 服从参数为 λt 的泊松分布，记 X_i 为比赛进行 t_i min 后的得牌数，$i = 1,2$（$t_2 > t_1$），试写出 (X_1, X_2) 的联合分布律.

解 $N(t)$ 服从参数为 λt 的泊松分布

$$P\{N(t) = k\} = \frac{e^{-\lambda t}(\lambda t)^k}{k!} \quad (k = 0,1,2,\cdots)$$

(X_1, X_2) 的联合分布律为

$$P_{ij} = P\{X_1 = i, X_2 = j\} = P\{X_1 = i\}P\{X_2 = j \mid X_1 = i\}$$

$$= \frac{e^{-\lambda t_1}(\lambda t_1)^i}{i!} \cdot \frac{e^{-\lambda(t_2 - t_1)}[\lambda(t_2 - t_1)]^{j-i}}{(j-i)!} \quad (i = 0,1,2,\cdots，j = i, i+1, \cdots)$$

例 3.5.3 设系统 L 由两个相互独立的子系统 L_1、L_2 连接而成，连接方式分别为（1）串联；（2）并联；（3）备用（当系统 L_1 损坏时，系统 L_2 开始工作），如图 3.5.1 所示. 设 L_1、L_2 的寿命分别为 X、Y，已知它们的概率密度函数分别为

$$f_X(x) = \begin{cases} \alpha e^{-\alpha x}, & x > 0 \\ 0, & x \leqslant 0 \end{cases}，\quad f_Y(y) = \begin{cases} \beta e^{-\beta y}, & y > 0 \\ 0, & y \leqslant 0 \end{cases} \quad (\alpha > 0，\beta > 0，\alpha \neq \beta)$$

试分别就以上三种连接方式写出 L 的寿命 Z 的概率密度函数.

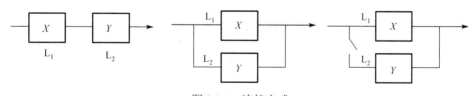

图 3.5.1 连接方式

解 （1）串联的情况

由于当 L_1、L_2 中有一个损坏时，系统 L 就停止工作，所以 L 的寿命为 $Z = \min(X,Y)$，而 X、Y 的分布函数分别为

$$F_X(x) = \begin{cases} 1 - e^{-\alpha x}, & x > 0 \\ 0, & x \leqslant 0 \end{cases}，\quad F_Y(y) = \begin{cases} 1 - e^{-\beta y}, & y > 0 \\ 0, & y \leqslant 0 \end{cases}$$

故 Z 的分布函数为

$$F_{\min}(z) = 1 - [1 - F_X(z)][1 - F_Y(z)] = \begin{cases} 1 - e^{-(\alpha+\beta)z}, & z > 0 \\ 0, & z \leqslant 0 \end{cases}$$

Z 的概率密度函数为

$$f_{\min}(z) = \begin{cases} (\alpha + \beta)e^{-(\alpha+\beta)z}, & z > 0 \\ 0, & z \leqslant 0 \end{cases}$$

即 Z 仍服从指数分布.

（2）并联的情况

由于当且仅当 L_1、L_2 都损坏时，系统 L 才停止工作，所以 L 的寿命为 $Z = \max(X, Y)$，Z 的分布函数为

$$F_{\max}(z) = F_X(z)F_Y(z) = \begin{cases} (1 - e^{-\alpha z})(1 - e^{-\beta z}), & z > 0 \\ 0, & z \leqslant 0 \end{cases}$$

Z 的概率密度函数为

$$f_{\max}(z) = \begin{cases} \alpha e^{-\alpha z} + \beta e^{-\beta z} - (\alpha + \beta)e^{-(\alpha+\beta)z}, & z > 0 \\ 0, & z \leqslant 0 \end{cases}$$

（3）备用的情况

由于当系统 L_1 损坏时，系统 L_2 才开始工作，所以 L 的寿命 Z 是 L_1、L_2 的寿命之和，即 $Z = X + Y$，因此

当 $z \leqslant 0$ 时，$f_Z(z) = 0$

当 $z \geqslant 0$ 时，

$$f_Z(z) = \int_{-\infty}^{+\infty} f_X(z - y)f_Y(y)\mathrm{d}y = \int_0^z \alpha e^{-\alpha(z-y)}\beta e^{-\beta y}\mathrm{d}y$$

$$= \alpha\beta e^{-\alpha z}\int_0^z e^{-(\beta-\alpha)y}\mathrm{d}y = \frac{\alpha\beta}{\beta-\alpha}[e^{-\alpha z} - e^{-\beta z}]$$

即 Z 的概率密度函数为

$$f_Z(z) = \begin{cases} \dfrac{\alpha\beta}{\beta-\alpha}[e^{-\alpha z} - e^{-\beta z}], & z > 0 \\ 0, & z \leqslant 0 \end{cases}$$

例 3.5.4　设随机变量 X、Y 相互独立，X 的概率分布为 $P\{X = 0\} = P\{x = 2\} = \dfrac{1}{2}$，$Y$ 的概率密度函数为

$$f_Y(y) = \begin{cases} 2y, & 0 < y < 1 \\ 0, & 其他 \end{cases}$$

求 $Z = X + Y$ 的概率密度函数.

解　设 $Z = X + Y$ 的分布函数为 $F_Z(z)$，则

$$F_Z(z) = P\{Z \leqslant z\} = P\{X + Y \leqslant z\}$$
$$= P\{X = 0\} \cdot P\{X + Y \leqslant z \mid X = 0\} + P\{X = 2\} \cdot P\{X + Y \leqslant z \mid X = 2\}$$
$$= \frac{1}{2} \cdot P\{Y \leqslant z \mid X = 0\} + \frac{1}{2} \cdot P\{Y \leqslant z - 2 \mid X = 2\}$$
$$= \frac{1}{2} \cdot P\{Y \leqslant z\} + \frac{1}{2} \cdot P\{Y \leqslant z - 2\} = \frac{1}{2} F_Y(z) + \frac{1}{2} F_Y(z - 2)$$

Z 的概率密度函数为 $f_Z(z) = F_Z'(z) = \dfrac{1}{2} f_Y(z) + \dfrac{1}{2} f_Y(z - 2)$

$$f_Z(z) = \begin{cases} z, & 0 < z < 1 \\ z - 2, & 2 < z < 3 \\ 0, & \text{其他} \end{cases}$$

习　题　3

1. 将两个元件并联组成一个电子部件，两个元件的寿命分别为 X 与 Y（单位：h），已知 (X, Y) 的联合分布函数为

$$F(x, y) = \begin{cases} 1 - e^{-0.01x} - e^{-0.01y} + e^{-0.01(x+y)}, & x \geqslant 0, \ y \geqslant 0 \\ 0, & \text{其他} \end{cases}$$

求：（1）X、Y 的边缘分布函数；（2）此电子部件正常工作 120h 以上的概率.

2. 袋中有 5 个球，分别标号 1、2、3、4、5，现从中任取 3 个球，设 X 和 Y 分别表示取出球的号码中的最大值和最小值，求二维随机变量 (X, Y) 的联合分布律.

3. 将三封信投入 3 个编号分别为 1、2、3 的信箱，用 X、Y 分别表示投入第 1、2 号信箱的信的数目. 求：（1）(X, Y) 的联合分布律；（2）X、Y 的边缘分布律；（3）判断 X、Y 是否相互独立.

4. 设随机变量 $Z \sim U(-2, 2)$，令 $X = \begin{cases} -1, & Z \leqslant -1 \\ 1, & Z > -1 \end{cases}$，$Y = \begin{cases} -1, & Z \leqslant 1 \\ 1, & Z > 1 \end{cases}$，求二维随机变量 (X, Y) 的联合分布律.

5. 设二维随机变量 (X, Y) 的联合概率密度函数为

$$f(x, y) = \begin{cases} k(6 - x - y), & 0 < x < 2, \ 2 < y < 4 \\ 0, & \text{其他} \end{cases}$$

求：（1）常数 k；（2）$P\{X < 1.5\}$；（3）$P\{X + Y \leqslant 4\}$.

6. 设二维随机变量 (X, Y) 的联合概率密度函数为

$$f(x, y) = \begin{cases} Cx^2 y, & x^2 \leqslant y \leqslant 1 \\ 0, & \text{其他} \end{cases}$$

求：（1）常数 C；（2）X 的边缘概率密度函数 $f_X(x)$；（3）$P\{X \geqslant Y\}$.

7. 设二维随机变量 (X, Y) 的联合概率密度函数为

$$f(x,y) = \begin{cases} 12e^{-3x-4y}, & x>0, \ y>0 \\ 0, & \text{其他} \end{cases}$$

求：（1）(X,Y) 的联合分布函数 $F(x,y)$；（2）$P\{0<X\leqslant1, 0<Y\leqslant2\}$.

8. 设二元函数 $f(x,y)$ 为

$$f(x,y) = \begin{cases} \sin x \cos y, & 0\leqslant x\leqslant\pi, \ C\leqslant y\leqslant\dfrac{\pi}{2} \\ 0, & \text{其他} \end{cases}$$

求当 C 取何值时，$f(x,y)$ 是二维随机变量的概率密度函数？

9. 在长为 a 的线段的中点两侧随机地各取一个点，求两点间的距离小于 $\dfrac{a}{3}$ 的概率.

10. 设随机变量 X 与 Y 相互独立，X 在 $(0,1)$ 上服从均匀分布，Y 的概率密度函数为

$$f_Y(y) = \begin{cases} \dfrac{1}{2}e^{-\frac{y}{2}}, & y>0 \\ 0, & \text{其他} \end{cases}$$

（1）求 X 和 Y 的联合概率密度函数；

（2）设关于 a 的二次方程 $a^2+2Xa+Y^2=0$，求方程有实根的概率.

11. 设二维随机变量 (X,Y) 的联合分布律为

X	Y		
	−1	0	2
0	0.18	0.30	0.12
1	a	b	c

若 X 与 Y 相互独立，求 a、b、c 的值.

12. 甲、乙两人各自独立地进行两次射击，假设甲的命中率为 1/5，乙的命中率为 1/2，以 X 和 Y 分别表示甲和乙的命中次数，求 $P\{X\leqslant Y\}$.

13. 设二维随机变量 (X,Y) 的联合概率密度函数为

$$f(x,y) = \begin{cases} \dfrac{1}{2}(x+y)e^{-(x+y)}, & x>0, \ y>0 \\ 0, & \text{其他} \end{cases}$$

问 X 与 Y 是否相互独立？

14. 设二维随机变量 (X,Y) 的联合概率密度函数为

$$f(x,y) = \begin{cases} 3x, & 0<x<1, \ 0<y<x \\ 0, & \text{其他} \end{cases}$$

问 X 与 Y 是否相互独立？

15. 设二维随机变量 (X,Y) 的联合分布律为

X	Y		
	1	2	3
1	0.1	0.3	0.2
2	0.2	0.05	0.15

求：（1）在 $X=1$ 的条件下，Y 的条件分布律；

（2）在 $Y=2$ 的条件下，X 的条件分布律.

16. 设二维随机变量 (X,Y) 的联合概率密度函数为

$$f(x,y)=\begin{cases}3x, & 0<x<1,\ 0<y<x\\0, & \text{其他}\end{cases}$$

求条件概率密度函数 $f_{X|Y}(x|y)$、$f_{Y|X}(y|x)$.

17. 设随机变量 X 与 Y 相互独立，$X\sim U(0,2)$，$Y\sim \mathrm{Exp}(1)$，求

（1）$P\{-1<X<1,0<Y<2\}$；

（2）$P\{X+Y>1\}$.

18. 设二维随机变量 (X,Y) 的联合分布律为

X	Y		
	1	2	3
1	$\frac{1}{4}$	$\frac{1}{4}$	$\frac{1}{8}$
2	$\frac{1}{8}$	0	0
3	$\frac{1}{8}$	$\frac{1}{8}$	0

求 $X+Y$、$X-Y$、$2X$、XY 的分布律.

19. 设二维随机变量 (X,Y) 的联合概率密度函数为

$$f(x,y)=\begin{cases}2\mathrm{e}^{-(x+2y)}, & 0<x,\ 0<y\\0, & \text{其他}\end{cases}$$

求随机变量 $Z=X+2Y$ 的分布函数和概率密度函数.

20. 设二维随机变量 (X,Y) 的联合概率密度函数为

$$f(x,y)=\begin{cases}3x, & 0<x<1,\ 0<y<x\\0, & \text{其他}\end{cases}$$

求随机变量 $Z=X-Y$ 的概率密度函数.

21. 设二维随机变量 (X,Y) 的联合概率密度函数为

$$f(x,y)=\begin{cases}x+y, & 0\leqslant x\leqslant1,\ 0\leqslant y\leqslant1\\0, & \text{其他}\end{cases}$$

求随机变量 $Z=X+Y$ 的概率密度函数.

第4章 随机变量的数字特征

随机变量的分布比较全面地描述了随机现象的统计规律性. 然而在实际应用中, 一方面, 随机变量的分布并不容易求得; 另一方面, 对有些实际问题, 往往并不需要知道随机变量的分布, 而只需要知道它的某些特征. 例如, 在气象分析中常常考察某一时段的气温、雨量、湿度、日照的平均值、极差等以判断气象情况, 而不必掌握每个气象变量的分布函数. 又如, 在检查一批棉花的质量时, 只关心纤维的平均长度及纤维的长度与平均值的偏离程度, 平均长度较大, 偏离程度较小, 质量就较好. 这些与随机变量有关的某些数值, 如平均值、偏差等, 虽然不能完整地描述随机变量的分布, 但是能够刻画随机变量某些方面的性质特征. 这些量称为随机变量的数字特征. 研究随机变量的数字特征在理论上及实际应用中都有着重要的意义. 比较常用的数字特征有数学期望、方差、协方差和相关系数等.

4.1 数 学 期 望

4.1.1 数学期望的概念

某位射箭运动员进行射箭训练, 假设他每箭命中的环数是一个随机变量 X. 为了考核他的射箭水平, 让他射击 $n = 100$ 次, 射击结果如表 4.1.1 所示.

表 4.1.1 射击结果

命中环数 X	6	7	8	9	10
命中频数 μ_k	20	15	20	15	30

该运动员平均每箭命中的环数为

$$\frac{1}{n}\sum_{k=6}^{10} k \cdot \mu_k = \sum_{k=6}^{10} k \cdot \frac{\mu_k}{n} = 6 \times \frac{20}{100} + 7 \times \frac{15}{100} + 8 \times \frac{20}{100} + 9 \times \frac{15}{100} + 10 \times \frac{30}{100} = 8.2$$

当 n 很大时, 命中 k 环的频率 $\dfrac{\mu_k}{n}$ 近似于事件 $\{X = k\}$ 的概率 p_k. 将上式中频率 $\dfrac{\mu_k}{n}$ 用概率 p_k 代替, 则近似地有

$$\sum_{k=6}^{10} k \cdot p_k = 8.2$$

这个值就称为 X 的数学期望, 它是随机变量所有可能取值的一种加权平均值, 其中权数即 X 取各个值的概率. 一般地, 我们有如下的定义.

定义 4.1.1 设离散型随机变量 X 的分布律为

$$P\{X = x_i\} = p_i \ (i = 1, 2, \cdots)$$

若 $\displaystyle\sum_{i=1}^{\infty} |x_i| p_i < +\infty$, 则称

$$E(X) = \sum_{i=1}^{+\infty} p_i x_i \qquad\qquad (4.1.1)$$

为随机变量 X 的**数学期望**.

设连续型随机变量 X 的概率密度函数为 $f(x)$，若 $\int_{-\infty}^{+\infty} |x| f(x) \mathrm{d}x < +\infty$，则称

$$E(X) = \int_{-\infty}^{+\infty} x f(x) \mathrm{d}x \qquad\qquad (4.1.2)$$

为随机变量 X 的**数学期望**.

例 4.1.1　设随机变量 X 服从参数为 p 的两点分布，求 $E(X)$.

解　随机变量 X 的分布律如表 4.1.2 所示.

表 4.1.2　X 的分布律

X	0	1
P	$1-p$	p

由数学期望的定义，可得

$$E(X) = 0 \times (1-p) + 1 \times p = p.$$

例 4.1.2　已知随机变量 X 的分布律如表 4.1.3 所示.

表 4.1.3　X 的分布律

X	-2	-1	0	2
P	1/3	1/6	1/4	1/4

求 $E(X)$.

解　由数学期望的定义，可得

$$E(X) = (-2) \times \frac{1}{3} + (-1) \times \frac{1}{6} + 0 \times \frac{1}{4} + 2 \times \frac{1}{4} = -\frac{1}{3}$$

例 4.1.3　设连续型随机变量 X 的概率密度函数为

$$f(x) = \begin{cases} 2x, & 0 < x < 1 \\ 0, & \text{其他} \end{cases}$$

求 $E(X)$.

解　由数学期望的定义，可得

$$E(X) = \int_{-\infty}^{\infty} x f(x) \mathrm{d}x = \int_0^1 x \cdot 2x \mathrm{d}x = \frac{2}{3}$$

例 4.1.4　设随机变量 X 服从区间 $[a,b]$ 上的均匀分布，求 $E(X)$.

解　X 的概率密度函数为

$$f(x) = \begin{cases} \dfrac{1}{b-a}, & a < x < b \\ 0, & \text{其他} \end{cases}$$

所以

$$E(X) = \int_{-\infty}^{+\infty} xf(x)\mathrm{d}x = \int_a^b x\frac{1}{b-a}\mathrm{d}x = \frac{b+a}{2}$$

例 4.1.5　已知二维随机变量 (X,Y) 的分布律如表 4.1.4 所示.

表 4.1.4　(X,Y) 的分布律

X	Y		
	-1	0	1
$-\frac{1}{2}$	$\frac{1}{3}$	$\frac{1}{12}$	$\frac{1}{12}$
2	$\frac{1}{12}$	$\frac{1}{4}$	$\frac{1}{6}$

求 X、Y 的数学期望 $E(X)$ 及 $E(Y)$.

解　X 的边缘分布律如表 4.1.5 所示，Y 的边缘分布律如表 4.1.6 所示.

表 4.1.5　X 的边缘分布律

X	$-\frac{1}{2}$	2
P	$\frac{1}{2}$	$\frac{1}{2}$

表 4.1.5　Y 的边缘分布律

Y	-1	0	1
P	$\frac{5}{12}$	$\frac{1}{3}$	$\frac{1}{4}$

X 的数学期望为

$$E(X) = \left(-\frac{1}{2}\right)\times\frac{1}{2} + 2\times\frac{1}{2} = \frac{3}{4}$$

Y 的数学期望为

$$E(Y) = (-1)\times\frac{5}{12} + 0\times\frac{1}{3} + 1\times\frac{1}{4} = -\frac{1}{6}$$

4.1.2　随机变量的函数的数学期望

在实际应用中，还会出现求随机变量的函数的数字特征的问题.

定理 4.1.1　设 Y 是随机变量 X 的连续函数 $Y = g(X)$，那么

1. 若 X 是离散型随机变量，其分布律为 $P\{X = x_i\} = p_i$（$i = 1, 2, \cdots$），则

$$E(Y) = E[g(X)] = \sum_i g(x_i)p_i \tag{4.1.3}$$

2. 若 X 是连续型随机变量，其概率密度函数为 $f(x)$，则

$$E(Y) = E[g(X)] = \int_{-\infty}^{+\infty} g(x)f(x)\mathrm{d}x \tag{4.1.4}$$

此定理的证明略.

定理 4.1.2　设 (X,Y) 是二维随机变量，$Z = g(X,Y)$ 是连续函数，那么

1. 若 (X,Y) 是离散型随机变量，其联合分布律为

$$P\{X = x_i, Y = y_j\} = p_{ij}\ (i = 1, 2, \cdots,\ j = 1, 2, \cdots)$$

则

$$E(Z) = E(g(X,Y)) = \sum_{i=1}^{\infty} \sum_{j=1}^{\infty} g(x_i, y_j) p_{ij} \tag{4.1.5}$$

2. 若 (X,Y) 是连续型随机变量，其联合概率密度函数为 $f(x,y)$，则

$$E(Z) = E(g(X,Y)) = \int_{-\infty}^{+\infty} \int_{-\infty}^{+\infty} g(x,y) f(x,y) \mathrm{d}x \mathrm{d}y \tag{4.1.6}$$

例 4.1.6　已知随机变量 X 的分布律如表 4.1.7 所示.

4.1.7　X 的分布律

X	-2	-1	0	1	2
P	$\dfrac{1}{8}$	$\dfrac{1}{8}$	$\dfrac{1}{4}$	$\dfrac{1}{4}$	$\dfrac{1}{4}$

求 $E(X^2 + 1)$.

解

$$E(X^2 + 1) = ((-2)^2 + 1) \times \frac{1}{8} + ((-1)^2 + 1) \times \frac{1}{8} + (0^2 + 1) \times \frac{1}{4} + (1^2 + 1) \times \frac{1}{4} + (2^2 + 1) \times \frac{1}{4} = \frac{23}{8}.$$

例 4.1.7　设风速 V 在 $(0, b)$ 上服从均匀分布，其概率密度函数为

$$f(v) = \begin{cases} \dfrac{1}{b}, & 0 < v < b \\ 0, & \text{其他} \end{cases}$$

设飞机受到的正压力 W 是 V 的函数：$W = kV^2$（$k > 0$，k 为常数），求 W 的数学期望.

解　$$E(W) = E(kV^2) = \int_{-\infty}^{+\infty} kv^2 f(v) \mathrm{d}v = \int_0^b kv^2 \frac{1}{b} \mathrm{d}v = \frac{1}{3} kb^2$$

例 4.1.8　二维随机变量 (X,Y) 的联合概率密度函数为

$$f(x,y) = \begin{cases} 2(x + y), & 0 < x < 2,\ 0 < y < 2 \\ 0, & \text{其他} \end{cases}$$

求 $E(XY)$ 与 $E(X + Y)$.

解

$$E(XY) = \int_{-\infty}^{+\infty} \int_{-\infty}^{+\infty} xy f(x,y) \mathrm{d}x \mathrm{d}y = \int_0^2 \int_0^2 2xy(x + y) \mathrm{d}x \mathrm{d}y = \frac{64}{3}$$

$$E(X + Y) = \int_{-\infty}^{+\infty} \int_{-\infty}^{+\infty} (x + y) f(x,y) \mathrm{d}x \mathrm{d}y = \int_0^2 \int_0^2 2(x + y)(x + y) \mathrm{d}x \mathrm{d}y = \frac{112}{3}$$

4.1.3 数学期望的性质

随机变量的数学期望具有以下性质.

性质 4.1.1 设 X、Y 是随机变量，c 是常数，则

1.
$$E(c) = c \tag{4.1.7}$$

2.
$$E(cX) = cE(X) \tag{4.1.8}$$

3.
$$E(X + Y) = E(X) + E(Y) \tag{4.1.9}$$

性质 3 可推广到任意有限个随机变量之和的情况，即

$$E(X_1 + X_2 + \cdots + X_n) = E(X_1) + E(X_2) + \cdots + E(X_n)$$

4. 当 X、Y 相互独立时，

$$E(XY) = E(X)E(Y) \tag{4.1.10}$$

例 4.1.9 设随机变量 X 的数学期望为 $E(X) = -2$，求 $E\left(-\dfrac{1}{2}X + 3\right)$.

解 由数学期望的性质，可得

$$E\left(-\frac{1}{2}X + 3\right) = -\frac{1}{2}E(X) + 3 = 4$$

例 4.1.10 设某一电路中电流 I 与电阻 R 是两个相互独立的随机变量，其概率密度函数分别为

$$f(i) = \begin{cases} 2i, & 0 \leqslant i \leqslant 1 \\ 0, & \text{其他} \end{cases}, \quad g(r) = \begin{cases} \dfrac{r^2}{9}, & 0 \leqslant r \leqslant 3 \\ 0, & \text{其他} \end{cases}$$

求该电路电压 $V = IR$ 的数学期望.

解 由于随机变量 I 与 R 相互独立，由数学期望的性质，可得

$$
\begin{aligned}
E(V) &= E(IR) = E(I)E(R) \\
&= \left[\int_{-\infty}^{+\infty} if(i)\mathrm{d}i\right] \cdot \left[\int_{-\infty}^{+\infty} rg(r)\mathrm{d}r\right] \\
&= \left[\int_0^1 2i^2\mathrm{d}i\right] \cdot \left[\int_0^3 \frac{r^3}{9}\mathrm{d}r\right] \\
&= \frac{3}{2}
\end{aligned}
$$

4.2 方　　差

数学期望刻画了随机变量取值的平均情况. 在很多情况下，仅仅知道数学期望是不够的，还需要了解一个随机变量相对于数学期望的偏离程度. 例如，考察一批棉花的纤维长度，如果

有些很长，有些很短，即使其平均长度达到合格标准，也不能认为这批棉花合格. 又如，一名射击选手，在若干次射击试验中，如果他每次射击的平均命中环数高，说明他命中精度高，准确性好；但若他有时命中环数很高，有时很低，则说明他的稳定性不好，因而不能认为他是一名高水平的射击选手. 由此可见，研究随机变量与其数学期望的偏离程度是很有必要的.

4.2.1　方差的概念

设 X 是随机变量，且数学期望 $E(X)$ 存在，则 $X - E(X)$ 称为 X 的离差. 显然，离差有正有负，且有 $E(X - E(X)) = E(X) - E(X) = 0$，即任意一个随机变量的离差的数学期望都为 0，故离差的和不能反映随机变量与其数学期望的偏离程度.

因此，通常用 $E\{[X - E(X)]^2\}$ 来度量随机变量 X 与其数学期望的偏离程度，从而有下面的定义.

定义 4.2.1　设 X 是一个随机变量，若 $E\{[X - E(X)]^2\}$ 存在，则称

$$D(X) = E\{[X - E(X)]^2\} \tag{4.2.1}$$

为随机变量 X 的**方差**. 记 $\sigma(X) = \sqrt{D(X)}$，称为随机变量 X 的**标准差或均方差**.

由定义可知，方差是随机变量 X 的函数 $g(X) = [X - E(X)]^2$ 的数学期望. 所以对于离散型随机变量 X，其概率分布为 $P\{X = x_i\} = p_i$（$i = 1, 2, \cdots$），X 的方差为

$$D(X) = \sum_{i=1}^{+\infty} [x_i - E(X)]^2 p_i \tag{4.2.2}$$

对于连续型随机变量 X，其概率密度函数为 $f(x)$，X 的方差为

$$D(X) = \int_{-\infty}^{+\infty} [x - E(X)]^2 f(x) \, \mathrm{d}x \tag{4.2.3}$$

又因为

$$\begin{aligned}
D(X) &= E\{[X - E(X)]^2\} \\
&= E\{X^2 - 2XE(X) + [E(X)]^2\} \\
&= E(X^2) - 2E(X)E(X) + [E(X)]^2 \\
&= E(X^2) - [E(X)]^2
\end{aligned}$$

所以通常随机变量的方差按如下公式计算

$$D(X) = E(X^2) - [E(X)]^2 \tag{4.2.4}$$

例 4.2.1　设随机变量 X 服从参数为 p 的两点分布，求 $D(X)$.

解　由例 4.1.1 可知 $E(X) = p$，又

$$E(X^2) = 0^2 \cdot (1 - p) + 1^2 \cdot p$$

故

$$D(X) = E(X^2) - [E(X)]^2 = p - p^2 = p(1 - p)$$

例 4.2.2　设连续型随机变量 X 的概率密度函数 $f(x) = \begin{cases} 2x, & 0 < x < 1 \\ 0, & \text{其他} \end{cases}$，求 $D(X)$.

解　由例 4.1.3 可知 $E(X) = \dfrac{2}{3}$，又

$$E(X^2) = \int_{-\infty}^{+\infty} x^2 f(x)\mathrm{d}x = \int_0^1 x^2 \cdot 2x \mathrm{d}x = 2\int_0^1 x^3 \mathrm{d}x = \frac{1}{2}$$

故

$$D(X) = E(X^2) - [E(X)]^2 = \frac{1}{2} - \left(\frac{2}{3}\right)^2 = \frac{1}{18}$$

4.2.2　方差的性质

随机变量的方差具有以下性质.

性质 4.2.1　设 X、Y 是随机变量，a、b、c 是常数，则

1. $$D(c) = 0 \tag{4.2.5}$$

2. $$D(aX) = a^2 D(X) \tag{4.2.6}$$

3. $$D(aX + b) = a^2 D(X) \tag{4.2.7}$$

4. $$D(X \pm Y) = D(X) + D(Y) \pm 2E\{[X - E(X)][Y - E(Y)]\} \tag{4.2.8}$$

5. 当 X、Y 相互独立时，$$D(X \pm Y) = D(X) + D(Y) \tag{4.2.9}$$

性质 3 证明如下.

$$\begin{aligned}
D(X \pm Y) &= E\{[(X - E(X)) \pm (Y - E(Y))]^2\} \\
&= E[(X - E(X))^2 \pm 2E[(X - E(X))(Y - E(Y))] + E[(Y - E(Y))^2] \\
&= D(X) \pm 2E[(X - E(X))(Y - E(Y))] + D(Y)
\end{aligned}$$

性质 4 证明如下.

$$\begin{aligned}
E\{[X - E(X)][Y - E(Y)]\} &= E[XY - E(X)Y - XE(Y) + E(X)E(Y)] \\
&= E(XY) - E(X)E(Y) - E(X)E(Y) + E(X)E(Y) \\
&= E(XY) - E(X)E(Y)
\end{aligned}$$

由于随机变量 X、Y 相互独立，$E(XY) = E(X)E(Y)$

$$E\{[X - E(X)][Y - E(Y)]\} = 0$$

所以

$$D(X \pm Y) = D(X) + D(Y)$$

例 4.2.3　设随机变量 X 的方差 $D(X) = 2$，求 $D(-2X + 3)$.

解　由方差的性质，可得

$$D(-2X + 3) = (-2)^2 \cdot D(X) = 8$$

例 4.2.4　随机变量 X 满足 $E\left(\dfrac{X}{2}-1\right)=1$，$D(-\dfrac{X}{2}+1)=2$，求 $E(X^2)$.

解　由数学期望及方差的性质，可得

$$E\left(\frac{X}{2}-1\right)=\frac{1}{2}E(X)-1=1$$

$$D\left(-\frac{X}{2}+1\right)=\left(-\frac{1}{2}\right)^2 D(X)=2$$

解得

$$E(X)=4，\quad D(X)=8$$

因此

$$E(X^2)=D(X)+[E(X)]^2=8+4^2=24$$

例 4.2.5　设随机变量 X 的数学期望与方差都存在，且 $D(X)\neq 0$，求 $Y=\dfrac{X-E(X)}{\sqrt{D(X)}}$ 的数学期望与方差.

解　注意到 $E(X)$、$D(X)$ 均为常数，故有

$$E(Y)=E\left[\frac{X-E(X)}{\sqrt{D(X)}}\right]=\frac{1}{\sqrt{D(X)}}\cdot E[X-E(X)]=\frac{1}{\sqrt{D(X)}}\cdot(E(X)-E(X))=0$$

$$D(Y)=D\left[\frac{X-E(X)}{\sqrt{D(X)}}\right]=\left(\frac{1}{\sqrt{D(X)}}\right)^2\cdot D(X-E(X))=\frac{1}{D(X)}\cdot D(X)=1$$

$E(Y)=0$，$D(Y)=1$，称 $Y=\dfrac{X-E(X)}{\sqrt{D(X)}}$ 为随机变量 X 的标准化随机变量.

4.2.3　几种常见分布的数学期望与方差

1. 两点分布 $B(1,p)$

设 $X\sim B(1,p)$，其分布律如表 4.2.1 所示.

表 4.2.1　两点分布的分布律

X	0	1
P	$1-p$	p

由前面的例题知，$E(X)=p$，$D(X)=p(1-p)$.

2. 二项分布 $B(n,p)$

设 $X\sim B(n,p)$，其分布律为

$$p(X=k)=p_k=C_n^k p^k(1-p)^{n-k}，\quad k=0,1,2,\cdots,n$$

把 X 看作 n 个相互独立的同服从 0-1 分布的随机变量 $X_1,X_2,\cdots,X_n$ 的和

$$X = \sum_{i=1}^{n} X_i, \quad E(X_i) = p, \quad D(X_i) = p(1-p), \quad i = 1,2,\cdots,n$$

由数学期望与方差的性质，可得

$$E(X) = E\left(\sum_{i=1}^{n} X_i \right) = \sum_{i=1}^{n} E(X_i) = np$$

$$D(X) = D\left(\sum_{i=1}^{n} X_i \right) = \sum_{i=1}^{n} D(X_i) = \sum_{i=1}^{n} p(1-p) = np(1-p)$$

3. 泊松分布 $P(\lambda)$

设 $X \sim P(\lambda)$，其分布律为

$$P\{X = k\} = \frac{\lambda^k \mathrm{e}^{-\lambda}}{k!}, \quad k = 0,1,2,\cdots, \quad \lambda > 0$$

数学期望为

$$E(X) = \sum_{k=0}^{+\infty} k \cdot \frac{\lambda^k}{k!} \mathrm{e}^{-\lambda} = \lambda \mathrm{e}^{-\lambda} \cdot \sum_{k=1}^{+\infty} \frac{\lambda^{k-1}}{(k-1)!} = \lambda \mathrm{e}^{-\lambda} \cdot \mathrm{e}^{\lambda} = \lambda$$

由于

$$E(X^2) = E[X(X-1)] + E(X) = E[X(X-1)] + \lambda$$

而

$$E[X(X-1)] = \sum_{k=0}^{+\infty} k(k-1) \cdot \frac{\lambda^k}{k!} \mathrm{e}^{-\lambda} = \lambda^2 \mathrm{e}^{-\lambda} \cdot \sum_{k=2}^{+\infty} \frac{\lambda^{k-2}}{(k-2)!} = \lambda^2 \mathrm{e}^{-\lambda} \cdot \mathrm{e}^{\lambda} = \lambda^2$$

所以

$$E(X^2) = \lambda^2 + \lambda$$

方差为

$$D(X) = E(X^2) - [E(X)]^2 = \lambda^2 + \lambda - \lambda^2 = \lambda$$

4. 均匀分布 $U[a,b]$

设 $X \sim U[a,b]$，其概率密度函数为

$$f(x) = \begin{cases} \dfrac{1}{b-a}, & a \leqslant x \leqslant b \\ 0, & 其他 \end{cases}$$

已知 $E(X) = \dfrac{a+b}{2}$，又

$$E(X^2) = \int_a^b x^2 \cdot \frac{1}{b-a} \mathrm{d}x = \frac{b^2 + ab + a^2}{3}$$

方差为

$$D(X) = E(X^2) - (E(X))^2 = \frac{(b-a)^2}{12}$$

5. 指数分布 $\mathrm{Exp}(\lambda)$

设 $X \sim \mathrm{Exp}(\lambda)$，其概率密度函数为

$$f(x) = \begin{cases} \lambda\mathrm{e}^{-\lambda x}, & x > 0 \\ 0, & x \leqslant 0 \end{cases} \quad (\lambda > 0)$$

数学期望为

$$E(X) = \int_{-\infty}^{+\infty} xf(x)\mathrm{d}x = \int_{0}^{+\infty} \lambda x\mathrm{e}^{-\lambda x}\mathrm{d}x = (-x\mathrm{e}^{-\lambda x})\Big|_{0}^{+\infty} + \int_{0}^{+\infty} \mathrm{e}^{-\lambda x}\mathrm{d}x = \frac{1}{\lambda}$$

$$E(X^2) = \int_{-\infty}^{+\infty} x^2 f(x)\mathrm{d}x = \int_{0}^{+\infty} \lambda x^2\mathrm{e}^{-\lambda x}\mathrm{d}x = (-x^2\mathrm{e}^{-\lambda x})\Big|_{0}^{+\infty} + 2\int_{0}^{+\infty} x\mathrm{e}^{-\lambda x}\mathrm{d}x = \frac{2}{\lambda^2}$$

方差为

$$D(X) = E(X^2) - [E(X)]^2 = \frac{1}{\lambda^2}$$

6. 正态分布 $N(\mu, \sigma^2)$

设 $X \sim N(\mu, \sigma^2)$，其概率密度函数为

$$f(x) = \frac{1}{\sqrt{2\pi}\sigma}\mathrm{e}^{-\frac{(x-\mu)^2}{2\sigma^2}}, \quad \sigma > 0, \quad -\infty < x < +\infty$$

数学期望为

$$E(X) = \int_{-\infty}^{+\infty} xf(x)\mathrm{d}x = \int_{-\infty}^{+\infty} x\frac{1}{\sqrt{2\pi}\sigma}\mathrm{e}^{-\frac{(x-\mu)^2}{2\sigma^2}}\mathrm{d}x, \quad 令 t = \frac{x-\mu}{\sigma}, \quad 则$$

$$E(X) = \frac{1}{\sqrt{2\pi}}\int_{-\infty}^{+\infty} (\sigma t + \mu)\mathrm{e}^{-\frac{t^2}{2}}\mathrm{d}t = \frac{\mu}{\sqrt{2\pi}}\int_{-\infty}^{+\infty} \mathrm{e}^{-\frac{t^2}{2}}\mathrm{d}t = \mu$$

方差为

$$D(X) = E[X - E(X)]^2 = \int_{-\infty}^{+\infty} (x-\mu)^2 \frac{1}{\sqrt{2\pi}\sigma}\mathrm{e}^{-\frac{(x-\mu)^2}{2\sigma^2}}\mathrm{d}x, \quad 令 t = \frac{x-\mu}{\sigma}, \quad 则$$

$$D(X) = \frac{\sigma^2}{\sqrt{2\pi}}\int_{-\infty}^{+\infty} t^2\mathrm{e}^{-\frac{t^2}{2}}\mathrm{d}t = \frac{\sigma^2}{\sqrt{2\pi}}\left[-t\mathrm{e}^{-\frac{t^2}{2}}\Big|_{-\infty}^{+\infty} + \int_{-\infty}^{+\infty} \mathrm{e}^{-\frac{t^2}{2}}\mathrm{d}t \right]$$

$$= \frac{\sigma^2}{\sqrt{2\pi}}\int_{-\infty}^{+\infty} \mathrm{e}^{-\frac{t^2}{2}}\mathrm{d}t = \sigma^2$$

可见，正态分布中的两个参数 μ 与 σ^2 恰好是该随机变量的数学期望与方差.

我们将常见分布的数学期望和方差列在表 4.2.2 中.

表 4.2.2　常见分布及其数学期望和方差

分布	概率分布	数学期望	方差
两点分布 $B(1,p)$	$P\{X=k\}=p^k(1-p)^{1-k}$ $k=0,1$	p	$p(1-p)$
二项分布 $B(n,p)$	$P\{X=k\}=C_n^k p^k(1-p)^{n-k}$ $k=0,1,\cdots,n$	np	$np(1-p)$
泊松分布 $P(\lambda)$	$P\{X=k\}=\dfrac{\lambda^k}{k!}e^{-\lambda}$ $k=0,1,\cdots$	λ	λ
几何分布 $GE(p)$	$P\{X=k\}=(1-p)^{k-1}p$ $k=1,2,\cdots$	$\dfrac{1}{p}$	$\dfrac{1-p}{p^2}$
超几何分布 $H(n,N,M)$	$P\{X=k\}=\dfrac{C_M^k C_{N-M}^{n-k}}{C_N^n}$ $k=0,1,\cdots,r,\ r=\min\{M,n\}$	$n\dfrac{M}{N}$	$\dfrac{nM(N-M)(N-n)}{N^2(N-1)}$
均匀分布 $U(a,b)$	$f(x)=\dfrac{1}{b-a}$ $a<x<b$	$\dfrac{a+b}{2}$	$\dfrac{(b-a)^2}{12}$
指数分布 $Exp(\lambda)$	$f(x)=\lambda e^{-\lambda x}$ $x>0$	$\dfrac{1}{\lambda}$	$\dfrac{1}{\lambda^2}$
正态分布 $N(\mu,\sigma^2)$	$f(x)=\dfrac{1}{\sqrt{2\pi}\sigma}e^{\frac{(x-\mu)^2}{2\sigma^2}}$ $-\infty<x<+\infty$	μ	σ^2

4.3　协方差与相关系数

对于多维随机变量除要讨论各随机变量的数学期望和方差以外，还要讨论随机变量之间的相互关系. 协方差与相关系数就是反映随机变量之间的相互关系的数字特征. 若两个随机变量 X 与 Y 相互独立，有

$$E[(X-E(X))(Y-E(Y))]=0$$

当 $E[(X-E(X))(Y-E(Y))]\neq 0$ 时，随机变量 X 与 Y 之间必定存在着一定的关系.

定义 4.3.1　对于二维随机变量 (X,Y)，若 $[X-E(X))(Y-E(Y)]$ 的数学期望存在，则称它为随机变量 X 与 Y 的**协方差**，记为 $\mathrm{cov}(X,Y)$，即

$$\mathrm{cov}(X,Y)=E[(X-E(X))(Y-E(Y))] \tag{4.3.1}$$

而称

$$\rho_{XY}=\frac{\mathrm{cov}(X,Y)}{\sqrt{D(X)}\sqrt{D(Y)}} \tag{4.3.2}$$

为随机变量 X 与 Y 的**相关系数**.

由式（4.3.1），容易算得

$$\mathrm{cov}(X,Y)=E(XY)-E(X)E(Y) \tag{4.3.3}$$

式（4.3.3）用于计算随机变量的协方差. 由定义可知

$$D(X)=\mathrm{cov}(X,X)$$

即随机变量 X 与 X 的协方差是 X 的方差.

随机变量的协方差具有以下性质.

性质 4.3.1　设 X、Y、X_1、X_2 是随机变量，a、b 是常数，则

1.
$$\mathrm{cov}(X,Y) = \mathrm{cov}(Y,X) \tag{4.3.4}$$

2.
$$D(X \pm Y) = D(X) + D(Y) \pm 2\mathrm{cov}(X,Y) \tag{4.3.5}$$

3.
$$\mathrm{cov}(aX,bY) = ab\,\mathrm{cov}(X,Y) \tag{4.3.6}$$

4.
$$\mathrm{cov}(X_1 + X_2,Y) = \mathrm{cov}(X_1,Y) + \mathrm{cov}(X_2,Y) \tag{4.3.7}$$

例 4.3.1　设二维随机变量 (X,Y) 的概率密度函数为

$$f(x,y) = \begin{cases} x + y, & 0 \leqslant x \leqslant 1,\ 0 \leqslant y \leqslant 1 \\ 0, & 其他 \end{cases}$$

求 $\mathrm{cov}(X,Y)$ 及 ρ_{XY}.

解
$$E(X) = \int_{-\infty}^{+\infty} \int_{-\infty}^{+\infty} xf(x,y)\mathrm{d}x\mathrm{d}y = \int_0^1 x\mathrm{d}x \int_0^1 (x+y)\mathrm{d}y = \frac{7}{12}$$

$$E(Y) = \int_{-\infty}^{+\infty} \int_{-\infty}^{+\infty} yf(x,y)\mathrm{d}x\mathrm{d}y = \int_0^1 y\mathrm{d}y \int_0^1 (x+y)\mathrm{d}x = \frac{7}{12}$$

$$E(XY) = \int_{-\infty}^{+\infty} \int_{-\infty}^{+\infty} xyf(x,y)\mathrm{d}x\mathrm{d}y = \int_0^1 y\mathrm{d}y \int_0^1 x(x+y)\mathrm{d}x = \frac{1}{3}$$

所以

$$\mathrm{cov}(X,Y) = E(XY) - E(X)E(Y) = \frac{1}{3} - \left(\frac{7}{12}\right)^2 = -\frac{1}{144}$$

$$E(X^2) = \int_{-\infty}^{+\infty} \int_{-\infty}^{+\infty} x^2 f(x,y)\mathrm{d}x\mathrm{d}y = \int_0^1 x^2\mathrm{d}x \int_0^1 (x+y)\mathrm{d}y = \frac{5}{12}$$

$$D(X) = E(X^2) - [E(X)]^2 = \frac{5}{12} - \left(\frac{7}{12}\right)^2 = \frac{11}{144}$$

同理，

$$D(Y) = \frac{11}{144}$$

故得

$$\rho_{XY} = \frac{\mathrm{cov}(X,Y)}{\sqrt{D(X)}\sqrt{D(Y)}} = -\frac{1}{11}$$

例 4.3.2　设二维随机变量 (X,Y) 的联合概率密度函数为

$$f(x,y) = \begin{cases} 2, & 0 \leqslant x < 1,\ 0 \leqslant y \leqslant x \\ 0, & 其他 \end{cases}$$

求 $\mathrm{cov}(X,Y)$ 及 ρ_{XY}.

解　由于

$$E(X) = \int_{-\infty}^{+\infty} \int_{-\infty}^{+\infty} xf(x,y)\mathrm{d}x\mathrm{d}y = \int_0^1 x\mathrm{d}x \int_0^x 2\mathrm{d}y = \frac{2}{3}$$

$$E(Y) = \int_{-\infty}^{+\infty} \int_{-\infty}^{+\infty} yf(x,y)\mathrm{d}x\mathrm{d}y = \int_0^1 \mathrm{d}x \int_0^x 2y\mathrm{d}y = \frac{1}{3}$$

$$E(XY) = \int_{-\infty}^{+\infty} \int_{-\infty}^{+\infty} xyf(x,y)\mathrm{d}x\mathrm{d}y = \int_0^1 x\mathrm{d}x \int_0^x 2y\mathrm{d}y = \frac{1}{4}$$

故

$$\mathrm{cov}(X,Y) = E(XY) - E(X)E(Y) = \frac{1}{4} - \frac{2}{3} \times \frac{1}{3} = \frac{1}{36}$$

又

$$D(X) = E(X^2) - [E(X)]^2 = \int_0^1 \left(\int_0^x 2x^2\mathrm{d}y \right)\mathrm{d}x - \left(\frac{2}{3} \right)^2 = \frac{1}{2} - \frac{4}{9} = \frac{1}{18}$$

$$D(Y) = E(Y^2) - [E(Y)]^2 = \int_0^1 \left(\int_0^x 2y^2\mathrm{d}y \right)\mathrm{d}x - \left(\frac{1}{3} \right)^2 = \frac{1}{6} - \frac{1}{9} = \frac{1}{18}$$

故

$$\rho_{XY} = \frac{\mathrm{cov}(X,Y)}{\sqrt{D(X)}\sqrt{D(Y)}} = \frac{\dfrac{1}{36}}{\sqrt{\dfrac{1}{18}}\sqrt{\dfrac{1}{18}}} = \frac{1}{2}$$

随机变量的相关系数具有以下性质.

性质 4.4.2　设随机变量 X 与 Y 的相关系数为 ρ_{XY}，a、b 是常数，$a \neq 0$，则

1. $$|\rho_{XY}| \leqslant 1 \qquad\qquad (4.3.8)$$

2. $$|\rho_{XY}| = 1 \Leftrightarrow P\{Y = aX + b\} = 1 \qquad\qquad (4.3.9)$$

相关系数 ρ_{XY} 刻画了随机变量 X 与 Y 之间的线性相关程度. $|\rho_{XY}|$ 越大，X 与 Y 的线性相关程度越大；$|\rho_{XY}|$ 越小，X 与 Y 的线性相关程度越小. 当 $|\rho_{XY}| = 1$ 时，X 与 Y 存在完全的线性关系；当 $\rho_{XY} = 0$ 时，X 与 Y 之间无线性相关关系.

定义 4.3.2　若随机变量 X 与 Y 的相关系数 $\rho_{XY} = 0$，则称 X 与 Y 不相关.

若 X 与 Y 相互独立，且 $D(X)$、$D(Y)$ 存在，则 $\mathrm{cov}(X,Y) = \rho_{XY} = 0$；反之，若 X 与 Y 不相关，则 X 与 Y 不一定相互独立.

例 4.3.3　设随机变量 $X \sim U[0, 2\pi]$，$Y = \cos X$，$Z = \cos\left(X + \dfrac{\pi}{2} \right)$，证明：随机变量 Y 与 Z 不相关，也不相互独立.

证　由于

$$E(Y) = \int_{-\infty}^{+\infty} yf_X(x)\mathrm{d}x = \frac{1}{2\pi} \int_0^{2\pi} \cos x\mathrm{d}x = 0$$

$$E(Z) = \int_{-\infty}^{+\infty} zf_X(x)\mathrm{d}x = \frac{1}{2\pi} \int_0^{2\pi} \cos\left(x + \frac{\pi}{2} \right)\mathrm{d}x = 0$$

$$\text{cov}(Y,Z) = E(YZ) - E(Y)E(Z) = \int_{-\infty}^{+\infty} yz f_X(x)\mathrm{d}x = \frac{1}{2\pi}\int_0^{2\pi}\cos x \cos\left(x + \frac{\pi}{2}\right)\mathrm{d}x = 0$$

$$D(Y) = E(Y^2) - [E(Y)]^2 = \int_{-\infty}^{+\infty} y^2 f_X(x)\mathrm{d}x - 0 = \frac{1}{2\pi}\int_0^{2\pi}\cos^2 x\,\mathrm{d}x = \frac{1}{2}$$

$$D(Z) = E(Z^2) - [E(Z)]^2 = \int_{-\infty}^{+\infty} z^2 f_X(x)\mathrm{d}x - 0 = \frac{1}{2\pi}\int_0^{2\pi}\cos^2\left(x + \frac{1}{2}\right)\mathrm{d}x = \frac{1}{2}$$

得

$$\rho_{XY} = \frac{\text{cov}(Y,Z)}{\sqrt{D(Y)}\sqrt{D(Z)}} = 0$$

即随机变量 Y 与 Z 不相关，但显然它们之间满足下面的关系

$$Y^2 + Z^2 = \cos^2 X + \cos^2\left(X + \frac{\pi}{2}\right) = 1$$

所以随机变量 Y 与 Z 不相互独立.

4.4　矩、协方差矩阵

4.4.1　矩

随机变量的矩是更一般的数学特征，数学期望与方差都是某种矩.

定义 4.4.1　设 X 是随机变量，若 X^k（$k = 1,2,\cdots,n$）的数学期望存在，则称它为 X 的 k 阶原点矩，记为 ν_k，即

$$\nu_k = E(X^k) \tag{4.4.1}$$

若 $E\{[X - E(X)]^k\}$ 的数学期望存在，则称它为 X 的 k 阶中心矩，记为 μ_k，即

$$\mu_k = E\{[X - E(X)]^k\} \tag{4.4.2}$$

显然，数学期望与方差分别是一阶原点矩和二阶中心矩. $E(X) = \nu_1$，$D(X) = \mu_2$.

4.4.2　协方差矩阵

定义 4.4.2　设 n 维随机变量 $(X_1, X_2, \cdots, X_n)$，称

$$\boldsymbol{C} = \begin{pmatrix} D(X_1) & \text{cov}(X_1,X_2) & \dots & \text{cov}(X_1,X_n) \\ \text{cov}(X_2,X_1) & D(X_2) & \dots & \text{cov}(X_2,X_n) \\ \dots & \dots & \dots & \dots \\ \text{cov}(X_n,X_1) & \text{cov}(X_n,X_2) & \dots & D(X_n) \end{pmatrix} \tag{4.4.3}$$

为 $(X_1, X_2, \cdots, X_n)$ 的协方差矩阵.

特别地，二维随机变量 (X,Y) 的协方差矩阵为

$$\boldsymbol{C} = \begin{pmatrix} D(X) & \text{cov}(X,Y) \\ \text{cov}(Y,X) & D(Y) \end{pmatrix} \tag{4.4.4}$$

4.5　应 用 实 例

例 4.5.1　（分组验血）

在一个人数很多的单位中普查某种疾病. N 个人去验血，用以下两种方法化验.

（1）每个人的血分别化验，须化验 N 次；

（2）k 个人的血混在一起化验，如果血检结果呈阴性，则这 k 个人只进行 1 次化验即可；如果血检结果呈阳性，再对他们逐个化验，这时对这 k 个人共须进行 $k+1$ 次化验.

假定对所有人，血检结果呈阳性的概率为 p，而这些人的血检结果是相互独立的. 试说明当 p 较小时，若选取适当的 k，则利用方法（2）可以减少化验次数.

解　记每个人的血检结果呈阴性的概率为 $q=1-p$，则 k 个人的混合血的血检结果呈阴性的概率为 q^k，呈阳性的概率为 $1-q^k$. 利用方法（2），设每个人的血须化验的次数为 X，则 X 是一个随机变量，其概率分布如表 4.5.1 所示.

表 4.5.1　X 的概率分布

X	$\dfrac{1}{k}$	$\dfrac{k+1}{k}$
p_k	q^k	$1-q^k$

则 X 的数学期望为

$$E(X)=\frac{1}{k}\cdot q^k+\left(1+\frac{1}{k}\right)\cdot(1-q^k)=1-q^k+\frac{1}{k}$$

因此，N 个人需要的平均化验次数为 $N\cdot\left(1-q^k+\dfrac{1}{k}\right)$，当 $N\cdot\left(1-q^k+\dfrac{1}{k}\right)<N$，即 $q^k-\dfrac{1}{k}>0$ 时就能减少化验次数. 例如，当 $p=0.004$ 时，$E(X)=1-0.996^k+\dfrac{1}{k}$，当 $k=2,3,4,\cdots$ 时，$E(X)<1$，即每人平均所需次数小于 1，这比逐个检查的次数要少.

此外，可以求得当 $k=16$ 时，$E(X)$ 最小，即将 N 个人分成每组 16 人时，检查次数最少，工作量约减少 40%.

例 4.5.2　（利润最大化）

假定世界市场对我国某种出口商品的年需求量 X（单位：t）是一个随机变量，它服从区间 $[2000,4000]$ 上的均匀分布. 设该商品每售出 1t，可获得 3 万美元；但若没有售出积压在仓库里，则每 t 需支付保养费 1 万美元. 问如何计划年出口量，能使期望获利最多？

解　设计划年出口量为 y t，年创利额为 Y 万美元，显然应有 $y\in[2000,4000]$，且

$$Y=g(X)=\begin{cases}3y, & X\geqslant y\\ 3X-1\cdot(y-X), & X<y\end{cases}$$

因此

$$E(Y) = \int_{-\infty}^{+\infty} g(x)f(x)dx = \int_{2000}^{4000} g(x) \cdot \frac{1}{2000}dx$$

$$= \frac{1}{2000}\left[\int_{2000}^{y}(4x-y)dx + \int_{y}^{4000}3ydx\right]$$

$$= \frac{1}{1000}(-y^2 + 7000y - 4000000)$$

这是一个关于 y 的二次函数，函数 $E(Y)$ 对 y 求导，$\dfrac{dE(Y)}{dy} = 0$，可以求出当 $y = 3500$ 时，$E(Y)$ 最大，即当计划年出口量为 3500t 时，期望获利最多.

例 4.5.3 （月饼销售）

中秋节期间，某商场销售盒装月饼，每盒月饼售价为 a 元，进货价为 b 元，过了中秋节就要处理未售完的月饼，处理价为每盒 c 元，有 $c<b<a$. 如果未售完的月饼数量过多，商场就会亏本，商场应该如何确定购进的月饼的数量？

解 商场销售的月饼的销售量 R 是随机变量，其分布律为

$$P\{R=r\}=p(r)，（r = 0,1,2,\cdots）$$

假设商场购进的月饼为 n 盒，获得的利润为

$$L = L(r) = \begin{cases} (a-b)r - (b-c)(n-r), & r \leqslant n \\ (a-b)n, & r > n \end{cases}$$

平均利润为

$$G(n) = \sum_{r=0}^{n}[(a-b)r - (b-c)(n-r)]p(r) + \sum_{r=n+1}^{\infty}(a-b)np(r)$$

现在应求 n 使 $G(n)$ 达到最大值.

鉴于销售量 r 和购进量 n 通常会很大，为了便于分析，将 r 和 n 视为连续变量，将 $p(r)$ 视为概率密度函数 $f(r)$，上式改写为

$$G(n) = \int_{0}^{n}[(a-b)r - (b-c)(n-r)]f(r)dr + \int_{n}^{+\infty}(a-b)nf(r)dr$$

为了使 $G(n)$ 达到最大值，令

$$\frac{dG}{dn} = (a-b)nf(n) - \int_{0}^{n}(b-c)f(r)dr + \int_{n}^{+\infty}(a-b)f(r)dr - (a-b)nf(n)$$

$$= -\int_{0}^{n}(b-c)f(r)dr + (a-b)\int_{n}^{+\infty}f(r)dr = 0$$

得

$$\frac{\displaystyle\int_{0}^{n}f(r)dr}{\displaystyle\int_{n}^{+\infty}f(r)dr} = \frac{a-b}{b-c}$$

令

$$p_1 = \int_{0}^{n}f(r)dr, \quad p_2 = \int_{n}^{+\infty}f(r)dr$$

则

$$\frac{p_1}{p_2} = \frac{a-b}{b-c}$$

所得结果分析：若购进 n 盒月饼，则 p_1 是月饼卖不完的概率，p_2 是月饼全部卖完的概率. 购进的月饼盒数 n 应使月饼卖不完的概率与月饼全部卖完的概率之比，恰好等于卖出一盒月饼赚的钱与处理一盒月饼赔的钱之比.

习 题 4

1. 一箱产品中有 3 件正品和 2 件次品，不放回地任取 2 件，X 表示取到的次品数，求 $E(X)$.

2. 已知随机变量 X 的分布律如下，求 $E(X)$ 和 $D(X)$.

X	-2	0	1	4
P	$\frac{1}{3}$	$\frac{1}{6}$	$\frac{1}{4}$	$\frac{1}{4}$

3. 设随机变量 X 的概率密度函数为 $f(x) = \frac{1}{2}e^{-|x|}$，$-\infty < x < +\infty$，计算 $E(X)$ 和 $D(X)$.

4. 设随机变量 X 的概率密度函数为

$$f(x) = \begin{cases} x, & 0 \leq x \leq 1 \\ 2-x, & 1 < x \leq 2 \\ 0, & \text{其他} \end{cases}$$

求 $E(X)$ 和 $D(X)$.

5. 已知随机变量 X 的数学期望 $E(X) = -4$，方差 $D(X) = 1$，求 $E\left(\frac{1}{2}X - 5\right)$ 和 $D(-2X + 7)$.

6. 已知随机变量 X 的数学期望 $E(X) = 2$，方差 $D(X) = 4$，求 $E(X^2)$.

7. 设随机变量 X 满足 $E\left(-\frac{1}{2}X + 1\right) = -1$，$D(3X - 6) = 2$，求 $E(X)$ 和 $D(X)$.

8. 设随机变量 X 与 Y 相互独立，且 $D(X) = 1$，$D(Y) = 2$，求 $D(X - Y)$.

9. 已知随机变量 $X \sim U(-\pi, \pi)$，试求 $Y = \cos X$ 和 $Y^2 = \cos^2 X$ 的数学期望。

10. 设随机变量 X 的概率密度函数为

$$f(x) = \begin{cases} e^{-x}, & x > 0 \\ 0, & x \leq 0 \end{cases}$$

求 $Y = 2X$ 和 $Z = e^{-2X}$ 的数学期望.

11. 某人乘电梯从电视台底层到顶层观光，电梯于每个整点的第 5min、第 25min 和第 55min 从底层起行. 假设此人在早晨 8:00～9:00 的任意时刻到达底层电梯处，求其平均等候时间.

12. 设二维随机变量 (X, Y) 的联合概率密度函数为

$$f(x, y) = \begin{cases} 12y^2, & 0 \leq y \leq x \leq 1 \\ 0, & \text{其他} \end{cases}$$

求 $E(X)$、$E(Y)$、$E(XY)$ 和 $E(X^2+Y^2)$.

13. 设随机变量 X 与 Y 相互独立，其概率密度函数分别为

$$f(x)=\begin{cases}\dfrac{1}{3}\mathrm{e}^{-\frac{x}{3}}, & x>0 \\ 0, & x\le 0\end{cases} \qquad f(y)=\begin{cases}2y, & 0\le y\le 1 \\ 0, & \text{其他}\end{cases}$$

求 $E(XY)$ 和 $E(X+Y)$.

14. 民航机场的送客汽车载有 20 名乘客，从机场开出，乘客可以在 10 个车站中的任一个车站下车. 如果到达某一车站无人下车，则在该车站不停车. 假定每个乘客在各个车站下车是等可能的，设随机变量 X 表示停车次数，求平均停车次数.

15. 将 n 个球（$1\sim n$ 号）随机地放入 n 个盒子（$1\sim n$ 号）中，一个盒子装一个球. 若某个球装入与球同号的盒子中，称为一个配对，记随机变量 X 表示总配对数，求 $E(X)$.

16. 设二维随机变量 (X,Y) 的联合概率密度函数为

$$f(x,y)=\begin{cases}6xy^2, & 0\le x\le 1,\ 0<y<1 \\ 0, & \text{其他}\end{cases}$$

求 (X,Y) 的协方差矩阵.

17. 设二维随机变量 (X,Y) 的联合分布律为

Y	X		
	-1	0	1
1	0.2	0.1	0.1
2	0.1	0.0	0.1
3	0.2	0.1	0.1

求 X 和 Y 的相关系数 ρ_{XY}.

18. 设随机变量 X_1 与 X_2 相互独立，且 $X_1\sim N(\mu,\sigma^2)$，$X_2\sim N(\mu,\sigma^2)$，令 $X=X_1+X_2$，$Y=X_1-X_2$，求 $D(X)$、$D(Y)$ 及 ρ_{XY}.

19. 设随机变量 X、Y 满足 $D(X)=25$，$D(Y)=36$，且 $\rho_{XY}=0.4$，求 $\mathrm{cov}(X,Y)$、$D(X+Y)$ 及 $D(X-Y)$.

20. 设二维随机变量 $(X,Y)\sim N(1,3^2;0,4^2;-\dfrac{1}{2})$，令 $Z=\dfrac{X}{3}+\dfrac{Y}{2}$，求

（1）Z 的数学期望和方差；

（2）X 与 Z 的相关系数；

（3）X 与 Z 是否相互独立？

第5章 大数定律及中心极限定理

本章主要介绍两类极限定理：大数定律和中心极限定理. 大数定律研究在相同条件下，大量重复试验中频率的稳定性；中心极限定理研究当大量彼此不相干的随机因素共同作用时，其总的影响近似服从正态分布的现象. 这两类极限定理在概率论的研究中占有重要地位. 自18 世纪初瑞士数学家雅各布·伯努利第一个开始关于大数定律的研究以来，已有许多数学工作者相继研究了概率论中的极限问题，并得出许多重要的极限定理，这里介绍一些基本内容.

5.1 随机变量序列的收敛性

在第 1 章中已经介绍了事件发生的频率具有稳定性，即随着试验次数的增加，事件发生的频率逐渐稳定于某个常数.

例如，调查某地区儿童的身体发育情况，X_n 表示第 n 个孩子的身体发育是否达标，X_n 只取 0 和 1，即 $X_n \sim B(1, p)$ （$n = 1, 2, \cdots$），p 表示该孩子的身体发育达标的概率. $X_1, X_2, \cdots,$ $X_n, \cdots$ 称为随机变量序列，记作 $\{X_n\}$. 前 n 个孩子中身体发育达标的人数 $S_n = X_1 + X_2 + \cdots + X_n \sim B(n, p)$，当 n 比较小时，可以计算 S_n 取某个值或在某个区间的概率，但当 n 比较大时，计算会相当困难. 假如可以找到一个较为简单的随机变量 Y，在 n 比较大时就可以用 Y 的分布来近似计算 S_n 的概率，即

$$P(a \leqslant S_n \leqslant b) \approx P(a \leqslant Y \leqslant b)$$

为此，我们先引出问题"随机变量序列 $\{S_n\}$ 是否收敛于随机变量 Y？"

定义 5.1.1 设随机变量序列 $X_1, X_2, \cdots, X_n, \cdots$，$X$ 为一随机变量，如果对任意给定的正数 ε，有

$$\lim_{n \to \infty} P\{|X_n - X| < \varepsilon\} = 1 \tag{5.1.1}$$

或

$$\lim_{n \to \infty} P\{|X_n - X| \geqslant \varepsilon\} = 0 \tag{5.1.2}$$

则称随机变量序列 $X_1, X_2, \cdots, X_n, \cdots$ **依概率收敛**于 X，记为 $X_n \xrightarrow{P} X$.

随机变量序列依概率收敛的意义与微积分学中的数列收敛的意义不同. 对于任意给定的正数 ε，存在正整数 N，当 $n > N$ 时，X_n 和 X 的偏差仍可能达到或超过 ε，只不过当 n 很大时，出现较大偏差的可能性很小. 在 n 很大时，我们有很大的把握（并非百分之百）断言 X_n 很接近 X.

定义 5.1.2 设随机变量序列 $X_1, X_2, \cdots, X_n, \cdots$，$X$ 为一随机变量，$F_n(x)$ 和 $F(x)$ 分别为 X_n 和 X 的分布函数，如果在 $F(x)$ 的连续点 x 处，有

$$\lim_{n \to \infty} F_n(x) = F(x) \tag{5.1.3}$$

则称随机变量序列 $X_1, X_2, \cdots, X_n, \cdots$ **依分布收敛于** X，记为 $X_n \xrightarrow{L} X$.

随机变量序列 $X_1, X_2, \cdots, X_n, \cdots$ 依分布收敛于 X，表明 $\{X_n\}$ 依 X 的分布为极限分布.

5.2　大　数　定　律

在实践中人们发现当进行大量重复试验时，频率稳定于某一常数，将其称为频率的稳定性；人们还认识到大量测量值的算术平均值也稳定于某一常数，将其称为平均结果的稳定性. 这就表明，无论随机现象的个别结果如何，或者随机现象在进行过程中的个别特征如何，大量随机现象的平均结果实际上不受随机现象的个别结果的影响，并且几乎不再是随机的，而是具有确定的规律性. 大数定律以严格的数学形式表达并证明了这种规律性，即在一定条件下大量重复出现的随机现象的统计规律性，如频率的稳定性、平均结果的稳定性等.

5.2.1　切比雪夫不等式

随机变量 X 的数学期望 $E(X)$ 和方差 $D(X)$ 分别反映了 X 的平均值及偏离程度. 那么，当 $E(X)$ 和 $D(X)$ 都已知时，如何用方差 $D(X)$ 来估计 X 对数学期望 $E(X)$ 的偏离程度呢？切比雪夫不等式回答了这个问题.

定理 5.2.1　（切比雪夫不等式）设随机变量 X 的数学期望为 $E(X)$，方差为 $D(X)$，则对任意给定的 $\varepsilon > 0$，都有

$$P\{|X - E(X)| \geq \varepsilon\} < \frac{D(X)}{\varepsilon^2} \tag{5.2.1}$$

或

$$P\{|X - E(X)| < \varepsilon\} \geq 1 - \frac{D(X)}{\varepsilon^2} \tag{5.2.2}$$

当随机变量 X 的数学期望 $E(X)$ 和方差 $D(X)$ 都已知时，由切比雪夫不等式可以得出随机变量 X 落在区间 $(E(X) - \varepsilon, E(X) + \varepsilon)$ 内的概率不小于 $1 - D(X)/\varepsilon^2$. 因此，$D(X)$ 越大，X 落在区间 $(E(X) - \varepsilon, E(X) + \varepsilon)$ 内的概率越小，即 X 在 $E(X)$ 附近的密集程度越低，这说明 $D(X)$ 反映了随机变量 X 对 $E(X)$ 的偏离程度，如图 5.2.1 所示.

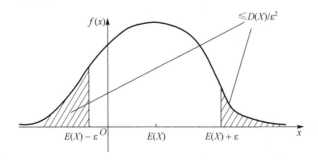

图 5.2.1　切比雪夫不等式示意图

例 5.2.1　设 X 表示抛掷一枚均匀骰子出现的点数，给定 $\varepsilon = 2$，计算概率 $P\{|X - E(X)| < \varepsilon\}$，并验证切比雪夫不等式.

解 因为 X 的概率密度函数为 $P\{X=k\}=\dfrac{1}{6}$，$k=1,2,\cdots,6$，所以

$$E(X)=\sum_{k=1}^{6}k\cdot\frac{1}{6}=\frac{7}{2}$$

$$D(X)=E(X^2)-\left(E(X)\right)^2=\sum_{k=1}^{6}k^2\cdot\frac{1}{6}-\left(\frac{7}{2}\right)^2=\frac{35}{12}$$

当 $\varepsilon=2$ 时，$1-\dfrac{D(X)}{\varepsilon^2}=1-\dfrac{35/12}{4}=\dfrac{13}{48}$，而

$$P\left\{\left|X-\frac{7}{2}\right|<\varepsilon\right\}=P\left\{\left|X-\frac{7}{2}\right|<2\right\}=\sum_{k=2}^{5}P\{X=k\}=\frac{4}{6}>\frac{13}{48}=1-\frac{D(X)}{\varepsilon^2}$$

可见，当 $\varepsilon=2$ 时，切比雪夫不等式成立.

例 5.2.2 已知电站供电网有电灯 10000 盏，每盏灯开灯的概率都是 0.8，假设每盏灯是否开灯相互独立，试估计同时开灯的盏数为 $7800\sim8200$ 的概率.

解 设同时开灯的盏数为 X，则 X 服从参数为 $n=10000$，$p=0.8$ 的二项分布. X 的数学期望与方差分别为

$$E(X)=np=10000\times0.8=8000$$

$$D(X)=np(1-p)=10000\times0.8\times0.2=1600$$

由于 $7800\leqslant X\leqslant8200$，即 $-200\leqslant X-E(X)\leqslant200$，故根据切比雪夫不等式有

$$P\{|X-E(X)|\leqslant200\}\geqslant1-\frac{D(X)}{200^2}=1-\frac{1600}{40000}=0.96$$

即同时开灯的盏数为 $7800\sim8200$ 的概率不小于 0.96.

5.2.2 大数定律

定义 5.2.1 设随机变量序列 $X_1,X_2,\cdots,X_n,\cdots$，每个随机变量的数学期望 $E(X_i)$ 存在（$k=1$, $2,\cdots$），令 $\bar{X}_n=\dfrac{1}{n}\sum_{i=1}^{n}X_i$，若对于任意给定的正数 $\varepsilon>0$，有

$$\lim_{n\to\infty}P\{|\bar{X}_n-E(\bar{X}_n)|<\varepsilon\}=\lim_{n\to\infty}P\left\{\left|\frac{1}{n}\sum_{i=1}^{n}X_i-\frac{1}{n}\sum_{i=1}^{n}E(X_i)\right|<\varepsilon\right\}=1 \qquad (5.2.3)$$

则称 $\{X_n\}$ 服从大数定律.

可见，大数定律表明平均结果 $\bar{X}_n=\dfrac{1}{n}\sum_{i=1}^{n}X_i$ 具有稳定性，单个随机现象的行为（如某 X_i 的变化）对大量随机现象共同产生的总平均结果 $E(\bar{X}_n)$ 几乎不产生影响. 尽管某个随机现象的具体表现不可避免地引起随机偏差，然而当大量随机现象共同作用时，这些随机偏差相互抵消，于是总平均结果趋于稳定. 例如，称重一个质量为 μ 的物品，以 $X_1,X_2,\cdots,X_n$ 表示 n 次重复测量的结果，当 n 充分大时，其平均值 $\bar{X}_n=\dfrac{1}{n}\sum_{i=1}^{n}X_i$ 与 μ 的偏差小于预先给定的精度 ε 的可能性

越来越大，且一般 n 越大，这种可能性越接近 1.

定理 5.2.2　（伯努利大数定律）设 n_A 是在 n 次独立重复试验中事件 A 发生的次数，p 是事件 A 在每次试验中发生的概率，则对于任意正数 ε，有

$$\lim_{n\to\infty}\left\{\left|\frac{n_A}{n}-p\right|<\varepsilon\right\}=1 \tag{5.2.4}$$

证　设随机变量

$$X_k=\begin{cases}0,&\text{若在第}k\text{次试验中}A\text{不发生}\\1,&\text{若在第}k\text{次试验中}A\text{发生}\end{cases},\quad k=1,2,\cdots,n$$

显然

$$n_A=X_1+X_2+\cdots+X_n=\sum_{i=1}^{n}X_i=n\bar{X}_n$$

即

$$\frac{n_A}{n}=\bar{X}_n$$

由于 X_i 只依赖于第 i 次试验，而各次试验是相互独立的，于是 $X_1,X_2,\cdots,X_n$ 相互独立且同服从 0-1 分布，故

$$E(X_i)=p,\quad D(X_i)=p(1-p),\quad i=1,2,\cdots,n$$

则 $\bar{X}_n=\dfrac{1}{n}\displaystyle\sum_{i=1}^{n}X_i$ 的数学期望及方差为

$$E(\bar{X}_n)=E\left(\frac{1}{n}\sum_{i=1}^{n}X_i\right)=\frac{1}{n}\sum_{i=1}^{n}E(X_i)=\frac{1}{n}np=p$$

$$D(\bar{X}_n)=D\left(\frac{1}{n}\sum_{i=1}^{n}X_i\right)=\frac{1}{n^2}\sum_{i=1}^{n}D(X_i)=\frac{1}{n^2}np(1-p)=\frac{p(1-p)}{n}$$

由切比雪夫不等式知，对任意给定的正数 $\varepsilon>0$，有

$$P\left\{\left|\bar{X}_n-E(\bar{X}_n)\right|<\varepsilon\right\}\geqslant 1-\frac{D(\bar{X}_n)}{\varepsilon^2}=1-\frac{p(1-p)}{\varepsilon^2 n}$$

在上式中令 $n\to\infty$，即得

$$\lim_{n\to\infty}P\left\{\left|\bar{X}_n-E(\bar{X}_n)\right|<\varepsilon\right\}\geqslant\lim_{n\to\infty}\left\{1-\frac{p(1-p)}{\varepsilon^2 n}\right\}=1$$

所以

$$\lim_{n\to\infty}\left\{\left|\frac{n_A}{n}-p\right|<\varepsilon\right\}=1$$

伯努利大数定律表明，当 n 无限增大时，事件 A 发生的频率 $\dfrac{n_A}{n}$ 几乎等于事件发生的概率 p. 伯努利大数定律以严格的数学形式表述了频率的稳定性. 当 n 很大时，事件发生的频率与概率有较小的偏差的可能性很大. 在实际应用中，当试验次数很大时，可以用事件发生的频率

来代替事件发生的概率.

具有 0-1 分布的相互独立的随机变量序列服从大数定律，若去掉条件中的同为 0-1 分布，仅代之以相同的数学期望与方差，则依然有大数定律成立.

定理 5.2.3 （切比雪夫大数定律）设 $X_1, X_2, \cdots, X_n, \cdots$ 为相互独立的随机变量序列，每个随机变量 X_i 的数学期望 $E(X_i)$ 和方差 $D(X_i)$ 都存在，而且方差一致有界，即存在正常数 C，使 $D(X_i) \leq C$ $(i = 1, 2, \cdots)$，则随机变量序列服从大数定律.

证 因为 $\bar{X}_n = \dfrac{1}{n}\sum\limits_{i=1}^{n} X_i$ 的数学期望及方差为

$$E\left(\frac{1}{n}\sum_{i=1}^{n} X_i\right) = \frac{1}{n}\sum_{i=1}^{n} E(X_i), \quad D\left(\frac{1}{n}\sum_{i=1}^{n} X_i\right) = \frac{1}{n^2}\sum_{i=1}^{n} D(X_i)$$

由切比雪夫不等式知，对任意给定正数 ε，有

$$P\left\{\left|\bar{X}_n - E(\bar{X}_n)\right| < \varepsilon\right\} \geq 1 - \frac{D(\bar{X}_n)}{\varepsilon^2} = 1 - \frac{\sum\limits_{i=1}^{n} D(X_i)}{n^2 \varepsilon^2} \geq 1 - \frac{C}{n\varepsilon^2}$$

在上式中令 $n \to \infty$，即得

$$\lim_{n\to\infty} P\left\{\left|\bar{X}_n - E(\bar{X}_n)\right| < \varepsilon\right\} \geq \lim_{n\to\infty} P\left[1 - \frac{C}{n\varepsilon^2}\right] = 1$$

所以

$$\lim_{n\to\infty} P\left\{\left|\frac{1}{n}\sum_{i=1}^{n} X_i - \frac{1}{n}\sum_{i=1}^{n} E(X_i)\right| < \varepsilon\right\} = 1$$

切比雪夫大数定律只要求 $X_1, X_2, \cdots, X_n, \cdots$ 相互独立，并不要求它们同分布. 因此，如果 $X_1, X_2, \cdots, X_n, \cdots$ 是相互独立同分布的随机变量序列，且方差有界，则 $X_1, X_2, \cdots, X_n, \cdots$ 一定服从大数定律. 我们已知一个随机变量的方差存在，则其数学期望一定存在；但反之不成立，一个随机变量的数学期望存在，其方差不一定存在. 以下的辛钦大数定律去掉方差有界的条件，要求 X_i 的数学期望存在，同时要求 $X_1, X_2, \cdots, X_n, \cdots$ 相互独立同分布.

定理 5.2.4 （辛钦大数定律）设 $X_1, X_2, \cdots, X_n, \cdots$ 为相互独立同分布的随机变量序列，X_i 的数学期望存在，$E(X_i) = \mu$ $(i = 1, 2, \cdots)$，则随机变量序列服从大数定律.

即对于任意正数 ε，有

$$\lim_{n\to\infty} P\left\{\left|\bar{X}_n - \mu\right| < \varepsilon\right\} = 1 \tag{5.2.5}$$

上式也称 $\bar{X}_n$ 依概率收敛于 μ，记为 $\bar{X}_n \xrightarrow{P} \mu$.

证略.

辛钦大数定律表明，当 n 很大时，随机变量序列 $X_1, X_2, \cdots, X_n, \cdots$ 的平均值 $\bar{X}_n = \dfrac{1}{n}\sum\limits_{i=1}^{n} X_i$ 稳定于数学期望 $E(X_i) = \mu$ 的概率很大. n 个随机变量的算术平均值，在 n 无限大时将接近于一个常数. 所以，在数理统计中，我们可以将样本均值 $\bar{X}_n = \dfrac{1}{n}\sum\limits_{i=1}^{n} X_i$ 作为数学期望 $E(X_i)$ 的近似值.

定理 5.2.3 及定理 5.2.4 用数学语言严格表述并证明了平均结果的稳定性.

例 5.2.3 设随机变量序列 $X_1, X_2, \cdots, X_n, \cdots$ 相互独立，同服从 $[a,b]$ 区间上的均匀分布，试问平均值 $\bar{X}_n = \dfrac{1}{n}\sum_{i=1}^{n} X_i$ 依概率收敛于何值？

解 因为 $X_i \sim U[a,b]$，$i = 1, 2, \cdots, n, \cdots$

$$E(X_i) = \frac{a+b}{2}, \qquad E(\bar{X}_i) = \frac{a+b}{2}$$

由辛钦大数定律知

$$\bar{X}_n \xrightarrow{\ p\ } E(\bar{X}_i)$$

即 $\bar{X}_n = \dfrac{1}{n}\sum_{i=1}^{n} X_i$ 依概率收敛于区间 $[a,b]$ 的中点 $\dfrac{a+b}{2}$.

例 5.2.4 设随机变量序列 $X_1, X_2, \cdots, X_n, \cdots$ 相互独立，同服从泊松分布 $P(\lambda)$，试问当 n 很大时，可用何值估计 λ？

解 因为 $X_k \sim P(\lambda)$（$k = 1, 2, \cdots, n, \cdots$），$E(X_k) = \lambda$，$\bar{X}_n = \dfrac{1}{n}\sum_{i=1}^{n} X_i$

由辛钦大数定律知

$$\bar{X}_n \xrightarrow{\ p\ } E(X_k)$$

即 $\bar{X}_n = \dfrac{1}{n}\sum_{i=1}^{n} X_i$ 依概率收敛于 λ，当 n 很大时可用 $\bar{X}_n$ 代替 λ. 若有 $X_1, X_2, \cdots, X_n$ 的一组观察值 $x_1, x_2, \cdots, x_n$，则

$$\lambda \approx \bar{x} = \frac{1}{n}\sum_{i=1}^{n} X_i$$

5.3 中心极限定理

自从高斯指出测量误差服从正态分布后，人们发现，正态分布在自然界中极为常见. 例如，成年人的身高、体重等服从正态分布；一个地区考生的高考分数服从正态分布；炮弹发射试验中弹落点到目标的距离服从正态分布. 观察表明，大量相互独立的随机因素的总量通常都服从或近似服从正态分布，其中每个因素的单独影响并不显著.

中心极限定理讨论相互独立的随机变量序列的和的分布函数收敛于正态分布函数的条件.

定义 5.3.1 设 $X_1, X_2, \cdots, X_n, \cdots$ 为相互独立的随机变量序列，其前 n 项和 $Y_n = \sum_{i=1}^{n} X_i$，如果

$$\lim_{n \to \infty} P\left\{ \frac{Y_n - E(Y_n)}{\sqrt{D(Y_n)}} \leqslant x \right\} = \int_{-\infty}^{x} \frac{1}{\sqrt{2\pi}} \mathrm{e}^{-\frac{t^2}{2}} \mathrm{d}t = \Phi(x) \tag{5.3.1}$$

则称随机变量序列 $X_1, X_2, \cdots, X_n, \cdots$ 服从中心极限定理.

定理 5.3.1 （列维-林德伯格中心极限定理）设 $X_1, X_2, \cdots, X_n, \cdots$ 为相互独立同分布的随机变量序列，具有数学期望 $E(X_k) = \mu$ 及方差 $D(X_k) = \sigma^2 > 0$，（$k = 1, 2, \cdots$），则随机变量序列 $X_1, X_2, \cdots, X_n, \cdots$ 服从中心极限定理.

由列维-林德伯格中心极限定理，随机变量 $Y_n = \sum\limits_{i=1}^{n} X_i$ 近似服从正态分布 $N(n\mu, n\sigma^2)$，即对于任意的 x，有

$$\lim_{n \to \infty} P\left\{ \frac{Y_n - n\mu}{\sqrt{n}\sigma} \leqslant x \right\} = \Phi(x) \tag{5.3.2}$$

证略.

例 5.3.1 一加法器同时收到 20 个噪声电压 V_i（$i = 1, 2, \cdots, 20$），设它们是相互独立的随机变量，且都在区间（0,10）上服从均匀分布，记 $V = \sum\limits_{i=1}^{20} V_i$，求 $P\{V > 105\}$ 的近似值.

解 $V_i \sim U(0, 10)$，得 $E(V_i) = 5$，$D(V_i) = \dfrac{100}{12}$（$i = 1, 2, \cdots$），设 $V = \sum\limits_{i=1}^{20} V_i$，则 $E(V) = 100$，

$D(V) = \dfrac{2000}{12}$

$$P\{V > 105\} \approx 1 - \Phi\left(\frac{105 - 100}{\sqrt{2000/12}} \right) = 1 - \Phi(0.387) = 0.348$$

例 5.3.2 一产品的某部件包括 10 个部分，每部分的长度是一个随机变量，它们相互独立，且服从同一分布，其数学期望为 2mm，均方差为 0.05mm. 规定当总长度为 (20 ± 0.1)mm 时产品合格，试求产品合格的概率.

解 由题意，设每部分的长度为 X_i（$i = 1, 2, \cdots, 10$），它们互相独立，且服从同一分布，且 $E(X_i) = 2$，$D(X_i) = 0.05^2$，总长度 $Y_{10} = \sum\limits_{i=1}^{10} X_i$，$E(Y_{10}) = 20$，$D(Y_{10}) = 10 \times 0.05^2$，产品合格的概率为

$$P\{20 - 0.1 < Y_{10} < 20 + 0.1\}$$

$$\approx \Phi\left(\frac{0.1}{\sqrt{10} \times 0.05} \right) - \Phi\left(\frac{-0.1}{\sqrt{10} \times 0.05} \right) = 2\Phi\left(\frac{0.1}{\sqrt{10} \times 0.05} \right) - 1$$

$$= 2\Phi(0.63) - 1 = 0.4713$$

定理 5.3.2 （棣莫弗-拉普拉斯中心极限定理）设随机变量序列 Y_n（$n = 1, 2, \cdots$）服从参数为 n, p 的二项分布 $B(n, p)$（$0 < p < 1$），则对于任意的 x，恒有

$$\lim_{n \to \infty} P\left\{ \frac{Y_n - np}{\sqrt{np(1-p)}} \leqslant x \right\} = \Phi(x) \tag{5.3.3}$$

证 Y_n 可以看作 n 个相互独立的、服从 0-1 分布的随机变量序列 $X_1, X_2, \cdots, X_n$ 之和，即 $Y_n = \sum\limits_{i=1}^{n} X_i$，其中 X_i 的分布律为

$$P\{X_i = k\} = p^k(1-p)^{1-k}, \qquad k = 0,1, \qquad i = 1,2,\cdots,n$$

由于 $E(X_i) = p$，$D(X_i) = p(1-p)$，则

$$E(Y_n) = E\left(\sum_{i=1}^{n} X_i\right) = \sum_{i=1}^{n} E(X_i) = np$$

$$D(Y_n) = D\left(\sum_{i=1}^{n} X_i\right) = \sum_{i=1}^{n} D(X_i) = np(1-p)$$

根据定理 5.3.1，有

$$\lim_{n\to\infty} P\left\{\frac{Y_n - E(Y_n)}{\sqrt{D(Y_n)}} \leqslant x\right\} = \lim_{n\to\infty} P\left\{\frac{Y_n - np}{\sqrt{np(1-p)}} \leqslant x\right\} = \varPhi(x)$$

上式说明，当 $n \to \infty$ 时，二项分布的极限分布为正态分布. 在实际应用中，只要 n 比较大，二项分布 $B(n,p)$ 的分布函数就可用正态分布 $N(np, np(1-p))$ 的分布函数来近似代替.

一般地，对任意的 a、b，有

$$P\{a < Y_n \leqslant b\} \approx \varPhi\left(\frac{b-np}{\sqrt{np(1-p)}}\right) - \varPhi\left(\frac{a-np}{\sqrt{np(1-p)}}\right) \tag{5.3.4}$$

可见，定理 5.3.2 即定理 5.3.1 的特殊情况. 棣莫弗-拉普拉斯中心极限定理是历史上第一个中心极限定理，是由棣莫弗在研究伯努利试验时提出的. 棣莫弗-拉普拉斯中心极限定理专门针对二项分布，因此也称为"二项分布的正态近似". 第 2 章的泊松定理给出了"二项分布的泊松近似". 两者相比，二项分布一般在 p 较小时，用泊松分布近似的效果较好；而在 $np > 5$ 和 $n(1-p) > 5$ 时，用正态分布近似的效果较好.

例 5.3.3   抛掷硬币 900 次，求

（1）正面至少出现 480 次的概率；

（2）正面出现 420～479 次的概率.

解   这是 900 次伯努利试验，令

$$X_k = \begin{cases} 1 & \text{第}k\text{次出现正面} \\ 0 & \text{第}k\text{次出现反面} \end{cases} \qquad k = 1,2,\cdots,900$$

则

$$E(X_k) = \frac{1}{2}, \quad D(X_k) = \frac{1}{2} \times \frac{1}{2} = \frac{1}{4}$$

在 900 次掷硬币中出现正面的总数 $Y_{900} = \sum\limits_{k=1}^{900} X_k \sim B\left(900, \dfrac{1}{2}\right)$

$$E(Y_{900}) = 450, \quad D(Y_{900}) = 225$$

（1） $P\{Y_{900} \geqslant 480\} = 1 - P\{Y_{900} < 480\} \approx 1 - \varPhi\left(\dfrac{480-450}{\sqrt{225}}\right) = 1 - \varPhi(2) = 0.227$

（2） $P\{420 \leqslant Y_{900} < 480\} \approx \varPhi\left(\dfrac{480-450}{\sqrt{225}}\right) - \varPhi\left(\dfrac{420-450}{\sqrt{225}}\right) = 2\varPhi(2) - 1 = 0.9546$

例 5.3.4　一船舶在某海区航行，已知每遭受一次波浪的冲击，纵摇角大于 3° 的概率 $p=1/3$．若船舶遭受了 90000 次波浪冲击，问其中有 29500～30500 次纵摇角大于 3° 的概率是多少？

解　将船舶每遭受一次波浪冲击看作一次伯努利试验，假定各次试验是相互独立的，在 90000 次波浪冲击中纵摇角大于 3° 的次数记为 X，则 X 是一个随机变量，且有

$$X \sim B\left(90000, \frac{1}{3}\right), \quad E(X)=30000, \quad D(X)=20000$$

$$P\{29500 < X \leqslant 30500\} \approx \Phi\left(\frac{30500-30000}{\sqrt{20000}}\right) - \Phi\left(\frac{29500-30000}{\sqrt{20000}}\right)$$

$$= \Phi\left(\frac{5}{\sqrt{2}}\right) - \Phi\left(-\frac{5}{\sqrt{2}}\right) = 2\Phi\left(\frac{5\sqrt{2}}{2}\right) - 1 = 0.9995$$

例 5.3.5　某保险公司在某地区为 100000 人保险，规定投保人在年初交纳保险金 30 元．若投保人死亡，则保险公司向其家属一次性赔偿 6000 元．由资料统计知该地区人口死亡率为 0.0037．不考虑其他运营成本，求保险公司一年从该地区获得不少于 600000 元收益的概率．

解　设该地区投保人年死亡人数为 X，则 $X \sim B(100000, 0.0037)$，$E(X)=np=370$，$D(X)=np(1-p)=19.20^2$

保险公司若要获得不少于 600000 元收益，则要求

$$100000 \times 30 - 6000X \geqslant 600000$$

解得 $X \leqslant 400$，因而

$$P\{X \leqslant 400\} \approx \Phi\left(\frac{400-370}{19.20}\right) = \Phi(1.56) = 0.9406$$

即保险公司一年从该地区获得不少于 600000 元收益的概率为 0.9406．

在实际问题中，许多随机变量通常可以表示为多个相互独立的随机变量之和．例如，在任一指定时刻，一个城市的耗电量是大量用户耗电量的总和；一个物理实验的测量误差是许多微小误差的总和．这样的随机变量往往服从或近似服从正态分布．可见中心极限定理揭示了正态分布的普遍性和重要性，是应用正态分布来解决各种实际问题的理论基础．另外，在数理统计中，经常假定总体服从正态分布，这也是由中心极限定理推导和论证的．

5.4　应　用　实　例

蒙特卡罗模拟

蒙特卡罗模拟是现代数学中普遍使用的一种计算方法，广泛应用于金融工程学、宏观经济学、生物医学、计算物理学等领域．蒙特卡洛模拟算法（Monte Carlo Simulation Methods）的核心思想是用事件发生的"频率"来代替事件发生的"概率"，是以概率统计理论为基础的一种方法．最早利用"频率"代替"概率"的实验可追溯到 18 世纪后叶的蒲丰投针试验，即

著名的蒲氏问题（见第 1 章几何概型）. 20 世纪 40 年代，电子计算机的出现使得大量随机抽样试验得以实现，使随机试验方法解决实际问题成为可能，其中最具代表性的方法便是蒙特卡罗模拟方法. 在第二次世界大战期间，为了解决原子弹研制工作中裂变物质的中子随机扩散的问题，美国数学家冯·诺依曼（Von Neumann）和马尔钦·乌拉姆（Marcin Ulam）提出了蒙特卡罗模拟方法，由于当时的工作是保密的，就给这种方法起了一个代号"蒙特卡罗". 蒙特卡罗是摩纳哥的一个城市，也是当时非常著名的一座赌城. 因为赌博的本质是计算概率，而蒙特卡罗模拟正是以概率为基础的一种计算方法，用赌城的名字作为随机模拟的名称，既反映了该方法的部分内涵，又容易记忆，因而很快得到人们的普遍接受.

　　蒙特卡罗模拟是在计算机上成千上万次地模拟项目，每次输入都随机选择输入值的一种方法. 由于每次的输入值很多时候本身就是一个估计区间，因此计算机模型会随机选取每次输入在该区间内的任意值，通过成千上万甚至上百万次的模拟实验，最终得出一个累计概率分布图. 蒙特卡罗模拟方法的基本思路如下。

　　1. 针对实际问题建立一个概率统计模型，使所求解恰好是该模型某个指标的概率分布或数字特征；

　　2. 对模型中的随机变量建立抽样方法，在计算机上进行模拟测试，抽取足够多的随机数，对相关事件进行统计；

　　3. 对模拟试验结果加以分析，给出所求解的估计值及其精度的估计值.

圆周率 π 的计算

　　现代数学家们创造了许多方法计算圆周率 π 的值，蒙特卡罗模拟就是其中的一种.

　　在一个边长为 2 的矩形里内接一个半径为 1 的圆，然后往矩形内随机地掷点，设矩形内任何点被击中的概率相等. 经过足够多的次数后，可根据圆内点的个数 k 及所有点的个数 n 估计圆周率 π 的值，如图 5.4.1 所示.

　　设二维随机变量 (X, Y) 在矩形 $G = \{(x, y) \mid -1 \leqslant x \leqslant 1, -1 \leqslant y \leqslant 1\}$ 内服从二维均匀分布，则点 (X, Y) 落在圆内的概率为

$$P\{X^2 + Y^2 \leqslant 1\} = \frac{\pi}{4}$$

计算机模拟产生 n 对二维随机数 (x_i, y_i)，$i = 1, 2, \cdots, n$，x_i 和 y_i 是 $(-1, 1)$ 内的均匀分布随机数，其中 k 对满足 $x_i^2 + y_i^2 \leqslant 1$，则随机数 (x_i, y_i) 落在圆内的频率为 $\dfrac{k}{n}$.

　　根据伯努利大数定律，随机事件发生的频率依概率收敛于随机事件发生的概率，即

$$\lim_{n \to \infty}\left\{\left|\frac{k}{n} - p\right| < \varepsilon\right\} = \lim_{n \to \infty}\left\{\left|\frac{k}{n} - \frac{\pi}{4}\right| < \varepsilon\right\} = 1$$

当 n 充分大时，可用 $\dfrac{k}{n}$ 作为 $\dfrac{\pi}{4}$ 的估计，从而得到圆周率 π 的估计值 $\hat{\pi} \approx \dfrac{4k}{n}$. 随着试验次数的增多，所得估计值的精度也随之提高.

图 5.4.1　圆周率的蒙特卡罗模拟

习　题　5

1. 若随机变量 $X_1, X_2, \cdots, X_{100}$ 相互独立且都服从区间 $(0,6)$ 上的均匀分布. 设 $Y = \sum\limits_{i=1}^{100} X_i$，利用切比雪夫不等式估计 $P\{260 < X < 340\}$.

2. 进行 600 次伯努利试验，事件 A 在每次试验中发生的概率为 $p = 2/5$. 设 X 表示在 600 次试验中事件 A 发生的总次数，利用切比雪夫不等式估计 $P\{216 < X < 264\}$.

3. 利用切比雪夫大数定律证明：设 $X_1, X_2, \cdots, X_n, \cdots$ 为相互独立的随机变量序列，有 $P\{X_n = 1\} = p_n$，$P\{X_n = 0\} = 1 - p_n$，$0 < p_n < 1$，$n = 1, 2, \cdots$，则 $X_1, X_2, \cdots, X_n, \cdots$ 服从大数定律.

4. 调整 200 台仪器的电压，假设调整电压过高的可能性为 0.5. 试求调整电压过高的仪器台数为 95～105 的概率.

5. 某种系统元件的寿命 T（单位：h）服从参数为 1/100 的指数分布，现随机抽取 16 件，设它们的寿命相互独立，求这 16 个元件的寿命总和大于 1920h 的概率.

6. 设某个办公软件由 100 个相互独立的部件组成，每个部件损坏的概率均为 0.1，必须有 85 个以上的部件工作才能使整个系统正常工作，求整个系统正常工作的概率.

7. 某个系统由相互独立的 n 个部件组成，每个部件的可靠性（即正常工作的概率）为 0.9，且至少有 80% 的部件正常工作，才能使整个系统正常工作. 问 n 至少为多大，才能使系统的可靠性为 95%？

8. 设随机变量 $X_1, X_2, \cdots, X_{48}$ 相互独立，同服从 $(0,5)$ 上的均匀分布，记 $X = \sum\limits_{i=1}^{48} X_i$，求概率 $P\{96 \leq X \leq 144\}$.

9. 某射箭运动员每次射击的命中率 $p = 0.8$，现射击 100 发子弹，各次射击互不影响，求命中次数为 72～88 的概率.

10. 对敌人阵地进行 100 次炮击，在每次炮击时炮弹命中次数的数学期望为 4，方差为 2.25，求在 100 次炮击中有 380～420 颗炮弹命中目标的概率.

第6章 数 理 统 计

前 5 章主要讲述了概率论的基础知识,从本章开始将进入数理统计知识的学习. 数理统计是一门应用性非常强的学科,几乎渗透到了人类生活的各个领域,如医学、生物、经济、教育、军事、通讯、气象等方面.

数理统计以概率论为理论基础,研究对象是具有随机性质的自然现象及社会现象. 数理统计的应用包括对研究对象收集数据、整理清洗、统计分析、决策推断等,其主要目的是了解研究对象的概率特征,从而为统计决策提供正确的科学依据. 本章将在概率论的基础上,介绍数理统计的一些基础知识,包括基本概念、三大基本抽样分布及抽样分布定理.

6.1 数理统计基本概念

6.1.1 总体和样本

在数理统计中,总体和样本是非常基本的两个概念. 一般把研究对象的全体称为**总体**,而构成总体的每一个成员称为**个体**. 例如,研究全国人口的状况,全国人口构成总体,每一个人是一个个体. 总体中所含个体的数量称为**总体容量**. 若总体容量是有限个,则称总体为**有限总体**,反之称为**无限总体**.

在研究总体时,往往不是为了研究总体本身,而是为了研究总体的某项指标,因此可以把总体的某项指标看作总体,把每个数值看作个体. 例如,研究某地区的家庭消费水平,可以把每个家庭的消费水平看作个体,把该地区所有家庭的消费水平看作总体.

要了解总体的性质或特征,最好的方法是对总体中所有的个体进行观测试验,但是在现实生活中,对每一个个体进行分析几乎是不可行的. 这样既会浪费人力,也会导致物力的极大损失,尤其是对无限总体有破坏性的试验,这种方法更不可行. 因此在调查总体时,一般进行随机抽样调查. 从总体中随机抽出来一部分个体,通过对这部分个体的调查来推断总体,这种随机抽出的个体构成**样本**,一个样本中含有的个体数量称为**样本容量**,一般用 n 表示.

为了进一步说明这些基本概念,参见下面的引例.

引例 6.1.1 某校对全体学生的身高进行一次调查,随机抽取 100 名学生进行身高测量,得到 100 个数据,据此对全校学生身高情况是否达到国家相应标准进行判断. 由此看出,该校所有学生的身高构成总体,每一个学生的身高为个体,随机抽取的 100 名学生的身高为样本,样本容量 $n=100$.

引例 6.1.2 研究一批电视机的平均寿命,由于测试电视机的寿命具有破坏性,所以只能从这批产品中随机抽取一部分(如 500 台)进行测试,并且根据这部分产品的寿命对整批产品的平均寿命进行判断. 这批电视机的使用寿命构成总体,每一台电视机的使用寿命为个体,随机抽取的 500 台电视机的使用寿命为样本,样本容量 $n=500$.

引例 6.1.3 纯净水厂生产的瓶装纯净水按规定净含量为 500mL. 由于生产流程中的误

差，事实上不可能使所有的瓶装纯净水净含量均为 500mL. 现从某厂生产的瓶装纯净水中随机抽取 10 瓶检测其净含量，得到如下结果：511，505，485，499，504，485，510，490，495，479. 该厂生产的所有瓶装纯净水的净含量为总体，每一瓶纯净水的净含量为个体，随机抽取的 10 瓶纯净水的净含量为样本，检测结果为样本观测值.

在数理统计中，在对总体进行调查时，事先并不知道个体的指标，因此可将总体的某项指标看作随机变量，若将其记为 X （也可用其他字母 Y、Z 等表示），则 X 因个体的不同可能取不同的值. 一般而言，习惯把总体与相对应的随机变量 X 不加区别地记为总体 X. 例如，在引例 6.1.1 中，该校全体学生的身高记为 X，所有学生身高的具体数值就是 X 的所有可能取值. 如果身高分别为 A 和 B 的学生人数比例不同，自然认为 $X=A$ 和 $X=B$ 的可能性不同. 若 1.7m 以上的人占 30%，则可认为 $\{X>1.7\}$ 的可能性是 30%. 因此，总体是一个随机变量，总体也具有概率分布，在本书中提到的总体分布就是指其相应的随机变量的分布.

从总体 X 中抽取一组样本 $(X_1, X_2, \cdots, X_n)$，每个样本 X_i 称为**样本点**，对 $(X_1, X_2, \cdots, X_n)$ 进行观测可得到一组数值 $(x_1, x_2, \cdots, x_n)$，这组数值称为**样本观测值**或**样本值**.

由于样本的抽取主要是为了对总体进行推断，为了能让抽样具有可靠性，在进行抽样时一般要求满足以下两个条件.

（1）**代表性**. 从总体 X 中抽取一组样本 $(X_1, X_2, \cdots, X_n)$，目的是根据样本包含的信息推断总体，因此，样本应该具有代表性，即样本 X_i（$i=1,2,\cdots,n$）与总体 X 具有相同的分布.

（2）**独立性**. 要求抽样应该独立地进行，保证其结果不受其他抽样结果的影响，即要求 $(X_1, X_2, \cdots, X_n)$ 应该是相互独立的随机变量.

满足上述两个条件的抽样称为**简单随机抽样**，这样抽取的样本 $(X_1, X_2, \cdots, X_n)$ 是一组相互独立同分布的随机变量. 今后如无特殊说明，本书中出现的抽样均指简单随机抽样.

根据抽样的特点，如果已知总体的分布为 $F(x)$，则由于样本是相互独立且与总体同分布的，所以样本的联合分布函数为

$$F(x_1, x_2, \cdots, x_n) = P(X_1 \leqslant x_1, X_2 \leqslant x_2, \cdots, X_n \leqslant x_n) = \prod_{i=1}^{n} F_{X_i}(x_i) \qquad (6.1.1)$$

样本的联合概率密度函数为

$$f(x_1, x_2, \cdots, x_n) = \prod_{i=1}^{n} f_{X_i}(x_i) \qquad (6.1.2)$$

例 6.1.1 若要对某公司生产的电视机寿命进行调查，假设电视机寿命服从参数为 λ（$\lambda > 0$）的指数分布，即总体的概率密度函数为

$$f(x) = \begin{cases} \lambda \mathrm{e}^{-\lambda x}, & x > 0 \\ 0, & x \leqslant 0 \end{cases}$$

$(X_1, X_2, \cdots, X_n)$ 是从该公司生产的电视机中随机抽取的一组样本，根据抽样的特点，容易得到样本 $(X_1, X_2, \cdots, X_n)$ 的联合概率密度函数为

$$f(x_1, x_2, \cdots, x_n) = \prod_{i=1}^{n} f(x_i) = \begin{cases} \lambda^n \mathrm{e}^{-\lambda \sum\limits_{i=1}^{n} x_i}, & x_i > 0 \\ 0, & \text{其他} \end{cases}$$

指数分布可以由 λ 完全确定, 联合概率密度函数 $f(x_1, x_2, \cdots, x_n)$ 包含了样本的所有信息, 所以联合概率密度函数可以作为统计推断的出发点.

统计推断首先由样本得到样本数据, 然后根据样本数据推断总体参数或总体分布, 其主要思想是用已知推断未知, 局部推断总体, 具体推断抽象.

6.1.2　统计量

在获得样本之后, 接下来就该对样本进行统计分析, 从而利用样本的特征来推断总体的特征. 样本是总体的代表和反映, 是对总体进行统计分析和判断的依据. 但是, 在处理实际问题时, 得到的数据往往是杂乱无章的, 很难根据数据直接得到总体的某些特征, 因此很少直接利用样本提供的原始数据进行判断, 而是针对不同的问题构造出样本的相应函数, 利用这些函数对总体进行推断, 这些函数称为**统计量**. 不同的统计量反映了总体的不同特征, 它只取决于样本, 不包含任何未知参数.

定义 6.1.1　设 $(X_1, X_2, \cdots, X_n)$ 是来自总体 X 的一组简单随机样本, $\varphi(X_1, X_2, \cdots, X_n)$ 是关于 $(X_1, X_2, \cdots, X_n)$ 的 n 元函数, 且不包含任何未知参数, 则称函数 $\varphi(X_1, X_2, \cdots, X_n)$ 为样本 $(X_1, X_2, \cdots, X_n)$ 的一个**统计量**.

当样本取得一组观测值 $(x_1, x_2, \cdots, x_n)$ 后, 将其代入统计量 $\varphi(X_1, X_2, \cdots, X_n)$ 所得到的值 $\varphi(x_1, x_2, \cdots, x_n)$, 称为统计量的一个**样本观测值**.

由于要借助样本观测值推断总体, 所以统计量中不能含有任何未知参数, 但允许含有已知参数. 例如, 设总体 $X \sim N(\mu, \sigma^2)$, 从中任取一个样本 $(X_1, X_2, \cdots, X_n)$. 那么, 当 μ、σ^2 已知时, $\theta = \varphi(X_i) = \dfrac{1}{n} \sum_{i=1}^{n} (X_i - \mu)^2$ 是一个统计量; 当 μ、σ^2 中有一个未知时, 该 $\theta = \varphi(X_i)$ 就不是统计量了.

在统计学中根据不同的目的, 构造了很多不同的统计量, 常用的统计量如下.

样本均值

$$\bar{X} = \frac{1}{n} \sum_{i=1}^{n} X_i \tag{6.1.3}$$

样本方差

$$S^2 = \frac{1}{n-1} \sum_{i=1}^{n} (X_i - \bar{X})^2 \tag{6.1.4}$$

样本标准差

$$S = \sqrt{\frac{1}{n-1} \sum_{i=1}^{n} (X_i - \bar{X})^2} \tag{6.1.5}$$

样本的 k 阶原点矩

$$A_k = \frac{1}{n} \sum_{i=1}^{n} X_i^k, \quad k = 1, 2, 3 \cdots \tag{6.1.6}$$

样本的 k 阶中心矩

$$B_k = \frac{1}{n}\sum_{i=1}^{n}(X_i - \overline{X})^k, \quad k = 1, 2, 3 \cdots \tag{6.1.7}$$

样本极差

$$R = \max_{1 \leqslant i \leqslant n}\{x_i\} - \min_{1 \leqslant i \leqslant n}\{x_i\} \tag{6.1.8}$$

对于上述统计量，将样本观测值代入，即可得到样本均值、样本方差和样本标准差等，它们一般以对应的小写字母表示，如 $\overline{x} = \frac{1}{n}\sum_{i=1}^{n}x_i$ 为 $\overline{X}$ 的样本观测值，样本不同，样本均值也可能不同．针对一次观测或试验，统计量都是具体数值，但是脱离具体的某次观测或试验，则样本是随机变量，统计量也是随机变量．例如，调查一个学校学生的数学成绩，随机抽取 100 个学生调查数学成绩，可以得到这 100 个学生的数学成绩的样本均值；但是如果抽取后放回再随机抽取 100 个学生，则可以得到第二次随机抽取的数学成绩的样本均值，而两个数值有很大可能是不相等的．因此统计量是随机变量，也有自己的概率分布，一般称为统计量的**抽样分布**．

例 6.1.2　从一批灯泡中任意抽取 10 只，测试寿命（单位：h），得到数据如下

1450，1360，1520，1530，1470，1440，1560，1380，1460，1430

试求样本均值和样本标准差．

解　根据样本均值与样本标准差的公式，可得

$$\overline{x} = \frac{1}{n}\sum_{i=1}^{n}x_i = \frac{1}{10}(1450 + 1360 + \cdots + 1460 + 1430) = 1460$$

$$S = \sqrt{\frac{1}{n-1}\sum_{i=1}^{n}(x_i - \overline{x})^2}$$

$$= \sqrt{\frac{1}{9}[(1450 - 1460)^2 + (1360 - 1460)^2 + \ldots + (1430 - 1460)^2]} = 63.6$$

因此样本均值为 1460，样本标准差为 63.6．

例 6.1.3　设总体 $X \sim P(\lambda)$，现从该总体中抽出 4 个样本 X_1，X_2，X_3，X_4，判断下面哪些式子是统计量．

（1）$\overline{X} = \frac{1}{4}(X_1 + X_2 + X_3 + X_4)$；　　　　　（2）$X_1^2 + X_4^2$；

（3）$\frac{1}{\lambda}(X_1 + X_2^2 + X_4)$；（$\lambda$ 未知）　　　　（4）$\frac{1}{\lambda^2}(X_2 + X_4)$．（$\lambda$ 已知）

解　根据统计量的定义，容易得到（1）、（2）、（4）式均是统计量，完全取决于样本；而（3）式因为里面含有未知参数 λ 所以不是统计量．

6.2　抽样分布

从上一节可以知道，统计量是随机变量，因此具有概率分布．为了对统计量有全面的了解，必须要掌握其概率分布，一般可以通过总体分布来推断统计量的概率分布即**抽样分布**．由于在

现实生活中很多随机变量都服从正态分布，人们对正态分布有着非常深入的了解和研究，因此对于正态总体，可以计算出一些比较精确的抽样分布，这些抽样分布将为后面的参数估计和假设检验提供重要的理论依据. 下面介绍几个常用的与正态总体有关的统计量及其概率分布.

6.2.1 χ^2 分布

定义 6.2.1 设随机变量 $X_1, X_2, \cdots, X_n$ 相互独立且都服从标准正态分布 $N(0,1)$，则称随机变量

$$\chi^2 = \sum_{i=1}^{n} X_i^2 \tag{6.2.1}$$

服从自由度为 n 的 χ^2 分布，记为 $\chi^2 \sim \chi^2(n)$.

χ^2 分布的概率密度函数为

$$f(x) = \begin{cases} \dfrac{1}{2\Gamma\left(\dfrac{n}{2}\right)}\left(\dfrac{x}{2}\right) \mathrm{e}^{-\frac{x}{2}}, & x > 0 \\ 0, & x \leqslant 0 \end{cases} \tag{6.2.2}$$

式中，伽马函数 $\Gamma(n) = \int_0^{+\infty} x^{n-1}\mathrm{e}^{-x}\mathrm{d}x$.

下面给出在几种不同自由度情形下 χ^2 分布的概率密度函数 $f(x)$ 的曲线，如图 6.2.1 所示.

对于给定的 α（$0 < \alpha < 1$）和自由度 n，称满足下式

$$P\{\chi^2 \geqslant \chi_\alpha^2(n)\} = \alpha \tag{6.2.3}$$

的数 $\chi_\alpha^2(n)$ 是自由度为 n 的 χ^2 分布的上侧 α 临界值，如图 6.2.2 所示.

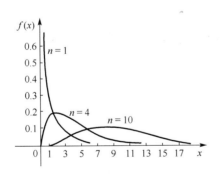

图 6.2.1 χ^2 分布的概率密度函数曲线

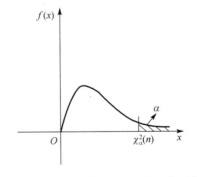

图 6.2.2 χ^2 分布的上侧 α 临界值

针对不同的 α 和 n，可由 χ^2 分布表（见附表 3）查出上侧 α 临界值 $\chi_\alpha^2(n)$. 例如，当随机变量 $Y \sim \chi^2(20)$ 时，取 $\alpha = 0.05$，$\chi_{0.05}^2(20) = 31.41$，表明 $P\{Y \geqslant 31.41\} = 0.05$.

χ^2 分布具有以下性质.

（1）可加性：设 $\chi_1^2 \sim \chi^2(n_1)$，$\chi_2^2 \sim \chi^2(n_2)$，且 χ_1^2 与 χ_2^2 相互独立，则

$$\chi_1^2 + \chi_2^2 \sim \chi^2(n_1 + n_2) \tag{6.2.4}$$

一般地，还可以将这条性质推广到 n 个相互独立的 χ^2 分布，仍然具有可加性，即 $\chi_i^2 \sim$

$\chi^2(n_i)$，且相互独立，其中 $i = 1,2,3,\cdots,n$，则

$$\sum_{i=1}^{n}\chi_i^2 \sim \chi^2\left(\sum_{i=1}^{n}n_i\right) \tag{6.2.5}$$

（2）若 $\chi^2 \sim \chi^2(n)$，则 $E(\chi^2) = n$，$D(\chi^2) = 2n$.

（3）当 n 充分大时，χ^2 近似服从 $N(n,2n)$.

根据性质（3），易知当 n 充分大时，计算 χ^2 分布的上侧 α 临界值可用下式

$$\chi_\alpha^2 \approx \frac{1}{2}(\sqrt{2n+1} + u_\alpha)^2$$

例如，求 $\chi_{0.01}^2(100)$，由 $\alpha = 0.01$，有 $u_{0.01} = 2.325$，代入可得

$$\chi_{0.01}^2(100) \approx \frac{1}{2}(\sqrt{200+1} + 2.325)^2 \approx 135.001$$

6.2.2　t 分布

定义 6.2.2　设随机变量 $X \sim N(0,1)$，$Y \sim \chi^2(n)$，且 X、Y 相互独立，则称随机变量

$$t = \frac{X}{\sqrt{Y/n}} \tag{6.2.6}$$

服从自由度为 n 的 t 分布，记为 $t \sim t(n)$.

t 分布的概率密度函数为

$$f(x) = \frac{\Gamma\left(\dfrac{n+1}{2}\right)}{\sqrt{n\pi}\,\Gamma\left(\dfrac{n}{2}\right)}\left(1 + \frac{x^2}{n}\right)^{-\frac{n+1}{2}}, \quad -\infty < x < +\infty \tag{6.2.7}$$

下面给出在不同自由度下 t 分布的概率密度函数 $f(x)$ 的曲线，其概率密度函数曲线关于 y 轴对称，如图 6.2.3 所示.

对于给定的 α（$0 < \alpha < 1$）和自由度 n，称满足下式

$$P\{t \geqslant t_\alpha(n)\} = \alpha \tag{6.2.8}$$

的数 $t_\alpha(n)$ 是自由度为 n 的 t 分布的上侧 α 临界值，如图 6.2.4 所示.

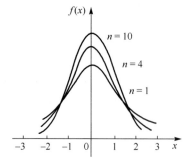

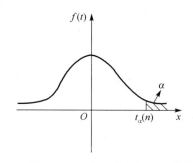

图 6.2.3　t 分布的概率密度函数曲线　　　　图 6.2.4　t 分布的上侧 α 临界值

根据对称性，$-t_\alpha(n) = t_{1-\alpha}(n)$，$P\{|t| \geq t_\alpha(n)\} = 2\alpha$.

针对不同的 α 和 n，可由 t 分布表（见附表 4）查出上侧 α 临界值 $t_\alpha(n)$. 例如，当 $\alpha = 0.01$，$n = 30$ 时，$t_{0.01}(30) = 2.4573$，表明随机变量 $T \sim t(30)$，有 $P\{T \geq 2.4573\} = 0.01$. 又如，当 $\alpha = 0.95$，$n = 6$ 时，$t_{0.95}(6) = 1.9432$，由对称性知 $t_{0.05}(6) = -1.9432$，表明随机变量 $T \sim t(6)$，有 $P\{T \geq 1.9432\} = P\{T \leq -1.9432\} = 0.05$.

6.2.3　F 分布

定义 6.2.3　设随机变量 $X \sim \chi^2(n_1)$，$Y \sim \chi^2(n_2)$，且 X、Y 相互独立，则称随机变量

$$F = \frac{X / n_1}{Y / n_2} \tag{6.2.9}$$

服从自由度为 (n_1, n_2) 的 F 分布，记为 $F \sim F(n_1, n_2)$. 其中 n_1 为第一自由度，n_2 为第二自由度.

根据 F 分布的定义，可以得到 $\dfrac{1}{F} \sim F(n_2, n_1)$. F 分布的概率密度函数为

$$f(x, n_1, n_2) = \begin{cases} \dfrac{\Gamma\left(\dfrac{n_1 + n_2}{2}\right)}{\Gamma\left(\dfrac{n_1}{2}\right)\Gamma\left(\dfrac{n_2}{2}\right)}\left(\dfrac{n_1}{n_2}\right)^{\frac{n_1}{2}} x^{\frac{n_1}{2}-1}\left(1 + \dfrac{n_1}{n_2}x\right)^{-\frac{n_1+n_2}{2}}, & x > 0 \\ 0, & x \leq 0 \end{cases} \tag{6.2.10}$$

下面给出在不同自由度下 F 分布的概率密度函数 $f(x)$ 的曲线，如图 6.2.5 所示.

对于给定的 α（$0 < \alpha < 1$）和自由度 n_1、n_2，称满足下式

$$P\{F \geq F_\alpha(n_1, n_2)\} = \alpha \tag{6.2.11}$$

的数 $F_\alpha(n_1, n_2)$ 是自由度为 (n_1, n_2) 的 F 分布的上侧 α 临界值，如图 6.2.6 所示.

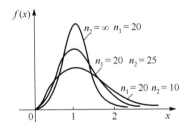

图 6.2.5　F 分布的概率密度函数曲线

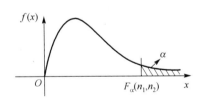

图 6.2.6　F 分布的上侧 α 临界值

由 $\dfrac{1}{F} \sim F(n_2, n_1)$，可得

$$F_\alpha(n_1, n_2) = \frac{1}{F_{1-\alpha}(n_2, n_1)} \tag{6.2.12}$$

针对不同的 α 和 n_1、n_2，可由 F 分布表（见附表 5）查出上侧 α 临界值 $F_\alpha(n_1, n_2)$. 例如，当 $n_1 = 10$，$n_2 = 5$，$\alpha = 0.9$ 时，$F_{0.9}(10,5) = \dfrac{1}{F_{0.1}(5,10)} = \dfrac{1}{2.52} \approx 0.397$.

6.3 抽样分布定理

6.3.1 单个正态总体的样本均值和样本方差的分布

对于正态总体的样本均值 $\bar{X} = \dfrac{1}{n}\sum\limits_{i=1}^{n} X_i$ 和样本方差 $S^2 = \dfrac{1}{n-1}\sum\limits_{i=1}^{n}(X_i - \bar{X})^2$，下面给出它们所

服从的概率分布及满足的性质，这些定理将为数理统计的参数估计和假设检验提供理论基础.

定理 6.3.1　设 $(X_1, X_2, \cdots, X_n)$ 是来自正态总体 $X \sim N(\mu, \sigma^2)$ 的样本，$\bar{X}$、S^2 分别是样本均值和样本方差，则有

（1）$\bar{X}$ 和 S^2 相互独立；

（2）$\bar{X} = \dfrac{1}{n}\sum\limits_{i=1}^{n} X_i \sim N\left(\mu, \dfrac{\sigma^2}{n}\right)$，进行标准化处理，得统计量 $U = \dfrac{\bar{X}-\mu}{\sigma/\sqrt{n}} \sim N(0,1)$；

（3）$\chi^2 = \dfrac{\sum\limits_{i=1}^{n}(X_i - \mu)^2}{\sigma^2} \sim \chi^2(n)$；

（4）$\chi^2 = \dfrac{(n-1)S^2}{\sigma^2} = \dfrac{\sum\limits_{i=1}^{n}(X_i - \bar{X})^2}{\sigma^2} \sim \chi^2(n-1)$；

（5）$\dfrac{\bar{X}-\mu}{\sigma/\sqrt{n}} \bigg/ \sqrt{\dfrac{(n-1)S^2}{\sigma^2(n-1)}} = \dfrac{\bar{X}-\mu}{S/\sqrt{n}} \sim t(n-1)$.

由样本均值和样本方差可组成一个服从自由度为 n-1 的 t 分布的统计量. 下面对定理 6.3.1（3）进行证明.

证　由于 $X_1, X_2, \cdots, X_n$ 相互独立且同分布于 $N(\mu, \sigma^2)$，根据正态分布的可加性，可得 $\bar{X} = \dfrac{1}{n}\sum\limits_{i=1}^{n} X_i$ 也服从正态分布.

$$E(\bar{X}) = E\left(\frac{1}{n}\sum_{i=1}^{n} X_i\right) = \frac{1}{n} E\left(\sum_{i=1}^{n} X_i\right) = \frac{1}{n} n\mu = \mu$$

$$D(\bar{X}) = D\left(\frac{1}{n}\sum_{i=1}^{n} X_i\right) = \frac{1}{n^2} D\left(\sum_{i=1}^{n} X_i\right) = \frac{1}{n^2} n\sigma^2 = \frac{\sigma^2}{n}$$

故可以得到 $\bar{X} \sim N\left(\mu, \dfrac{\sigma^2}{n}\right)$.

此性质可以推广到非正态总体的随机变量. 若总体 X 的均值和方差分别为 μ 和 σ^2，随机抽取样本 $X_1, X_2, \cdots, X_n$，仍然可得 $E(\bar{X}) = \mu$，$D(\bar{X}) = \dfrac{\sigma^2}{n}$.

其余性质由读者自行验证.

常见的抽样分布及抽样分布定理在数理统计中是非常重要的理论基础，在统计推断中有着十分重要的应用.

例 6.3.1 已知 $X \sim \chi^2(16)$，求满足 $P\{X > \lambda_1\} = 0.01$ 及 $P\{X \leqslant \lambda_2\} = 0.975$ 的 λ_1 和 λ_2.

解 由 $n = 16$，$\alpha = 0.01$，查 χ^2 分布表可得 $\lambda_1 = 32.000$.

$P\{X \leqslant \lambda_2\} = 0.975$ 无法直接查 χ^2 分布表得到，需转换形式为

$$P\{X > \lambda_2\} = 1 - P\{X \leqslant \lambda_2\} = 0.025$$

由 $n = 16$，$\alpha = 0.025$，查 χ^2 分布表可得 $\lambda_2 = 28.845$.

例 6.3.2 设 $(X_1, X_2, \cdots, X_n)$ 是来自正态总体 $X \sim N(0, \sigma^2)$ 的简单随机样本，求下列统计量的分布.

（1）$\bar{X} = \dfrac{1}{n} \sum\limits_{i=1}^{n} X_i$；（2）$Y = \dfrac{1}{\sigma^2} \sum\limits_{i=1}^{n} (X_i - \mu)^2$.

解 （1）根据定理 6.3.1，可得 $\bar{X} = \dfrac{1}{n} \sum\limits_{i=1}^{n} X_i \sim N\left(0, \dfrac{\sigma^2}{n}\right)$.

（2）由于 $\dfrac{X_i - \mu}{\sigma} \sim N(0,1)$，$X_1, X_2, \cdots, X_n$ 相互独立，$\dfrac{X_i - \mu}{\sigma}$（$i = 1,2,3,\cdots,n$）也相互独立且同服从标准正态分布，所以

$$Y = \frac{1}{\sigma^2} \sum_{i=1}^{n} (X_i - \mu)^2 = \sum_{i=1}^{n} \left(\frac{X_i - \mu}{\sigma}\right)^2 \sim \chi^2(n)$$

6.3.2 两个正态总体的样本均值和样本方差的分布

定理 6.3.2 设 $(X_1, X_2, \cdots, X_{n_1})$ 和 $(Y_1, Y_2, \cdots, Y_{n_2})$ 分别是来自正态总体 $X \sim N(\mu_1, \sigma_1^2)$ 和 $Y \sim N(\mu_2, \sigma_2^2)$ 的简单随机样本，X 和 Y 相互独立，$\bar{X}$、S_1^2 和 $\bar{Y}$、S_2^2 分别是两组样本的样本均值和样本方差，则有

（1）$F = \dfrac{S_1^2 / \sigma_1^2}{S_2^2 / \sigma_2^2} \sim F(n_1 - 1, n_2 - 1)$；

（2）当 $\sigma_1^2 = \sigma_2^2 = \sigma^2$ 时，$T = \dfrac{(\bar{X} - \bar{Y}) - (\mu_1 - \mu_2)}{S_\varpi \sqrt{\dfrac{1}{n_1} + \dfrac{1}{n_2}}} \sim t(n_1 + n_2 - 2)$.

式中，$S_\varpi = \sqrt{\dfrac{(n_1 - 1)S_1^2 + (n_2 - 1)S_2^2}{n_1 + n_2 - 2}}$.

证略.

6.4 应 用 实 例

某公司生产瓶装洗洁精，规定每瓶装 500mL，但是在实际灌装的过程中，总会出现一定的误差，误差要求控制在一定范围内，假定灌装量的方差 $\sigma^2 = 1$，如果每箱装 25 瓶这样的洗洁精，试问 25 瓶洗洁精的平均灌装量与标准值 500mL 相差不超过 0.3mL 的概率是多少？

分析 总体的均值为 500，方差为 1，假设 25 瓶洗洁精的灌装量分别为 $X_1, X_2, \cdots, X_{25}$，它们是来自总体的简单随机样本，根据题意需要计算的是 $P\{|\bar{X} - 500| \leq 0.3\}$.

由定理 6.3.1，可以得到 $\dfrac{\bar{X} - \mu}{\sigma / \sqrt{n}} \sim N(0,1)$，因此可用正态分布求解此概率.

解 设 25 瓶洗洁精的灌装量分别为 $X_1, X_2, \cdots, X_{25}$，$E(X_i) = 500$，$D(X_i) = 1$，$\bar{X} = \dfrac{1}{25} \sum_{i=1}^{25} X_i$，得 $\dfrac{\bar{X} - 500}{1 / \sqrt{25}} \sim N(0,1)$，则

$$P\{|\bar{X} - 500| \leq 0.3\} = P\{-0.3 \leq \bar{X} - 500 \leq 0.3\}$$

$$= P\left\{-\frac{0.3}{1/\sqrt{25}} \leq \frac{\bar{X} - 500}{1/\sqrt{25}} \leq \frac{0.3}{1/\sqrt{25}}\right\}$$

$$\approx \Phi(1.5) - \Phi(-1.5)$$

$$= 2\Phi(1.5) - 1 = 0.8664$$

上述结论表明，当每箱装 25 瓶洗洁精时，平均每瓶的灌装量与标准值相差不超过 0.3mL 的概率近似为 86.64%. 类似可得，当每箱装 50 瓶洗洁精时，平均每瓶的灌装量与标准值相差不超过 0.3mL 的概率 $P\{|\bar{X} - 500| \leq 0.3\} \approx 0.966$. 由此可见，当每箱增加到 50 瓶时，能更大程度地保证平均误差很小，这样更能保证厂家和商家的利益.

就上述问题，还可以讨论如下问题：假设装 n 瓶洗洁精，若想要这 n 瓶洗洁精的灌装量的平均值与标准值相差不超过 0.3mL 的概率不低于 95%，试问 n 至少取多少？

分析 上述问题实际上是要求 $\bar{X}$ 与标准值 500mL 之间相差不超过 0.3mL 的概率近似为 95%，即要求在 $P\{|\bar{X} - 500| \leq 0.3\} \geq 0.95$ 的条件下，求出 n.

解 由 $\dfrac{\bar{X} - 500}{1 / \sqrt{n}} \sim N(0,1)$，得

$$P\{|\bar{X} - 500| \leq 0.3\} = P\left\{\frac{|\bar{X} - 500|}{1/\sqrt{n}} \leq \frac{0.3}{1/\sqrt{n}}\right\}$$

$$= \Phi(0.3\sqrt{n}) - \Phi(-0.3\sqrt{n})$$

$$= 2\Phi(0.3\sqrt{n}) - 1 \geq 0.95$$

对上式进一步求解，$\Phi(0.3\sqrt{n}) \geq 0.975$，查标准正态分布表得 $\Phi(1.975) = 0.975$，$0.3\sqrt{n} \geq 1.975$，因此 $n \geq 43.3$，即至少要装 44 瓶才能达到要求.

6.5 Excel 在概率统计中的应用

本节主要介绍在 Excel 中与描述性统计相关的常见命令，其中样本均值、样本方差和样本标准差可以直接通过函数命令实现，单击公式编辑区的 "fx" 图标，选择统计类函数. 相关系数、协方差、描述统计则通过数据分析实现.

6.5.1　样本均值

样本均值命令：AVERAGE

函数语法：AVERAGE (Number1, [Number2], ⋯)

参数含义：Number1　必需，要计算平均值的第一个数字、单元格引用或单元格区域；

Number2　可选，要计算平均值的其他数字、单元格引用或单元格区域，最多可包含 255 个 Number.

6.5.2　样本方差和样本标准差

样本方差命令：VAR.S

函数语法：VAR.S (Number1, [Number2], ⋯)

参数含义：Number1　必需，对应于总体样本的第一个数值参数；

Number2　可选，对应于总体样本的第 2～254 个数值参数.

样本标准差命令：STDEV.S

函数语法：STDEV.S (Number1, [Number2], ⋯)

参数含义：Number1　必需，对应于总体样本的第一个数值参数；

Number2　可选，对应于总体样本的第 2～254 个数值参数.

例 6.5.1　从一批灯泡中任意抽取 10 只，测试其寿命（单位：h），得到数据如下

1450，1360，1520，1530，1470，1440，1560，1380，1460，1430

求：(1) 样本均值；(2) 样本方差；(3) 样本标准差.

解　(1) 第一步，打开 Excel 工作表，选中一个空白单元格，依次按行或按列将待求的数据输入，如图 6.5.1 所示.

	A	B	C	D	E
1		样本均值	样本方差	样本标准差	
2	1450				
3	1360				
4	1520				
5	1530				
6	1470				
7	1440				
8	1560				
9	1380				
10	1460				
11	1430				
12					

图 6.5.1　输入数据

第二步，另选中一空白单元格，单击公式编辑区的“ *fx* ”图标，选择统计类函数，选择 AVERAGE 函数，单击“确定”按钮，如图 6.5.2 所示.

第三步，在“函数参数”对话框中输入参数，具体为 Number1=A2:A11，在公式编辑框中将出现相应的函数命令“=AVERAGE (A2:A11)”，如图 6.5.3 所示. 如果对函数命令熟悉，也可以直接在公式编辑框中输入函数命令和参数.

第四步，单击“确定”按钮，得到计算结果 1460，即样本均值为 1460.

图 6.5.2 "插入函数"对话框

图 6.5.3 样本均值的计算

（2）输入样本方差函数命令"=VAR.S(A2:A11)"，输出计算结果 4044.44，即样本方差为 4044.44，如图 6.5.4 所示.

图 6.5.4 样本方差的计算

（3）输入样本标准差函数命令"=STDEV.S(A7:A16)"，输出计算结果 63.60，即样本方差为 63.60，如图 6.5.5 所示.

图 6.5.5　样本标准差的计算

6.5.3　相关系数

相关系数及描述统计需要利用 Excel 的"数据分析"功能，需要预先加载"分析工具库".

1. 在 Excel 主界面单击"文件"选项卡，再选择"选项"，出现"Excel 选项"对话框，如图 6.5.6 所示，依次选择"加载项"-"分析工具库"-"转到"选项.

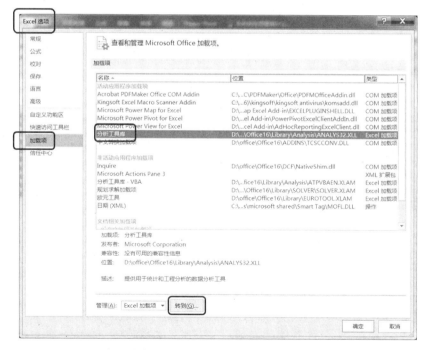

图 6.5.6　"Excel 选项"对话框

2. 在"加载宏"对话框中，选择"分析工具库"选项，单击"确定"按钮，如图 6.5.7 所示.

图 6.5.7　"加载宏"对话框

3. 回到 Excel 主界面，选择"数据"选项卡，就会出现"数据分析"选项，如图 6.5.8 所示.

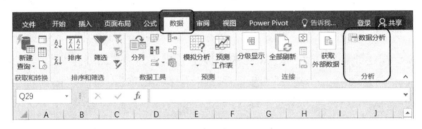

图 6.5.8　"数据"界面

例 6.5.2　在研究我国消费水平的问题时，把国内生产总值记为 x，把消费总额记为 y. 现将 1999—2018 年共 20 年的有关数据（x_i, y_i）（$i = 1, 2, \cdots, 20$）列举出来，如表 6.5.1 所示.

表 6.5.1　我国国内生产总值与消费总额数据

年份	国内生产总值/亿元	消费总额/亿元	年份	国内生产总值/亿元	消费总额/亿元
2018	900309.5	348209.6	2008	319244.6	115338.3
2017	820754.3	317963.5	2007	270092.3	99793.3
2016	740060.8	293443.1	2006	219438.5	84119.1
2015	685992.9	265980.1	2005	187318.9	75232.4
2014	641280.6	242539.7	2004	161840.2	66587.0
2013	592963.2	219762.5	2003	137422.0	59343.8
2012	538580.0	198536.8	2002	121717.4	55076.4
2011	487940.2	176532.0	2001	110863.1	50708.8
2010	412119.3	146057.6	2000	100280.1	46987.8
2009	348517.7	126660.9	1999	90564.4	41914.9

根据以上数据，计算国内生产总值与消费总额的相关系数.

解　第一步，打开 Excel 工作表，选中一个空白单元格，依次按列将待求的数据输入，如图 6.5.9 所示.

第二步，单击"数据"选项卡，选择"数据分析"选项，在"分析工具"窗口中选择"相关系数"选项，如图 6.5.10 所示.

图 6.5.9 输入数据

图 6.5.10 "数据分析"对话框

第三步，在"相关系数"对话框中输入各项参数.

1. "输入区域"表示需要分析的数据区域，可以直接输入行数和列数，也可以通过右侧的箭头符号在工作表中选择数据区域，本例的输入区域为"$B$1:$C$21".

2. "分组方式"可以根据数据的排列方式选择"逐行"或"逐列"，本例的排列方式为"逐列".

3. 如果勾选"标志位于第一行"，表示数据区域的第一行为变量名称，如果没有勾选，表示数据区域的第一行为数据.

4. "输出选项"有三个选项，"输出区域"表示将计算结果放在本工作表的某个空白单元格，"新工作表组"表示将计算结果放在新的工作表，"新工作簿"表示将计算结果放在新的工作簿，如图 6.5.11 所示.

第四步，单击"确定"按钮后，得到计算结果，如图 6.5.12 所示，即国内生产总值与消费总额的相关系数为 0.9976.

图 6.5.11 "相关系数"对话框

	国内生产总值	消费总额
国内生产总值	1	—
消费总额	0.997617932	1

图 6.5.12 相关系数计算结果

6.5.4 描述统计

"描述统计"提供有关单变量数据的集中趋势和离散趋势的信息,包括数据的"均值"、"标准误差"、"中位数"、"众数"、"标准差"、"方差"、"峰度"、"偏度"、"区域"、"最大值"、"最小值"、"求和"、"观测数"、"第 K 大值"、"第 K 小值"、"置信度"等.

例 6.5.3 接例 6.5.2,给出国内生产总值的描述统计.

解 第一步,将数据输入 Excel 单元格中,单击"数据"选项卡,选择"数据分析"选项,在"分析工具"窗口中选择"描述统计"选项.

第二步,在"描述统计"对话框中输入各项参数,如图 6.5.13 所示.

1. "输入区域"表示需要分析的数据区域,可以直接输入行数和列数,也可以通过右侧的箭头符号在工作表中选择数据区域,本例的输入区域为"$B$1:$B$21".

2. "分组方式"可以根据数据的排列方式选择"逐行"或"逐列",本例的排列方式为"逐列";

3. 如果勾选"标志位于第一行",表示数据区域的第一行为变量名称,如果没有勾选,表示数据区域的第一行为数据.

4. "输出选项"有三个选项,"输出区域"表示将计算结果放在本工作表的某个空白单元格,"新工作表组"表示将计算结果放在新的工作表,"新工作簿"表示将计算结果放在新的工作簿.

5. "汇总统计"表示输出"均值"、"标准误差"、"中位数"、"众数"、"标准差"、"方差"、"峰度"、"偏度"、"区域"、"最大值"、"最小值"、"求和"、"观测数"等描述统计计算结果.

6. "平均数置信度"表示在对平均数做区间估计时的置信度,系统默认取 95%,也可以根据实际情况调整.

7. "第 K 大值"和"第 K 小值"表示数据中的第 K 大值和第 K 小值,K 可以任意设定,本例设定为 2,表示第 2 大的数和第 2 小的数.

第三步,单击"确定"按钮后,得到描述统计计算结果,如图 6.5.14 所示.

国内生产总值	
均值	394365
标准误差	59001.61754
中位数	333881.15
众数	#N/A
标准差	263863.2552
方差	69623817457
峰度	-1.092363505
偏度	0.500173098
区域	809745.1
最小值	90564.4
最大值	900309.5
求和	7887300
观测数	20
第2大值	820754.3
第2小值	100280.1
置信度(95.0%)	123491.8048

图 6.5.13　"描述统计"对话框　　　　图 6.5.14　描述统计计算结果

习 题 6

1. $X_1, X_2, \cdots, X_n$ 为来自总体 $X \sim B(1, p)$ 的简单随机样本，求 $(X_1, \cdots, X_n)$ 的联合分布律.

2. $X_1, X_2, \cdots, X_n$ 为来自总体 $X \sim N(\mu, \sigma^2)$ 的简单随机样本，求 $(X_1, \cdots, X_n)$ 的联合概率密度函数.

3. $X_1, X_2, \cdots, X_n$ 为来自总体 $X \sim P(\lambda)$ 的简单随机样本，求 $(X_1, \cdots, X_n)$ 的联合分布律.

4. $X_1, X_2, \cdots, X_n$ 为来自总体 $X \sim N(\mu, \sigma^2)$ 的简单随机样本，其中 μ 已知，σ^2 未知，判断下列哪些是统计量？

（1）$\dfrac{1}{\mu} \sum\limits_{i=1}^{n} X_i$；（2）$\dfrac{1}{n} \sum\limits_{i=1}^{n} (X_i - \mu)^2$；（3）$\dfrac{1}{\sigma^2} \sum\limits_{i=1}^{n} X_i$.

5. 从一批机器零件毛坯中随机地抽取 10 件，测得其质量（单位：kg）如下

210，243，185，240，215，228，196，235，200，199，

求这组样本的均值、方差、二阶原点矩与二阶中心矩.

6. 在一次数学竞赛中，某高校学生的平均成绩为 70 分，标准差为 4 分，其中有两个班分别有学生 36 人和 40 人，求这两个班学生的平均成绩差为 2～5 分的概率.

7. $X_1, X_2, \cdots, X_9$ 为来自总体 $X \sim N(3, 49)$ 的简单随机样本，求概率

$$P\left\{ \sum_{i=1}^{9} (X_i - 3)^2 > 102.34 \right\}.$$

8. 设随机变量 X、Y 独立同分布于 $N(0,1)$，则 $\dfrac{X}{\sqrt{Y^2}}$ 服从什么分布？

9. $X_1, X_2, \cdots, X_6$ 为来自总体 $X \sim N(0,1)$ 的简单随机样本，设

$$Y = (X_1 + X_2 + X_3)^2 + (X_4 + X_5 + X_6)^2$$

试确定常数 C，使得 CY 服从 χ^2 分布.

10. 设 $T \sim t(n)$，试证明 $E(T) = 0$.

11. 设 $T \sim t(n)$，试证明 $T^2 \sim F(1, n)$.

12. 调查某城市的居民收入水平，不仅要关注居民的平均收入水平，还要关注居民收入水平的差异程度. 假设居民收入水平与平均收入水平的差异服从正态分布 $N(\mu, \sigma^2)$，其中 $\sigma^2 = 100$，现在随机抽取 25 个人，用 S^2 表示样本方差. 试求 S^2 大于 50 的概率.

13. 某市有 100000 个年满 18 岁的居民，他们中有 10%的居民年收入超过 1 万，20%的居民受过高等教育. 现从中抽取 1600 人的简单随机样本，求

（1）样本中不少于 11%的居民年收入超过 1 万的概率；

（2）样本中有 19%～21%的居民受过高等教育的概率.

14. 设某城市的居民年收入服从均值 $\mu = 1.5$ 万元，标准差 $\sigma = 0.5$ 万元的正态分布，现随机抽取 100 人，求他们的年收入在下列情况下的概率.

（1）大于 1.6 万元；（2）小于 1.3 万元；（3）落在[1.2, 1.6]上.

15. 从两个正态总体 $N(30, 15)$ 和 $N(40, 10)$ 中分别抽取样本容量为 15 和 20 的两个独立样本，求它们的样本均值差的绝对值不大于 12 的概率.

第7章 参 数 估 计

前面已经介绍了随机变量是具有概率分布的，并且在已知概率分布后，就可以得到随机变量落入某个区间或取到某个值的概率，即对随机变量有了全面的掌握. 但是在数理统计中总体分布几乎都是未知的，不过在很多实际问题中，总体分布是否已知无关紧要，我们只关心总体的某些参数（如均值、方差等）. 对总体分布中的一些未知参数进行估计的过程称为**参数估计**. 参数估计主要分为两类，参数的**点估计**和参数的**区间估计**. 参数的点估计是针对参数具体数值的估计，而参数的区间估计是对参数以某种精确度落入某个区间的估计. 下面将分别对这两种估计方法进行介绍.

7.1 参数的点估计

一般地，设 θ 为总体 X 的待估参数，$(X_1, X_2, \cdots, X_n)$ 为总体 X 的一个样本，构造一个统计量 $\hat{\theta} = \hat{\theta}(X_1, X_2, \cdots, X_n)$ 作为 θ 的估计，称 $\hat{\theta}$ 为 θ 的一个估计量. 这类问题称为参数的**点估计**问题. 根据估计原理的不同，点估计又分为矩估计和极大似然估计.

例如，对某厂生产的电子元件的合格率 p 进行估计，由于全厂生产的电子元件比较多，因此全部抽查几乎不可能，为了对合格率进行估计，这里可以随机抽取 200 个电子元件，看合格品有多少个. 假设有 190 个合格品，则可用 $\hat{p} = 0.95$ 作为合格率 p 的估计量.

又如，如果要估计某学校全体学生的平均数学成绩，则可以从全体学生里面随机抽取 n 个学生，得到他们的数学成绩 $X_1, X_2, \cdots, X_n$，用样本均值 $\bar{X} = \dfrac{1}{n}\sum_{i=1}^{n} X_i$ 作为全体学生平均数学成绩的估计量.

上述例子的共同之处是利用样本信息来估计总体分布中的一些未知参数，从而得到总体的一些重要信息和特征.

7.1.1 矩估计

矩估计的主要理论基础是大数定律，即样本矩依概率收敛于其对应的总体矩. 因此根据样本观测值，可以计算样本矩，从而将样本矩作为相应的总体矩的估计量. 用矩估计得到的估计量称为**矩估计量**. 一般在进行估计时，最常见的是估计均值与方差，所以接下来主要介绍均值与方差的点估计，其余的高阶样本矩的估计方法类似.

1. 均值的点估计

总体的均值表示总体取值的平均状况，因此，一般用样本的均值

$$\bar{X} = \frac{1}{n}\sum_{i=1}^{n} X_i$$

作为总体的均值 $E(X)$ 的估计量，用样本的一阶原点矩来估计总体的一阶原点矩，记为

$$\hat{\mu} = E(X) = \overline{X} = \frac{1}{n}\sum_{i=1}^{n} X_i \tag{7.1.1}$$

2. 方差的点估计

总体的方差表示总体取值对总体的均值的偏离程度，因此一般用样本的二阶中心矩

$$B_2 = \frac{1}{n}\sum_{i=1}^{n}(X_i - \overline{X})^2$$

作为总体的方差 $D(X)$ 的估计量，用样本的二阶中心矩来估计总体的二阶中心矩，记为

$$\hat{\sigma}^2 = D(X) = B_2 = \frac{1}{n}\sum_{i=1}^{n}(X_i - \overline{X})^2 \tag{7.1.2}$$

例 7.1.1　设某种电子元件的寿命 $X \sim N(\mu, \sigma^2)$，其中 μ、σ^2 未知．现随机抽取 10 个产品，测得寿命（单位：h）分别为 1256、1307、1180、1450、1225、1198、1365、1420、1295、1304，试估计这批电子元件寿命的均值与方差．

解　这批电子元件的寿命为 X，总体的均值和方差分别为

$$E(X) = \mu, \quad D(X) = \sigma^2$$

样本的均值和二阶中心矩分别为

$$\overline{X} = \frac{1}{10}(1256 + 1307 + 1180 + \cdots + 1304) = 1300$$

$$B_2 = \frac{1}{10}[(1256 - 1300)^2 + (1307 - 1300)^2 + \cdots + (1304 - 1300)^2] = 7360.2$$

令 $E(X) = \overline{X}$，$D(X) = B_2$，得 $\hat{\mu} = 1300$，$\hat{\sigma}^2 = 8178$

所以，这批电子元件寿命的均值 $E(X)$ 的估计量为 1300，方差 $D(X)$ 的估计量为 8178．

例 7.1.2　设总体 $X \sim B(n, p)$，其中 n 已知，$X_1, X_2, \cdots, X_n$ 为简单随机样本，试估计参数 p．

解　二项分布的数学期望 $E(X) = np$，样本的均值 $\overline{X} = \frac{1}{n}\sum_{i=1}^{n} X_i$，令 $E(X) = \overline{X}$，则参数 p 的矩估计量为

$$\hat{p} = \frac{1}{n}\overline{X} = \frac{1}{n^2}\sum_{i=1}^{n} X_i$$

例 7.1.3　设总体 $X \sim \text{Exp}(\lambda)$，$X_1, X_2, \cdots, X_n$ 为简单随机样本，试估计参数 λ．

解　指数分布的数学期望 $E(X) = \frac{1}{\lambda}$，样本的均值 $\overline{X} = \frac{1}{n}\sum_{i=1}^{n} X_i$，令 $E(X) = \overline{X}$，则参数 λ 的矩估计量为

$$\hat{\lambda} = \frac{1}{\overline{X}} = \frac{1}{\dfrac{1}{n}\sum_{i=1}^{n} X_i}$$

一般地，若总体 X 的分布中存在 m 个未知参数 $\theta_1, \theta_2, \cdots, \theta_m$ 且 X 的 1 阶矩直到 n 阶矩都存

在，用样本矩 $A_k = \sum_{i=1}^{n} X_i^k$ 来估计相应的 k 阶总体矩，即可得到 $\theta_1, \theta_2, \cdots, \theta_m$ 的估计量.

例 7.1.4　设总体 $X \sim U[a, b]$，$X_1, X_2, \cdots, X_n$ 为简单随机样本，试估计参数 a、b.

解　均匀分布的数学期望 $E(X) = \dfrac{a+b}{2}$，方差 $D(X) = \dfrac{(b-a)^2}{12}$

样本的均值 $\bar{X} = \dfrac{1}{n}\sum_{i=1}^{n} X_i$，样本的二阶中心矩 $B_2 = \dfrac{1}{n}\sum_{i=1}^{n}(X_i - \bar{X})^2$

用样本的均值估计总体的数学期望，用样本的二阶中心距估计总体的方差，令 $E(X) = \bar{X}$，$D(X) = B_2$，则

$$\begin{cases} \dfrac{a+b}{2} = \bar{X} \\ \dfrac{(b-a)^2}{12} = B_2 \end{cases}$$

从而得到 $\hat{a} = \bar{X} - \sqrt{3B_2}$，$\hat{b} = \bar{X} + \sqrt{3B_2}$.

矩估计由英国统计学家卡尔·皮尔逊（K·Pearson）在 1894 年提出，这种方法较为简单，在确定未知参数与总体矩的关系之后，不再依赖总体的分布形式，因而适用性强，但估计效果有时不够理想，且估计量不唯一. 此外，当总体矩不存在时，该方法失效. 为了弥补矩估计的不足，接下来介绍另外一种应用广泛且效果更好的方法——极大似然估计.

7.1.2　极大似然估计

前面所讲的矩估计以总体矩存在为前提，假设总体矩不存在，则矩估计失效，为了解决这个问题，英国统计学家费希尔提出了极大似然估计. 为了更好地说明极大似然估计的思想，这里先看一个例子.

例如，对班上学生的及格率进行估计. 假设从班上随机抽取 10 个人，发现其中有 8 个人及格. 假设及格率为 p，抽取出来的及格人数为 X，则 $X \sim B(10, p)$. 出现的实验结果是 $X = 8$，而 $P\{X = 8\} = C_{10}^{8} p^8 (1-p)^2$. 因为随机抽取 10 个人就有 8 个人及格，所以我们认为在随机抽样的过程中，8 个人及格这件事情发生的概率最大，以至于在一次随机抽样中这个结果就出现了. 所以要对及格率 p 进行估计就是要找到一个估计量 $\hat{p}$，使得 $P\{X = 8\}$ 最大. 根据求极值的方法，只需要找到 $P\{X = 8\}$ 关于 p 的导数并令其为 0 即可. 但是直接求导比较困难，由于对数函数具有单调性，故对数函数取到的极值也是该函数取到的极值，所以这里先取对数

$$\ln P = \ln C_{10}^{8} + 8\ln p + 2\ln(1-p)$$

再对其进行求导

$$\frac{\mathrm{d}\ln P}{\mathrm{d}p} = \frac{8}{p} - \frac{2}{1-p} = 0$$

可以得到及格率的估计量 $\hat{p} = 0.8$.

从上面这个例子可以看到，极大似然估计的思想是根据出现的结果估计参数，要求参数的估计量使得这个结果出现的概率最大.

如果总体的分布形式已知，里面包含一个或多个未知参数，将总体分布记为 $f(x, \theta_1, \theta_2, \cdots, \theta_m)$，$X_1, X_2, \cdots, X_n$ 为总体的简单随机样本，$x_1, x_2, \cdots, x_n$ 为样本观测值. 根据极大似然估计的思想，寻求合适的参数估计量，使得随机事件 $\{X_i = x_i\}$（$i = 1, 23, \cdots, n$）发生的概率最大.

设总体 X 为连续型随机变量，简单随机样本 $X_1, X_2, \cdots, X_n$ 的联合概率密度函数为

$$L(x_1, x_2, \cdots, x_n, \theta_1, \theta_2, \cdots, \theta_m) = \prod_{i=1}^{n} f(x_i, \theta_1, \theta_2, \cdots, \theta_m) \qquad (7.1.3)$$

当实验结果出现时，即 $x_1, x_2, \cdots, x_n$ 已知，函数 $L(x_1, x_2, \cdots, x_n, \theta_1, \theta_2, \cdots, \theta_m)$ 为 $\theta_1, \theta_2, \cdots, \theta_m$ 的函数，称为**似然函数**.

设总体 X 为离散型随机变量，简单随机样本 $X_1, X_2, \cdots, X_n$ 的联合分布律为

$$L(x_1, x_2, \cdots, x_n, \theta_1, \theta_2, \cdots, \theta_m) = \prod_{i=1}^{n} P(x_i, \theta_1, \theta_2, \cdots, \theta_m) \qquad (7.1.4)$$

当实验结果出现时，即 $x_1, x_2, \cdots, x_n$ 已知，函数 $L(x_1, x_2, \cdots, x_n, \theta_1, \theta_2, \cdots, \theta_m)$ 为 $\theta_1, \theta_2, \cdots, \theta_m$ 的函数，称为**似然函数**.

为了估计总体的未知参数，最直观的想法就是哪一组参数能使 $x_1, x_2, \cdots, x_n$ 出现的可能性最大，哪一组参数就最有可能是真正的参数，因此把求参数的估计值问题转换成了求似然函数的最大值问题. 在一般情况下，对似然函数直接求极值比较困难，而根据对数函数的单调性，可以先将似然函数取对数，这时 L 和 $\ln L$ 将在相同点处取得最值. 因此，当求最值时一般先对似然函数取对数，再求极值点. 连续型总体的极大似然估计的步骤如下。

（1）求似然函数：根据总体分布找到似然函数

$$L(x_1, x_2, \cdots, x_n, \theta_1, \theta_2, \cdots, \theta_m) = \prod_{i=1}^{n} f(x_i, \theta_1, \theta_2, \cdots, \theta_m) ;$$

（2）取对数：对似然函数等式两边取对数

$$\ln L(x_1, x_2, \cdots, x_n, \theta_1, \theta_2, \cdots, \theta_m) = \sum_{i=1}^{n} \ln f(x_i, \theta_1, \theta_2, \cdots, \theta_m) ;$$

（3）求极值点：取对数后对等式两边同时求导得到似然方程组

$$\frac{\partial \ln(L)}{\partial \theta_i} = 0 \quad (i = 1, 2, \cdots, m) ;$$

（4）解方程组：求解似然方程组即可得到参数的估计量 $\hat{\theta}_1, \hat{\theta}_2, \cdots, \hat{\theta}_m$.

若导数不存在，则无法得到驻点，这时必须根据极大似然估计的思想直接去寻求似然函数的最大值.

注：离散型总体的极大似然估计类似.

例 7.1.5　设总体 $X \sim \text{Exp}(\lambda)$，$X_1, X_2, \cdots, X_n$ 为简单随机样本，试用极大似然估计来估计参数 λ.

解　设 $x_1, x_2, \cdots, x_n$ 为样本观测值，$x_i > 0$（$i = 1, 2, \cdots, n$）

似然函数为

$$L(x_1, x_2, \cdots, x_n, \lambda) = \prod_{i=1}^{n} f(x_i, \lambda) = \lambda^n e^{-\lambda \sum_{i=1}^{n} x_i}$$

对似然函数等式两边取对数，得

$$\ln L = n \ln \lambda - \lambda \sum_{i=1}^{n} x_i$$

再对等式两边同时求导得似然方程组

$$\frac{d \ln L}{d\lambda} = \frac{n}{\lambda} - \sum_{i=1}^{n} x_i = 0$$

参数 λ 的极大似然估计量为

$$\hat{\lambda} = \frac{n}{\sum_{i=1}^{n} X_i}$$

例 7.1.6 现代生活离不开民意测验，如总统选举的民意调查，外交策略的民意调查，民众幸福感指数的民意调查，等等. 试用极大似然估计法估计某候选人的支持率 p .

解 设 X 表示被调查的民众，$X_1, X_2, \cdots, X_n$ 为简单随机样本，$x_1, x_2, \cdots, x_n$ 为样本观测值，则 $X_i \sim B(1, p)$ ，$P\{X_i = x_i\} = p^{x_i}(1-p)^{1-x_i}$ ，$x_i = 0, 1$

似然函数为

$$L(x_1, x_2, \cdots, x_n, p) = p^{\sum_{i=1}^{n} x_i} (1-p)^{n - \sum_{i=1}^{n} x_i}$$

对似然函数等式两边取对数，得

$$\ln L = \sum_{i=1}^{n} x_i \ln p + \left(n - \sum_{i=1}^{n} x_i \right) \ln(1-p)$$

再对等式两边求导得似然方程组

$$\frac{d \ln L}{dp} = \frac{\sum_{i=1}^{n} x_i}{p} - \frac{n - \sum_{i=1}^{n} x_i}{1-p} = 0$$

参数 p 的极大似然估计量为

$$\hat{p} = \frac{1}{n} \sum_{i=1}^{n} X_i = \bar{X}$$

例 7.1.7 设总体 $X \sim U[a,b]$ ，$X_1, X_2, \cdots, X_n$ 为简单随机样本，试用极大似然估计来估计参数 a、b .

解 $X \sim U(a,b)$ ，则 $f(x) = \begin{cases} \dfrac{1}{b-a}, & a \leqslant x \leqslant b \\ 0, & 其他 \end{cases}$

似然函数为

$$L(a,b) = \frac{1}{(b-a)^n}$$

由于 $L(a,b)$ 无驻点，不能用似然方程组求极大值，所以根据极大似然估计的思想，需要似然函数取得极大值. 要使 $L(a,b)$ 越大，则 $b-a$ 应越小，故要求 b 尽可能小，a 尽可能大，又由于 $a \le x_i \le b$，所以参数 a、b 的极大似然估计量为

$$\hat{a} = \min\{x_1, x_2, \cdots, x_n\}, \quad \hat{b} = \max\{x_1, x_2, \cdots, x_n\}$$

比较例 7.1.4 和例 7.1.7 发现对于同样的未知参数，由于估计的方法不同，得到的估计量也不相同. 那么对于不同的估计量该如何进行选择呢？为了研究这个问题，接下来介绍如何进行估计量的优良性评价.

7.2　估计量的优良性准则

由上一节的例题发现，对于同样的未知参数，由于估计的方法不同，得到的估计量也不同，哪一个估计量是比较好的估计量？为了回答这个问题，本节将研究估计量的评价标准. 下面介绍几种常见的估计量的优良性准则.

7.2.1　无偏性

若 $\hat{\theta}$ 是 θ 的估计量，则 $\hat{\theta} - \theta$ 反映的是估计的误差，而这个误差自然越小越好，因此希望 $E(\hat{\theta} - \theta) = 0$，这就有了无偏性的概念.

定义 7.2.1　设 $\hat{\theta} = \hat{\theta}(X_1, X_2, \cdots, X_n)$ 是未知参数 θ 的一个估计量，若满足

$$E(\hat{\theta}) = \theta \tag{7.2.1}$$

则称 $\hat{\theta} = \hat{\theta}(X_1, X_2, \cdots, X_n)$ 是 θ 的**无偏估计量**. 否则称 $\hat{\theta}$ 是 θ 的**有偏估计量**，称 $E(\hat{\theta}) - \theta$ 是估计量 $\hat{\theta}$ 的**偏差**. 若 $E(\hat{\theta}) \ne \theta$，但 $\lim\limits_{n\to\infty} E(\hat{\theta}) = \theta$，则称 $\hat{\theta}$ 是 θ 的**渐近无偏估计量**.

定理 7.2.1　设总体 X 的数学期望为 μ，方差为 σ^2，$X_1, X_2, \cdots, X_n$ 为简单随机样本，样本均值 $\bar{X} = \frac{1}{n}\sum\limits_{i=1}^{n} X_i$，样本方差 $S^2 = \frac{1}{n-1}\sum\limits_{i=1}^{n}(X_i - \bar{X})^2$，则 $\bar{X}$ 和 S^2 分别是 μ 和 σ^2 的无偏估计量.

证　$X_1, X_2, \cdots, X_n$ 独立同分布，则 $E(X_i) = \mu$，有

$$E(\bar{X}) = E\left(\frac{1}{n}\sum_{i=1}^{n} X_i\right) = \frac{1}{n}\sum_{i=1}^{n} E(X_i) = \frac{1}{n}n\mu = \mu$$

又由于

$$E(S^2) = E\left[\frac{1}{n-1}\sum_{i=1}^{n}(X_i - \bar{X})^2\right]$$

$$= \frac{1}{n-1}E\left(\sum_{i=1}^{n} X_i^2 - 2\bar{X}\sum_{i=1}^{n} X_i + \sum_{i=1}^{n}\bar{X}^2\right)$$

$$= \frac{1}{n-1}E\left(\sum_{i=1}^{n} X_i^2 - n\bar{X}^2\right)$$

$$= \frac{1}{n-1} \left\{ \sum_{i=1}^{n} \left[D(X_i) + E^2(X_i) \right] - n \left[D(\bar{X}) + E^2(\bar{X}) \right] \right\}$$

$$= \frac{1}{n-1} \left[n\sigma^2 + n\mu^2 - n \left(\frac{\sigma^2}{n} + \mu^2 \right) \right]$$

$$= \frac{1}{n-1} (n\sigma^2 - \sigma^2) = \sigma^2$$

定理证毕.

在上一节的矩估计里曾将样本的二阶中心矩作为总体方差的估计量，即 $\hat{\sigma}^2 = D(\hat{X}) = \frac{1}{n} \sum_{i=1}^{n} (X_i - \bar{X})^2$. 但根据定理 7.2.1，该估计量并不是总体方差的无偏估计量. 因此在用样本方差估计总体方差时，一般会把分母 n 修正为 $n-1$. 值得注意的是，样本标准差不是总体标准差的无偏估计量.

例 7.2.1　设总体均值为 μ，X_1，X_2，X_3 为简单随机样本，试判断下列估计量

$$\hat{\mu}_1 = \frac{1}{2} X_1 + X_2 + \frac{1}{4} X_3, \quad \hat{\mu}_2 = \frac{1}{3} X_1 + \frac{1}{3} X_2 + \frac{1}{3} X_3, \quad \hat{\mu}_3 = \frac{1}{4} X_1 + \frac{1}{4} X_2 + \frac{1}{2} X_3$$

是否为 μ 的无偏估计量？

解　由于样本都是独立同分布的，可以得到 $E(X_i) = \mu$，因此

$$E(\hat{\mu}_1) = E\left(\frac{1}{2} X_1 + X_2 + \frac{1}{4} X_3 \right) = \frac{1}{2} E(X_1) + E(X_2) + \frac{1}{4} E(X_3) = \frac{7}{4} \mu$$

$$E(\hat{\mu}_2) = E\left(\frac{1}{3} X_1 + \frac{1}{3} X_2 + \frac{1}{3} X_3 \right) = \frac{1}{3} E(X_1) + \frac{1}{3} E(X_2) + \frac{1}{3} E(X_3) = \mu$$

$$E(\hat{\mu}_3) = E\left(\frac{1}{4} X_1 + \frac{1}{4} X_2 + \frac{1}{2} X_3 \right) = \frac{1}{4} E(X_1) + \frac{1}{4} E(X_2) + \frac{1}{2} E(X_3) = \mu$$

根据无偏性的定义，$\hat{\mu}_1$ 不是 μ 的无偏估计量，$\hat{\mu}_2$、$\hat{\mu}_3$ 均是 μ 的无偏估计量.

由例 7.2.1 可以看到，当参数的线性估计量的系数和为 1 时，线性估计量为无偏估计量，因此有以下结论.

定理 7.2.2　假设总体均值为 μ，估计量 $\hat{\mu} = \sum_{i=1}^{n} c_i X_i$，若 $\sum_{i=1}^{n} c_i = 1$，则 $\hat{\mu}$ 必为 μ 的无偏估计量，称 $\hat{\mu}$ 为 μ 的**线性无偏估计量**.

由定理 7.2.2 可知无偏估计量并不是唯一的，因此在多个无偏估计量的情况下，又如何来选择估计量呢，所以还需要进一步讨论估计量的优良性准则.

7.2.2　有效性

若用 $\hat{\theta}$ 来估计 θ，其误差 $\hat{\theta} - \theta$ 可为正也可为负，如果直接对误差求均值，会使得正负误差相抵消. 为了避免出现这种情况，我们对误差取平方后再求均值，称其为**均方误差**，记为 $\text{MSE}(\hat{\theta}) = E(\hat{\theta} - \theta)^2$. 均方误差越小，说明估计量与参数的误差越小，因此估计量越有效. 均方误差总能写为

$$\begin{aligned}
\mathrm{MSE}(\hat{\theta}) = E(\hat{\theta} - \theta)^2 &= E[(\hat{\theta} - E(\hat{\theta})) + (E(\hat{\theta}) - \theta)]^2 \\
&= E[\hat{\theta} - E(\hat{\theta})]^2 + 2E[(\hat{\theta} - E(\hat{\theta}))(E(\hat{\theta}) - \theta)] + [E(\hat{\theta}) - \theta]^2 \\
&= D(\hat{\theta}) + [E(\hat{\theta}) - \theta]^2
\end{aligned}$$

若 $\hat{\theta}$ 是 θ 的无偏估计量，则上式结果的第二项为 0，可以得到 $\mathrm{MSE}(\hat{\theta}) = D(\hat{\theta})$. 因此对于 θ 的无偏估计量，其方差越小，无偏估计量越有效.

定义 7.2.2　已知 $\hat{\theta}_1$、$\hat{\theta}_2$ 为未知参数 θ 的无偏估计量，若对任意的样本都有 $D(\hat{\theta}_1) < D(\hat{\theta}_2)$，则称 $\hat{\theta}_1$ 比 $\hat{\theta}_2$ 有效.

例 7.2.2　在例 7.2.1 中，$\hat{\mu}_2$、$\hat{\mu}_3$ 均是 μ 的无偏估计量，若总体的方差为 σ^2，试判断哪个无偏估计量更有效？

解　比较无偏估计量 $\hat{\mu}_2$ 和 $\hat{\mu}_3$ 的方差

$$D(\hat{\mu}_2) = D\left(\frac{1}{3}X_1 + \frac{1}{3}X_2 + \frac{1}{3}X_3\right) = \frac{1}{9}D(X_1) + \frac{1}{9}D(X_2) + \frac{1}{9}D(X_3) = \frac{1}{3}\sigma^2$$

$$D(\hat{\mu}_3) = D\left(\frac{1}{4}X_1 + \frac{1}{4}X_2 + \frac{1}{2}X_3\right) = \frac{1}{16}D(X_1) + \frac{1}{16}D(X_2) + \frac{1}{4}D(X_3) = \frac{3}{8}\sigma^2$$

显然，$D(\hat{\mu}_2) < D(\hat{\mu}_3)$，故无偏估计量 $\hat{\mu}_2$ 比 $\hat{\mu}_3$ 有效.

根据上述例子，还可以给出另外一个有用的结论.

定理 7.2.3　若 $X_1, X_2, \cdots, X_n$ 是来自总体 X 的一个简单随机样本，$E(X) = \mu$，则在一切形如 $\hat{\mu} = \sum\limits_{i=1}^{n} c_i X_i$（$\sum\limits_{i=1}^{n} c_i = 1$）的关于 μ 的无偏估计量中，样本均值 $\bar{X} = \dfrac{1}{n}\sum\limits_{i=1}^{n} X_i$ 最有效.

7.2.3　相合性

估计量作为样本的函数，一般样本容量越多，估计量越精确，所以我们希望一个好的估计量会随着样本容量 n 的增加越来越逼近未知参数的真实值. 因此有了如下定义.

定义 7.2.3　若 $\hat{\theta}(X_1, X_2, \cdots, X_n)$ 为未知参数 θ 的估计量，当 $n \to \infty$ 时，$\hat{\theta}$ 满足

$$\hat{\theta}(X_1, X_2, \cdots, X_n) \xrightarrow{P} \theta \tag{7.2.2}$$

即估计量 $\hat{\theta}$ 依概率收敛于 θ，称 $\hat{\theta}$ 是 θ 的**相合估计量**（或**一致估计量**）.

下面将给出判断相合估计量的充分条件.

定理 7.2.4　设 $\hat{\theta}(X_1, X_2, \cdots, X_n)$ 是 θ 的一个无偏估计量，若 $\lim\limits_{n \to \infty} D(\hat{\theta}) = 0$，则 $\hat{\theta}$ 是 θ 的相合估计量.

证　由于 $\hat{\theta}$ 是 θ 的无偏估计量，则有 $E(\hat{\theta}) = \theta$，根据切比雪夫不等式，对于任意的 $\varepsilon > 0$，有

$$P\{|\hat{\theta} - \theta| < \varepsilon\} = P\{|\hat{\theta} - E(\theta)| < \varepsilon\} \geqslant 1 - \frac{D(\hat{\theta})}{\varepsilon^2}$$

当 $n \to \infty$ 时，$\lim\limits_{n \to \infty} P\{|\hat{\theta} - \theta| < \varepsilon\} = 1$，故 $\hat{\theta}$ 是 θ 的相合估计量.

相合性是对估计量的最基本要求. 可以证明 $\bar{X}$ 是 $E(X)$ 的相合估计量；若总体 k 阶矩存在，则样本 k 阶矩是总体 k 阶矩的相合估计量. 因此前面用矩估计来估计参数具有可行性.

7.3 参数的区间估计

前面讨论了参数的点估计，虽然参数的点估计能得到参数的估计量，但参数的估计量与参数真值之间的误差大小并不可知，这是点估计的一个缺点. 在日常生活中，除进行点估计以外，还会用一个区间去估计某个参数. 例如，甲估计某人的成绩为 70～80 分，乙估计某人的成绩为 50～90 分，显然甲估计的区间比乙估计的区间小，因而甲估计的精确度较高. 但是区间小包含真实成绩的概率较小，这个概率称为区间估计的可靠度. 因此对于参数的估计可以采用区间估计，给出参数的一个范围，并在要求的可靠度下保证这个范围包含未知参数，这恰好弥补了点估计的不足.

不难看出区间估计的区间长度决定了参数估计的精确度，如果区间长度越长，那么可靠性越高，但是参数估计的精确度越低. 因此可靠性与精确度是相互矛盾的，为了解决这个矛盾，在处理实际问题时，应先保证可靠度，再尽可能地提高精确度. 下面我们讨论参数的区间估计.

7.3.1 基本概念

定义 7.3.1 设 θ 为总体 X 的一个未知参数，$X_1, X_2, \cdots, X_n$ 为简单随机样本，$\hat{\theta}_1 = \hat{\theta}_1(X_1, X_2, \cdots, X_n)$ 和 $\hat{\theta}_2 = \hat{\theta}_2(X_1, X_2, \cdots, X_n)$ 是由样本确定的两个统计量，且 $\hat{\theta}_1 < \hat{\theta}_2$，$\alpha$（$0 < \alpha < 1$）为任意实数. 如果对于总体中的未知参数 θ，有

$$P\{\hat{\theta}_1 < \theta < \hat{\theta}_2\} = 1 - \alpha \tag{7.3.1}$$

则称随机区间 $(\hat{\theta}_1, \hat{\theta}_2)$ 为参数 θ 的置信度为 $1 - \alpha$ 的**置信区间**，称 $1 - \alpha$ 为**置信度**（或置信水平）.

在一般情况下，α 越小，θ 落入 $(\hat{\theta}_1, \hat{\theta}_2)$ 的可能性越大，但是这个区间的长度也会变大，这样会影响估计量的精确度，因此 α 也不能取得太小，通常取 α 为 0.01、0.05、0.1 等. 一般要求 $P\{\theta < \hat{\theta}_1\} = P\{\theta > \hat{\theta}_2\} = \dfrac{\alpha}{2}$，上述置信区间称为**双侧置信区间**. 有时在现实生活中，我们只关注参数的上限或下限，因此有时也讨论**单侧置信区间**，即

$$P\{\theta < \hat{\theta}_2\} = 1 - \alpha \text{ 或 } P\{\theta > \hat{\theta}_1\} = 1 - \alpha$$

需要注意的是，随机区间 $(\hat{\theta}_1, \hat{\theta}_2)$ 包含参数真值 θ 的概率为 $1 - a$，不是说参数真值 θ 落入区间 $(\hat{\theta}_1, \hat{\theta}_2)$ 内的概率为 $1 - a$，而是说当取出多组样本值对同一个未知参数 θ 反复使用置信区间 $(\hat{\theta}_1, \hat{\theta}_2)$ 时，虽然不能保证每一次都有 $\theta \in (\hat{\theta}_1, \hat{\theta}_2)$，但应该约有 $100 \times (1 - \alpha)\%$ 次使得参数真值 θ 落入区间 $(\hat{\theta}_1, \hat{\theta}_2)$，而不包含参数真值 θ 的约有 $100\alpha\%$ 次. 于是 α 表示由抽样误差引起错误判断情形的出现概率，通常称为**显著性水平**或**误判风险**.

7.3.2 枢轴变量法

对于给定的置信度 $1 - \alpha$，为了估计未知参数 θ 的置信区间，应使区间的精确度尽可能高，常用的方法是枢轴变量法，其一般步骤如下.

（1）假设 $X_1, X_2, \cdots, X_n$ 为来自总体的简单随机样本，取一个关于参数 θ 的估计量 $\hat{\theta}(X_1, X_2, \cdots, X_n)$，这个估计量希望是无偏的；

（2）构造样本函数 $W = W(X_1, X_2, \cdots, X_n, \theta)$，使 W 的分布不依赖于未知参数 θ，W 称为**枢轴变量**；

（3）查表求得 W 的 $\dfrac{\alpha}{2}$ 及 $1 - \dfrac{\alpha}{2}$ 临界值 a、b，使得 $P\{a < W < b\} = 1 - \alpha$；

（4）从不等式 $a < W < b$ 中反解出 θ，得出等价形式

$$\hat{\theta}_1(X_1, X_2, \cdots, X_n) < \theta < \hat{\theta}_2(X_1, X_2, \cdots, X_n).$$

这时可以得到 $P\{\hat{\theta}_1 < W < \hat{\theta}_2\} = 1 - \alpha$，　$(\hat{\theta}_1, \hat{\theta}_2)$ 即 θ 的置信度为 $1 - \alpha$ 的置信区间.

下面我们就正态总体参数的几种区间估计进行讨论.

7.3.3　单个正态总体参数的置信区间

设 $X_1, X_2, \cdots, X_n$ 是来自总体 X 的简单随机样本，总体 $X \sim N(\mu, \sigma^2)$.

1. $\sigma^2 = \sigma_0^2$ 已知，求均值 μ 的置信区间

由抽样分布定理可知，样本均值 $\bar{X}$ 是 μ 的无偏估计量，取枢轴变量 $U = \dfrac{\bar{X} - \mu}{\sigma_0 / \sqrt{n}} \sim N(0,1)$，

对于给定的置信度 $1 - \alpha$，有 $P\left\{|U| < u_{\frac{\alpha}{2}}\right\} = 1 - \alpha$，即

$$P\left\{-u_{\frac{\alpha}{2}} < \frac{\bar{X} - \mu}{\sigma_0 / \sqrt{n}} < u_{\frac{\alpha}{2}}\right\} = 1 - \alpha$$

$$P\left\{\bar{X} - u_{\frac{\alpha}{2}} \frac{\sigma_0}{\sqrt{n}} < \mu < \bar{X} + u_{\frac{\alpha}{2}} \frac{\sigma_0}{\sqrt{n}}\right\} = 1 - \alpha$$

于是得到 μ 的置信度为 $1 - \alpha$ 的置信区间

$$\left(\bar{X} - u_{\frac{\alpha}{2}} \frac{\sigma_0}{\sqrt{n}}, \quad \bar{X} + u_{\frac{\alpha}{2}} \frac{\sigma_0}{\sqrt{n}}\right) \tag{7.3.2}$$

2. σ^2 未知，求均值 μ 的置信区间

由抽样分布定理可知，当 σ^2 未知时，取枢轴变量 $T = \dfrac{\bar{X} - \mu}{S / \sqrt{n}} \sim t(n-1)$，对于给定的置信度

$1 - \alpha$，有 $P\left\{|T| < t_{\frac{\alpha}{2}}(n-1)\right\} = 1 - \alpha$，即

$$P\left\{-t_{\frac{\alpha}{2}}(n-1) < \frac{\bar{X} - \mu}{S / \sqrt{n}} < t_{\frac{\alpha}{2}}(n-1)\right\} = 1 - \alpha$$

$$P\left\{\bar{X} - t_{\frac{\alpha}{2}}(n-1) \frac{S}{\sqrt{n}} < \mu < \bar{X} + t_{\frac{\alpha}{2}}(n-1) \frac{S}{\sqrt{n}}\right\} = 1 - \alpha$$

于是得到 μ 的置信度为 $1 - \alpha$ 的置信区间

$$\left(\bar{X} - t_{\frac{\alpha}{2}}(n-1) \frac{S}{\sqrt{n}}, \quad \bar{X} + t_{\frac{\alpha}{2}}(n-1) \frac{S}{\sqrt{n}}\right) \tag{7.3.3}$$

例 7.3.1 某城市为了解该市农民工的生活状况，对农民工每月的工资进行统计调查. 假设农民工的月工资服从正态分布，总体标准差为 80 元. 从中随机抽取 9 个农民工的月工资进行调查，得到样本均值为 1630 元. 给定置信度为 0.95，试对该市农民工的月平均工资进行区间估计.

解 本题要求在 σ^2 已知的情况下估计均值 μ 的置信区间，根据题意可得，$n=100$，$\sigma=80$，$\bar{x}=1630$，在给定 $1-\alpha=0.95$ 的情况下得到 $\alpha=0.05$，查标准正态分布表得 $u_{0.025}=1.96$，于是可以得到

$$\bar{X} - u_{\frac{\alpha}{2}} \frac{\sigma}{\sqrt{n}} = 1630 - 1.96 \times \frac{80}{\sqrt{9}} \approx 1577.73$$

$$\bar{X} + u_{\frac{\alpha}{2}} \frac{\sigma}{\sqrt{n}} = 1630 + 1.96 \times \frac{80}{\sqrt{9}} \approx 1682.27$$

即月平均工资的置信区间为 $(1577.73, 1682.27)$.

现在例 7.3.1 上稍微进行修改，设总体标准差未知，抽查 9 个民工得到其样本标准差为 80 元. 根据题意可得，$n=100$，$s=80$，$\bar{x}=1630$，在给定 $1-\alpha=0.95$ 的情况下得到 $\alpha=0.05$，查 t 分布表得 $t_{0.025}(8)=2.3060$，于是可以得到

$$\bar{X} - t_{\frac{\alpha}{2}}(n-1) \frac{S}{\sqrt{n}} = 1630 - 2.3060 \times \frac{80}{\sqrt{9}} \approx 1568.5067$$

$$\bar{X} + t_{\frac{\alpha}{2}}(n-1) \frac{S}{\sqrt{n}} = 1630 + 2.3060 \times \frac{80}{\sqrt{9}} \approx 1691.4933$$

即月平均工资的置信区间为 $(1568.51, 1691.49)$.

当然这个例子在实际生活中没有太大的意义，因为在进行抽样时 9 个人的样本容量太小，这里只是为了介绍两种估计方法的差异.

3. μ 未知，求方差 σ^2 的置信区间

由抽样分布定理可知，当 μ 未知时，取枢轴变量 $\chi^2 = \dfrac{(n-1)S^2}{\sigma^2} \sim \chi^2(n-1)$，对于给定的置信度 $1-\alpha$，有

$$P\left\{ \chi^2_{1-\frac{\alpha}{2}}(n-1) < \chi^2 < \chi^2_{\frac{\alpha}{2}}(n-1) \right\} = 1-\alpha$$

即

$$P\left\{ \chi^2_{1-\frac{\alpha}{2}}(n-1) < \frac{(n-1)S^2}{\sigma^2} < \chi^2_{\frac{\alpha}{2}}(n-1) \right\} = 1-\alpha$$

$$P\left\{ \frac{(n-1)S^2}{\chi^2_{\frac{\alpha}{2}}(n-1)} < \sigma^2 < \frac{(n-1)S^2}{\chi^2_{1-\frac{\alpha}{2}}(n-1)} \right\} = 1-\alpha$$

于是得到 σ^2 的置信度为 $1-\alpha$ 的置信区间

$$\left(\frac{(n-1)S^2}{\chi^2_{\frac{\alpha}{2}}(n-1)}, \quad \frac{(n-1)S^2}{\chi^2_{1-\frac{\alpha}{2}}(n-1)} \right) \tag{7.3.4}$$

以上讨论得出的置信区间没有考虑总体均值 μ 的情况，因此是在 μ 未知的情况下得到的置信区间；当 $\mu = \mu_0$ 已知时，可以求得 σ^2 的置信度为 $1-\alpha$ 的置信区间

$$\left(\frac{1}{\chi^2_{\frac{\alpha}{2}}(n-1)} \sum_{i=1}^{n}(X_i-\mu_0)^2, \quad \frac{1}{\chi^2_{1-\frac{\alpha}{2}}(n-1)} \sum_{i=1}^{n}(X_i-\mu_0)^2 \right) \tag{7.3.5}$$

例 7.3.2 某车间生产零件，从中随机抽取 7 个零件，测得长度（单位：mm）为

$$14.6,\quad 15.2,\quad 15.1,\quad 14.9,\quad 14.8,\quad 15.0,\quad 15.2$$

假设零件的长度服从正态分布，求总体方差 σ^2 的置信度为 0.95 的置信区间.

解 本题要求在 μ 未知的情况下估计总体方差 σ^2 的置信区间，根据题意可得，$\alpha = 0.05$，$n=7$，样本方差 $S^2 = 0.22^2$，查 χ^2 的分布表得

$$\chi^2_{1-\frac{\alpha}{2}}(n-1) = \chi^2_{0.975}(6) = 1.237, \quad \chi^2_{\frac{\alpha}{2}}(n-1) = \chi^2_{0.025}(6) = 14.449$$

于是

$$\frac{(n-1)S^2}{\chi^2_{\frac{\alpha}{2}}(6)} = \frac{6 \times 0.22^2}{14.449} \approx 0.02$$

$$\frac{(n-1)S^2}{\chi^2_{1-\frac{\alpha}{2}}(6)} = \frac{6 \times 0.22^2}{1.237} \approx 0.23$$

即总体方差 σ^2 的置信度为 0.95 的置信区间为 $(0.02, 0.23)$.

注意，由总体方差的区间估计可以得到总体标准差 σ 的置信度为 $1-\alpha$ 的置信区间

$$\left(\sqrt{\frac{(n-1)S^2}{\chi^2_{\frac{\alpha}{2}}(n-1)}}, \quad \sqrt{\frac{(n-1)S^2}{\chi^2_{1-\frac{\alpha}{2}}(n-1)}} \right) \tag{7.3.6}$$

例 7.3.3 某公司生产一批螺栓，假设其长度（单位：cm）服从正态分布，随机抽取 5 个样品，测得样本均值为 13.0，样本方差为 0.1，求总体标准差 σ 的置信度为 0.95 的置信区间.

解 本题要求在 μ 未知的情况下估计总体标准差 σ 的置信区间，根据题意可得，$n=5$，$\alpha=0.05$，$S^2 = 0.1$，查 χ^2 分布表得

$$\chi^2_{1-\frac{\alpha}{2}}(n-1) = \chi^2_{0.975}(4) = 0.484, \quad \chi^2_{\frac{\alpha}{2}}(n-1) = \chi^2_{0.025}(4) = 11.143$$

于是

$$\sqrt{\frac{(n-1)S^2}{\chi^2_{\frac{\alpha}{2}}(n-1)}} = \sqrt{\frac{4 \times 0.1}{11.143}} \approx 0.189$$

$$\sqrt{\frac{(n-1)S^2}{\chi^2_{1-\frac{\alpha}{2}}(n-1)}} = \sqrt{\frac{4\times 0.1}{0.484}} \approx 0.929$$

即总体标准差 σ 的置信度为 0.95 的置信区间为 $(0.189, 0.929)$．

前面讨论的区间问题考虑的都是置信区间有两个有限端点的问题，这样的置信区间一般称为双侧置信区间，即有上限和下限．但是在实际生活中往往只关注某些参数的上限或下限．例如，买一批灯泡，希望它寿命越长越好，因此关注的是它至少可以用多长时间，也就是平均寿命的下限．这样就引出了单侧置信区间的概念．

7.3.4　单侧置信区间

定义 7.3.2　设 θ 为总体 X 的一个未知参数，$X_1, X_2, \cdots, X_n$ 为简单随机样本，$\hat{\theta}_1 = \hat{\theta}_1(X_1, X_2, \cdots, X_n)$、$\hat{\theta}_2 = \hat{\theta}_2(X_1, X_2, \cdots, X_n)$ 是由样本确定的两个统计量，α（$0 < \alpha < 1$）为任意实数．如果对于总体中的未知参数 θ，有

$$P\{\theta > \hat{\theta}_1\} = 1 - \alpha \tag{7.3.7}$$

或

$$P\{\theta < \hat{\theta}_2\} = 1 - \alpha \tag{7.3.8}$$

则称 $\hat{\theta}_1$ 为 θ 的**单侧置信下限**，$\hat{\theta}_2$ 为 θ 的**单侧置信上限**．

根据定义可知，单侧置信区间的估计与双侧置信区间的估计是完全类似的，只需要将置信区间的一端替换为 ∞，而将另一端的 $\frac{\alpha}{2}$ 替换为 α 即可．因此前面所有求置信区间的方法均适用于此处．

关于单侧置信区间，设 $X_1, X_2, \cdots, X_n$ 是来自总体 X 的简单随机样本，总体 $X \sim N(\mu, \sigma^2)$．

1. $\sigma^2 = \sigma_0^2$ 已知，求均值 μ 的单侧置信区间

对于给定的正数 α，有

$$P\left\{\frac{\bar{X} - \mu}{\sigma / \sqrt{n}} < u_\alpha\right\} = P\left\{\mu > \bar{X} - u_\alpha \frac{\sigma}{\sqrt{n}}\right\} = 1 - \alpha$$

得到 μ 的单侧置信下限为

$$\bar{X} - u_\alpha \frac{\sigma}{\sqrt{n}}$$

其单侧置信区间为

$$\left(\bar{X} - u_\alpha \frac{\sigma}{\sqrt{n}}, \ +\infty\right) \tag{7.3.9}$$

同理可得

$$P\left\{\frac{\bar{X} - \mu}{\sigma / \sqrt{n}} > -u_\alpha\right\} = P\left\{\mu < \bar{X} + u_\alpha \frac{\sigma}{\sqrt{n}}\right\} = 1 - \alpha$$

得到 μ 的单侧置信上限为

$$\bar{X} + u_\alpha \frac{\sigma}{\sqrt{n}}$$

其单侧置信区间为

$$\left(-\infty, \quad \bar{X} + u_\alpha \frac{\sigma}{\sqrt{n}} \right) \tag{7.3.10}$$

2. σ^2 未知，求均值 μ 的单侧置信区间

对于给定的正数 α ，有

$$P\left\{ \frac{\bar{X} - \mu}{S / \sqrt{n}} < t_\alpha(n-1) \right\} = P\left\{ \mu > \bar{X} - t_\alpha(n-1) \frac{S}{\sqrt{n}} \right\} = 1 - \alpha$$

得到 μ 的单侧置信下限为

$$\bar{X} - t_\alpha(n-1) \frac{S}{\sqrt{n}}$$

其单侧置信区间为

$$\left(\bar{X} - t_\alpha(n-1) \frac{S}{\sqrt{n}}, \quad +\infty \right) \tag{7.3.11}$$

同理可得其单侧置信上限为

$$\bar{X} + t_\alpha(n-1) \frac{S}{\sqrt{n}}$$

其单侧置信区间为

$$\left(-\infty, \quad \bar{X} + t_\alpha(n-1) \frac{S}{\sqrt{n}} \right) \tag{7.3.12}$$

3. μ 未知，求方差 σ^2 的置信区间

对于给定的正数 α ，有

$$P\left\{ \frac{(n-1)S^2}{\sigma^2} < \chi_\alpha^2(n-1) \right\} = P\left\{ \sigma^2 > \frac{(n-1)S^2}{\chi_\alpha^2(n-1)} \right\} = 1 - \alpha$$

得到 σ^2 的单侧置信下限为

$$\frac{(n-1)S^2}{\chi_\alpha^2(n-1)}$$

其单侧置信区间为

$$\left(\frac{(n-1)S^2}{\chi_\alpha^2(n-1)}, \quad +\infty \right) \tag{7.3.13}$$

同理可得其单侧置信上限为

$$\frac{(n-1)S^2}{\chi_{1-\alpha}^2(n-1)}$$

其单侧置信区间为

$$\left(-\infty, \quad \frac{(n-1)S^2}{\chi_{1-\alpha}^2(n-1)}\right) \tag{7.3.14}$$

例 7.3.4 为考察某厂生产的零件的直径（单位：mm），随机抽取 7 个零件，测得其直径数据如下

$$43.4, \quad 43.7, \quad 41.2, \quad 42.5, \quad 40.3, \quad 41.4, \quad 44.5$$

假设直径 $X \sim N(\mu, \sigma^2)$，给定 $\alpha = 0.1$，求解下列问题.

（1）若 $\sigma^2 = 2.0$，求 μ 的单侧置信下限；

（2）若 σ^2 未知，求 μ 的单侧置信下限；

（3）若 μ 未知，求 σ^2 的单侧置信上限.

解 根据计算可以得到 $\bar{x} = 42.4$，$\alpha = 0.1$

（1）σ^2 已知，查表可得 $u_{0.1} = 1.28$，则 μ 的单侧置信下限为

$$\bar{X} - u_\alpha \frac{\sigma}{\sqrt{n}} = 42.4 - 1.28 \times \frac{\sqrt{2}}{7} \approx 41.7$$

认为可以 90%的可靠度保证这批零件的平均直径不会低于 41.7mm；

（2）σ^2 未知，计算得 $S = 1.525$，查表可得 $t_{0.1}(6) = 1.4398$，则 μ 的单侧置信下限为

$$\bar{X} - t_\alpha(n-1) \frac{S}{\sqrt{n}} = 42.4 - 1.4398 \times \frac{1.525}{7} \approx 41.6$$

在总体方差未知的情况下，认为可以 90%的可靠度保证这批零件的平均直径不会低于 41.6mm；

（3）μ 未知，计算得 $S^2 = 2.326$，查表可得 $\chi_{1-\alpha}^2(n-1) = \chi_{0.9}^2(6) = 2.204$，则 σ^2 的单侧置信上限为

$$\frac{(n-1)S^2}{\chi_{1-\alpha}^2(n-1)} = \frac{6 \times 2.326}{2.204} \approx 6.33$$

在总体均值未知的情况下，认为可以 90%的可靠度保证这批零件直径的方差不超过 6.33mm.

7.3.5 两个正态总体参数的置信区间

设 $X_1, X_2, \cdots, X_n$ 是来自总体 X 的简单随机样本，总体 $X \sim N(\mu_1, \sigma_1^2)$；$Y_1, Y_2, \cdots, Y_{n_2}$ 是来自总体 Y 的简单随机样本，总体 $Y \sim N(\mu_2, \sigma_2^2)$. X 与 Y 相互独立，$\bar{X}$、$\bar{Y}$ 和 S_1^2、S_2^2 分别是两个样本的样本均值和样本方差.

1. σ_1^2、σ_2^2 已知，求均值差 $\mu_1 - \mu_2$ 的置信区间

因为样本均值 $\bar{X}$、$\bar{Y}$ 分别是 μ_1、μ_2 的无偏估计量，所以 $\bar{X} - \bar{Y}$ 是 $\mu_1 - \mu_2$ 的无偏估计量，

$\bar{X} - \bar{Y} \sim N\left(\mu_1 - \mu_2, \dfrac{\sigma_1^2}{n_1} + \dfrac{\sigma_2^2}{n_2}\right)$，取枢轴变量

$$U = \frac{(\bar{X} - \bar{Y}) - (\mu_1 - \mu_2)}{\sqrt{\dfrac{\sigma_1^2}{n_1} + \dfrac{\sigma_2^2}{n_2}}} \sim N(0,1)$$

对于给定的置信度 $1 - \alpha$，有 $P\left\{|U| < u_{\frac{\alpha}{2}}\right\} = 1 - \alpha$，于是得到 $\mu_1 - \mu_2$ 的置信度为 $1 - \alpha$ 的置信区间

$$\left((\bar{X} - \bar{Y}) - u_{\frac{\alpha}{2}}\sqrt{\frac{\sigma_1^2}{n_1} + \frac{\sigma_2^2}{n_2}}, \quad (\bar{X} - \bar{Y}) + u_{\frac{\alpha}{2}}\sqrt{\frac{\sigma_1^2}{n_1} + \frac{\sigma_2^2}{n_2}}\right) \tag{7.3.15}$$

2. σ_1^2、σ_2^2 未知，但 $\sigma_1^2 = \sigma_2^2$，求均值差 $\mu_1 - \mu_2$ 的置信区间

记 $S_\omega = \sqrt{\dfrac{(n_1 - 1)S_1^2 + (n_2 - 1)S_2^2}{n_1 + n_1 - 2}}$，取枢轴变量

$$T = \frac{(\bar{X} - \bar{Y}) - (\mu_1 - \mu_2)}{S_\omega\sqrt{\dfrac{1}{n_1} + \dfrac{1}{n_2}}} \sim t(n_1 + n_2 - 2)$$

对于给定的置信度 $1 - \alpha$，有 $P\left\{|T| < t_{\frac{\alpha}{2}}(n-1)\right\} = 1 - \alpha$，于是得到 $\mu_1 - \mu_2$ 的置信度为 $1 - \alpha$ 的置信区间

$$\left((\bar{X} - \bar{Y}) - t_{\frac{\alpha}{2}}(n_1 + n_2 - 2)S_\omega\sqrt{\frac{1}{n_1} + \frac{1}{n_2}}, \quad (\bar{X} - \bar{Y}) + t_{\frac{\alpha}{2}}(n_1 + n_2 - 2)S_\omega\sqrt{\frac{1}{n_1} + \frac{1}{n_2}}\right) \tag{7.3.16}$$

3. μ_1、μ_2 未知，求方差比 $\dfrac{\sigma_1^2}{\sigma_2^2}$ 的置信区间

由抽样分布定理可知，μ_1、μ_2 未知，取枢轴变量 $F = \dfrac{S_1^2/\sigma_1^2}{S_2^2/\sigma_2^2} \sim F(n_1, n_2)$，对于给定的置信度 $1 - \alpha$，有

$$P\left\{F_{1-\frac{\alpha}{2}}(n_1, n_2) < F < F_{\frac{\alpha}{2}}(n_1, n_2)\right\} = 1 - \alpha$$

于是得到 $\dfrac{\sigma_1^2}{\sigma_2^2}$ 的置信度为 $1 - \alpha$ 的置信区间

$$\left(\frac{S_1^2}{S_2^2}\frac{1}{F_{\frac{\alpha}{2}}(n_1, n_2)}, \quad \frac{S_1^2}{S_2^2}\frac{1}{F_{1-\frac{\alpha}{2}}(n_1, n_2)}\right) \tag{7.3.17}$$

7.4 应用实例

学生作弊现象的调查与估计

学生作弊现象是一个严重影响校风的问题，为了对某校的作弊现象有一个定量的认识，需要通过统计调查对该问题进行分析. 由于作弊行为并不光彩，在进行调查时很有可能遇到学生不配合或故意答错的情况，因此需要设计合理的问卷对该问题进行调查.

早在 1965 年，美国统计学家沃纳（Warner）就提出采用"随机化回答"的方法来进行分析，目前这种方法已经成为敏感性问题调查的常用方法. 由于沃纳早期提出的方法具有其一定的局限性，1967 年西蒙斯（Simmons）等人对沃纳模型进行了修改，调查人员提出两个不相关的问题，一个为敏感性问题，另一个为一般性问题，通过这样的处理能使被调查者的合作热情得到进一步的提高. 下面就西蒙斯模型进行简单的介绍.

首先设计调查问卷，供学生回答的问题有两个.

问题 1：你在考试中作过弊吗？答案："是"或"否".

问题 2：你的生日的月份是偶数吗？答案："是"或"否".

答题的规则：调查者准备一套 13 张同花色的从 A 到 K 的扑克，在选择回答上述问题之前，要求被调查者随机地抽取一张扑克，若抽取到的是不超过 10 的数字，则回答问题 1；若抽取到的是字母 J、Q、K，则回答问题 2.

假定被调查的学生有 n 个人，其中有 m 个人回答"是"，现在就这个问题给出该学校作弊人数比例的估计值.

引入随机变量 X_i（$i = 1, 2, \cdots, n$）

$$X_i = \begin{cases} 1, & \text{若第}i\text{个被调查的学生回答"是"} \\ 0, & \text{若第}i\text{个被调查的学生回答"否"} \end{cases}$$

显然，X_i 相互独立且同分布于两点分布 $B(1, \pi)$，对问题 1 和问题 2 回答"是"的概率为 π，则 $E(X_i) = \pi$，$D(X_i) = \pi(1-\pi)$. 进一步假设对问题 1 回答"是"的概率是 π_1，对问题 2 回答"是"的概率是 π_2；选答问题 1 的概率是 p_1，选答问题 2 的概率是 $1 - p_1$.

若认为每一个学生的回答是真实有效的，则根据全概率公式可以得到

$$\pi = P(X_i = 1) = p_1 \pi_1 + (1 - p_1)\pi_2$$

通过上式的变形可得对问题 1 回答"是"的概率 π_1 的估计量为

$$\hat{\pi}_1 = \frac{\pi - (1 - p_1)\pi_2}{p_1} \tag{7.4.1}$$

检验此估计量的无偏性，由 $\pi = \dfrac{m}{n} = \dfrac{1}{n}\sum_{i=1}^{n} X_i$，得

$$E(\hat{\pi}_1) = E\left(\frac{\pi - (1 - p_1)\pi_2}{p_1}\right) = \frac{1}{p_1}E\left(\frac{1}{n}\sum_{i=1}^{n} X_i - (1 - p_1)\pi_2\right) = \frac{1}{p_1}(\pi - (1 - p_1)\pi_2) = \pi_1 \tag{7.4.2}$$

因此 π_1 的估计量具有无偏性. 此估计量的方差为

$$D(\hat{\pi}_1) = D\left(\frac{\hat{\pi} - (1-p_1)\hat{\pi}_2}{p_1}\right) = \frac{1}{p_1^2} D\left(\frac{1}{n}\sum_{i=1}^{n} X_i\right) = \frac{\pi(1-\pi)}{np_1^2} \qquad (7.4.3)$$

假设某次调查结果收回 400 份有效的答卷,其中有 80 份回答"是", $\pi = \frac{1}{5}$, $\pi_2 = \frac{1}{2}$, $p_1 = \frac{10}{13}$,

$1 - p_1 = \frac{3}{13}$, 由式(7.4.1)和式(7.4.3)算得

$$\hat{\pi}_1 = \frac{\hat{\pi} - (1-p_1)\pi_2}{p_1} = 0.11, \quad D(\hat{\pi}_1) = \frac{\pi(1-\pi)}{np_1^2} = 0.000676$$

若用 2 倍标准差作为估计的精确度,可以认为有过作弊行为的学生的比例约为 11% ± 5.2%.

在上述问题 2 中,其回答"是"的概率 π_2 是已知的,通常在设计问题 2 时使 π_2 的取值在 0.5～0.8 之间.

7.5　Excel 在概率统计中的应用

本节主要介绍如何利用 Excel 中的函数命令来计算未知参数的置信区间,包括"当方差已知时总体均值的区间估计"和"当方差未知时总体均值的区间估计".

7.5.1　当方差已知时总体均值的区间估计

当方差已知时估计总体均值,用 U 统计量.

函数命令:CONFIDENCE.NORM

函数语法:CONFIDENCE.NORM (Alpha, Standard_dev, Size)

参数含义:Alpha　必需,表示计算置信水平的显著性水平 α;

Standard_dev　必需,表示已知的总体标准差 σ;

Size　必需,表示样本容量 n.

7.5.2　当方差未知时总体均值的区间估计

当方差未知时估计总体均值,用 T 统计量.

函数命令:CONFIDENCE.T

函数语法:CONFIDENCE.T (Alpha, Standard_dev, Size)

参数含义:Alpha　必需,表示计算置信水平的显著性水平 α;

Standard_dev　必需,表示样本标准差 s;

Size　必需,表示样本容量 n.

例 7.5.1　为考察某厂生产的零件的直径(单位:mm),随机抽取 7 个零件,测得其直径数据如下

$$43.4,\ 43.7,\ 41.2,\ 42.5,\ 40.3,\ 41.4,\ 44.5$$

假设直径 $X \sim N(43, \sigma^2)$,给定 $\alpha = 0.05$,求解下列问题.

（1）若 $\sigma^2 = 2$，求 μ 的置信区间；

（2）若 σ^2 未知，求 μ 的置信区间.

解　（1）第一步，打开 Excel 工作表，选中一个空白单元格，依次按行或按列将待求的数据输入.

第二步，另选中一空白单元格，单击公式编辑区的"fx"图标，选择统计类函数，选择 CONFIDENCE.NORM 函数，如图 7.5.1 所示.

第三步，在函数参数对话框中输入参数，具体为 Alpha=0.05，Standard_dev=2，Size=7，在公式编辑框中将出现相应的函数命令"=CONFIDENCE.NORM(0.05,2,7)"，如图 7.5.2 所示.

第四步，单击"确定"按钮，得到计算结果 1.4816，即置信区间的半径为 1.4816，用总体均值 43 分别减去、加上半径，可得置信区间为 43±1.4816=[41.5184, 44.4816].

图 7.5.1　"插入函数"对话框

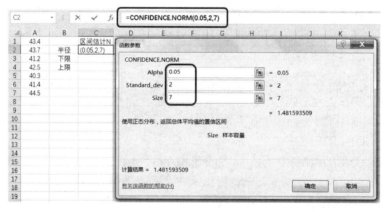

图 7.5.2　当方差已知时总体均值的区间估计

（2）第一步，选择 CONFIDENCE.T 函数，在函数参数对话框中输入参数，具体为 Alpha=0.05，Standard_dev=STDEV.S(A1:A7)，Size=7，在公式编辑框中将出现相应的函数命令"= CONFIDENCE. T(0.05,STDEV.S(A1:A7),7)"，如图 7.5.3 所示.

图 7.5.3 当方差未知时总体均值的区间估计

注：与（1）不同的是，（2）的总体方差未知，需要用样本方差代替，因此在输入参数 Standard_dev 时，用了样本标准差的函数命令"STDEV.S (A1:A7)"．

第二步，单击"确定"按钮，得到计算结果 1.4104，即置信区间的半径为 1.4104，用总体均值 43 分别减去、加上半径，可得置信区间为 43±1.4104=[41.5896, 44.4104]．

习　题　7

1. 设总体 $X \sim \mathrm{Exp}(\lambda)$，若测得 λ 的观测值如下

$$5.2，4.8，4.9，5.3，4.7，5.0，5.1，5.4，5.2，4.9$$

求参数 λ 的矩估计量．

2. 在一批零件中，随机抽取 8 个零件，测得长度（单位：mm）如下

$$53.001，53.003，53.001，53.005，53.000，52.998，53.002，53.006$$

设零件的长度服从正态分布，求均值 μ 和方差 σ^2 的矩估计量．

3. 设 $X_1, X_2, \cdots, X_n$ 为来自总体的简单随机样本，$x_1, x_2, \cdots, x_n$ 为样本观测值，求下列概率密度函数中未知参数 θ 的矩估计量和极大似然估计量．

（1）$f(x, \theta) = \begin{cases} (\theta + 1)x^{\theta}, & 0 < x < 1 \\ 0, & \text{其他} \end{cases}$

（2）$f(x, \theta) = \begin{cases} \sqrt{\theta}\, x^{\sqrt{\theta} - 1}, & 0 < x < 1, \ \theta > 0 \\ 0, & \text{其他} \end{cases}$

4. 设 $X_1, X_2, \cdots, X_n$ 为来自总体 $N(\mu, \sigma^2)$ 的简单随机样本，其中 μ 已知，求 σ^2 的极大似然估计量．

5. 设 $X_1, X_2, \cdots, X_n$ 为来自总体的简单随机样本，$x_1, x_2, \cdots, x_n$ 为样本观测值，总体 X 的概率密度函数为

$$f(x, \theta) = \begin{cases} \mathrm{e}^{-(x-\theta)}, & x \geqslant \theta \\ 0, & x < \theta \end{cases}$$

其中 θ 未知，证明：θ 的极大似然估计量为 $\hat{\theta} = \min_{1 \leqslant i \leqslant n} |x_i|$．

6. 设总体 X 的分布律如下

X	1	2	3
P	θ^2	$2\theta(1-\theta)$	$(1-\theta)^2$

其中 θ 未知，$0<\theta<1$，已知取得一组样本观测值 $(x_1,x_2,x_3)=(1,2,1)$，求未知参数 θ 的极大似然估计量.

7. 设总体 $X \sim N(\mu,1)$，其中 μ 未知，X_1,X_2,X_3 为来自该总体的简单随机样本，试判断下列估计量是否为 μ 的无偏估计量？哪一个估计量最有效？

（1）$\hat{\mu}_1 = \dfrac{1}{5}X_1 + \dfrac{3}{10}X_2 + \dfrac{1}{2}X_3$；

（2）$\hat{\mu}_2 = \dfrac{1}{3}X_1 + \dfrac{1}{4}X_2 + \dfrac{5}{12}X_3$；

（3）$\hat{\mu}_3 = \dfrac{1}{3}X_1 + \dfrac{1}{6}X_2 + \dfrac{1}{2}X_3$.

8. 设 $X_1,X_2,\cdots,X_n$ 为来自总体 X 的简单随机样本，已知总体的数学期望 $E(X)=a$，证明：$\hat{\sigma}^2 = \dfrac{1}{2}\sum_{i=1}^{n}(X_i - a)^2$ 为总体方差 $D(X)=\sigma^2$ 的无偏估计量.

9. 设总体 $X \sim U(\theta,2\theta)$，其中 θ 未知，$X_1,X_2,\cdots,X_n$ 为来自总体 X 的简单随机样本，$x_1,x_2,\cdots,x_n$ 为样本观测值，证明：$\hat{\sigma}^2 = \dfrac{2}{3}\bar{x}$ 为参数 θ 的无偏估计量.

10. 某工厂生产某种零件，假设其质量（单位：kg）服从正态分布，现随机抽取 9 个零件，测得质量如下

$$14.6，14.7，15.1，14.9，14.8，15.0，15.1，15.2，14.8$$

在下列条件下，求平均质量 μ 的置信度为 0.95 的置信区间.

（1）已知零件标准差 $\sigma=0.15$；（2）零件标准差 σ 未知.

11. 对某校的学生随机抽取 10 名，测得体重（单位：kg）如下

$$50.7，54.9，54.3，44.8，42.2，69.8，53.4，66.1，48.1，54.5$$

假设学生的体重服从正态分布，求其标准差 σ 的置信度为 0.9 的置信区间.

12. 对某钢材的抗剪力（单位：N）进行 10 次测试，测得试验结果如下

$$56.8，59.0，56.2，56.8，56.2，59.6，59.0，58.4，58.0，59.2$$

已知抗剪力服从正态分布 $N(\mu,\sigma^2)$，在下列条件下，求 μ 的置信度为 0.9 的置信区间.

（1）已知 $\sigma^2=1.23$；（2）σ^2 未知.

13. 设晶体管的寿命（单位：h）服从正态分布 $N(\mu,\sigma^2)$，从中随机抽取 100 个做寿命试验，测得其平均寿命 $\bar{x}=1000$，样本标准差 $s=40$，求这批晶体管平均寿命 μ 的置信度为 0.95 的置信区间.

14. 某种零件的加工时间（单位：s）服从正态分布 $N(\mu,\sigma^2)$，现进行 30 次独立试验，测得样本均值 $\bar{x}=5.5$，样本标准差 $s=1.729$，假设置信度为 0.95，试估计加工时间的数学期望 μ 和标准差 σ 的置信区间.

15. 用铂球测定引力常数（单位：$10^{-11}\text{m}^3 \cdot \text{kg}^{-1} \cdot \text{s}^{-2}$），测量值如下

$$6.683,\ 6.681,\ 6.676,\ 6.678,\ 6.679,\ 6.672$$

假设引力常数 $X \sim N(\mu, \sigma^2)$，μ 和 σ^2 均未知，求 σ^2 的置信度为 0.9 的置信区间.

16. 设某种清漆的干燥时间（单位：h）服从正态分布 $N(\mu, \sigma^2)$，现有 9 个样本观测值

$$6.0,\ 5.7,\ 5.8,\ 6.5,\ 7.0,\ 6.3,\ 5.6,\ 6.1,\ 5.0$$

在下列条件下，求 μ 的置信度为 0.95 的置信区间.

（1）已知 $\sigma = 0.6$；（2）σ 未知.

17. 从某汽车轮胎厂生产的某种轮胎中，随机抽取 10 个样品进行磨损试验，直至轮胎行驶磨坏为止，测得行驶路程（单位：km）如下

$$41250,\ 41010,\ 42650,\ 38970,\ 40200,\ 42550,\ 43500,\ 40400,\ 41870,\ 39800$$

设汽车轮胎行驶路程服从正态单侧分布 $N(\mu, \sigma^2)$，求

（1）μ 的置信度为 0.95 的单侧置信下限；（2）σ 的置信度为 0.95 的单侧置信上限.

18. 从一批灯泡中随机抽取 5 只进行寿命试验，测得寿命（单位：h）如下

$$1050,\ 1100,\ 1120,\ 1250,\ 1280$$

设灯泡寿命服从正态分布，求灯泡寿命的均值 μ 的置信度为 0.95 的单侧置信下限.

19. 假设正态总体的方差 σ^2 已知，问：需要取样本容量 n 为多大的样本，才能使得总体均值 μ 的置信度为 $1 - \alpha$ 的置信区间的长度不大于 L？

20. 为比较两种小麦品种的产量，选择 18 块条件相似的试验田，采用相同的耕种方法，其中 8 块试验田播种甲品种的小麦，10 块试验田播种乙品种的小麦，结果测得试验田的单位面积产量（单位：kg）如下

甲品种：628，583，510，554，612，523，530，615

乙品种：535，433，398，470，567，480，498，560，503，426

设每个品种的单位面积产量服从正态分布，且总体方差相等，求两个品种平均单位面积产量差的置信度为 0.95 的置信区间.

第8章 假设检验

统计推断的另一类重要问题是假设检验. 对总体的未知参数或总体的分布函数提出一个假设, 然后利用样本提供的信息来推断所提出的假设的正确性. 假设检验是由卡尔·皮尔逊（K. Pearson）于 20 世纪初提出的, 之后由费希尔（R. Fisher）进行了细化, 这两位数学家分别提出了拟合优度检验和显著性水平检验, 最终由奈曼（Neyman）和爱根·皮尔逊（E. Pearson）从数学的角度出发, 建立了一套完整的假设检验理论.

8.1 假设检验的基本概念与步骤

8.1.1 引例

引例 8.1.1 某工厂有一批产品, 共 10000 件, 经检验后方可出厂. 按规定的标准, 次品率不得超过 5%. 现从中任选 50 件进行检验, 发现有 4 件次品. 问这批产品能否出厂?

假设整批产品的次品率低于 5%, 然后根据样本情况来检验假设的正确性.

引例 8.1.2 某种建筑材料, 其抗断强度以往一直符合正态分布. 现在改变了配料方案, 其抗断强度是否仍符合正态分布?

假设其抗断强度仍符合正态分布, 然后根据样本情况来检验假设的正确性.

以上两例的共同特点: 先对总体的未知参数或总体的分布函数提出某种假设; 然后抽取样本, 利用样本的有关信息, 对假设的正确性进行推断. 这种就任何一个总体的未知参数或分布函数所提出的假设称为**统计假设**. 若总体的分布已知, 对总体分布中包含的未知参数提出的假设称为**参数假设**, 相应的假设检验称为**参数检验**. 若总体的分布未知, 对总体的分布函数提出的假设称为**非参数假设**, 相应的假设检验称为**非参数检验**.

一般地, 如果关于总体有两个假设, 二者之间有且仅有一个成立, 我们往往把其中的一个称为**原假设（或零假设）**, 用 H_0 表示; 把另一个称为**对立假设（或备择假设）**, 用 H_1 表示.

在引例 8.1.1 中, 设次品率为 p, 则 $H_0: p < 5\%$, $H_1: p \geqslant 5\%$;

在引例 8.1.2 中, 设抗断强度为 X, 则 $H_0: X \sim N(\mu, \sigma^2)$, $H_1: X$ 不服从 $N(\mu, \sigma^2)$.

8.1.2 假设检验的基本概念

如何检验一个统计假设呢? 先看一个例子.

例 8.1.1 设总体 $X \sim N(\mu, 1)$, 其中 μ 未知, 现在欲检验统计假设 $H_0: \mu = 0$.

这里只有一个未知参数及一个统计假设, 一般将这类检验问题称为显著性水平检验. 为了检验 H_0 的正确性（或真假）, 我们需要进行如下工作.

1. 对总体进行一定次数的观测, 获得数据, 即抽取样本, 这里不妨设样本容量 $n=10$;

2. 由于样本来自总体, 反映了总体的分布规律, 因此样本中必然包含关于未知参数 μ 的信息. 一般而言, 直接根据样本推断 H_0 的正确性是很困难的, 还需要对样本进行加工, 即构

造一个适用于检验 H_0 的统计量，为的是将样本中关于未知参数 μ 的信息集中起来.

样本均值 $\overline{X}$ 是总体均值 μ 的无偏估计量，且 $D(\overline{X}) = \frac{1}{n}D(X) = \frac{1}{n}$，即 $\overline{X}$ 比样本的每个分量 X_i 更集中地分布在 μ 的周围；

3. 若根据样本观测值计算得到 $\overline{X}$ 的观测值 $\bar{x} = 1.01$，那么该如何判断 H_0 的正确性呢？

假定 $H_0: \mu = 0$ 成立，则 $\overline{X}$ 的观测值应在 μ 的附近，否则 $\overline{X}$ 有偏离 μ 的趋势. 给定一个临界概率 α（$0 < \alpha < 1$），确定常数 k，使得

$$P\{|\overline{X} - \mu| > k\} = \alpha$$

将 $\overline{X}$ 的观测值 $\bar{x}$ 代入上式，如果 $|\bar{x} - \mu| > k$，说明小概率事件在一次试验中发生了，这与实际推断原理矛盾，因此拒绝 H_0；如果 $|\bar{x} - \mu| \leq k$，则接受 H_0. 这个临界概率 α 称为**显著性水平**，一般为一个较小的数，如 0.01、0.05 等.

以上处理方法的基本思想是"小概率原理". 所谓小概率原理，是指发生概率很小的随机事件在一次试验中是几乎不可能发生的. 在原假设 H_0 成立的条件下，如果出现了概率很小的事件，就怀疑 H_0 不成立.

当 H_0 成立时，统计量

$$\frac{\overline{X} - \mu}{\sigma / \sqrt{n}} \sim N(0,1)$$

对于 $\alpha > 0$，有

$$P\left\{\left|\frac{\overline{X} - \mu}{\sigma / \sqrt{n}}\right| > u_{\frac{\alpha}{2}}\right\} = P\left\{|\overline{X} - \mu| > \frac{\sigma}{\sqrt{n}}u_{\frac{\alpha}{2}}\right\} = \alpha$$

使原假设 H_0 得以接受的检验统计量的取值区域称为**检验的接受域**，使原假设 H_0 被拒绝的检验统计量的取值区域称为**检验的拒绝域**.

在本例中，假定 $\alpha = 0.05$，查表得 $u_{\alpha/2} = 1.96$，依题意计算得

$$\frac{|1.01 - 0|}{1 / \sqrt{10}} = 3.19 > 1.96$$

故拒绝原假设 H_0，认为 $\mu = 0$ 不成立.

这里，显著性水平 α 的意义是把概率不超过 α 的事件当作在一次试验中实际不会发生的"小概率事件"，当这样的事件发生时就拒绝原假设 H_0. 但是，在一次试验中，小概率事件并非一定不发生，只不过其发生的概率不超过 α 而已. 因此，依据小概率原理进行实际推断可能会犯错误. 在进行假设检验时，一般有两种类型的错误：当 H_0 成立时，我们拒绝它，这类错误称为**第一类错误**或"**弃真**"的错误；当 H_0 不成立时，我们接受它，这类错误称为**第二类错误**或"**取伪**"的错误. 显然，当 H_0 成立时，只有在发生了概率不超过 α 的事件时，我们才拒绝它，故犯第一类错误的概率

$$P\{拒绝 H_0 \mid H_0 真\} \leq \alpha$$

式中，α 为犯第一类错误的概率上限. 因此显著性水平 α 可以用来控制犯第一类错误的可能性大小.

在确定检验法则时，自然希望犯这两类错误的概率越小越好. 但当样本容量固定时，若减小犯第一类错误的概率，则犯第二类错误的概率往往会增大，反之亦然. 若要使犯这两类错误的概率都减小，唯一的办法是增加样本容量. 一般采取的基本原则是"保一望二"，意思是在控制 α 的前提下尽量减小犯第二类错误的概率. 该原则的含义是，原假设要受到维护，使它不被轻易否定，若要否定原假设，必须有充分的理由. 若某一小概率事件发生了，检验结果却是接受原假设，则说明否定原假设的理由还不充分.

8.1.3　假设检验的基本步骤

综上所述，假设检验的基本步骤如下.

1. 根据问题的具体要求，提出原假设 H_0；
2. 根据原假设 H_0，构造一个适合的检验统计量 U，确定检验统计量的分布；
3. 给出一个显著性水平 α，根据检验统计量的分布确定检验的拒绝域；
4. 由样本观测值计算检验统计量的值，判断该值是在检验的拒绝域还是在接受域，得出拒绝 H_0 或接受 H_0 的检验结论.

8.2　参数的假设检验

考虑到正态总体的广泛性，本节就正态总体的两个参数：均值 μ 及方差 σ^2，详细地介绍几种常用的假设检验方法.

8.2.1　均值的检验

1. 方差已知，均值 μ 的检验（U 检验法）

设样本 $X_1, X_2, \cdots, X_n$ 来自正态总体 $N(\mu, \sigma^2)$，总体方差 σ^2 已知，检验假设 $H_0: \mu = \mu_0$. 当 H_0 成立时，由于总体 $X \sim N(\mu_0, \sigma^2)$，检验统计量

$$U = \frac{\bar{X} - \mu_0}{\sigma / \sqrt{n}} \sim N(0,1) \tag{8.2.1}$$

利用服从正态分布的检验统计量 U 进行的假设检验称为 **U 检验法**. 具体步骤如下.

（1）提出原假设 $H_0: \mu = \mu_0$，对立假设 $H_1: \mu \neq \mu_0$；

（2）选取检验统计量 $U = \dfrac{\bar{X} - \mu_0}{\sigma / \sqrt{n}}$，当 H_0 成立时，$U \sim N(0,1)$；

（3）给定显著性水平 α，查标准正态分布表，求出使 $P\{|U| \geqslant u_{\alpha/2}\} = \alpha$ 成立的临界值 $u_{\alpha/2}$；

（4）根据样本观测值，计算检验统计量 U，当 $|U| < u_{\alpha/2}$ 时接受 H_0；当 $|U| \geqslant u_{\alpha/2}$ 时拒绝 H_0，接受 H_1.

例 8.2.1　某市历年来的关于 7 岁男孩的统计资料表明，他们的身高服从均值为 1.32m、标准差为 0.12m 的正态分布. 现从各个学校随机抽取 25 个 7 岁男学生，测得他们的平均身高为 1.36m. 若已知今年全市 7 岁男孩身高的标准差仍为 0.12m，问与历年 7 岁男孩的身高相比是否有显著差异（$\alpha = 0.05$）？

解 总体 $X \sim N(\mu, \sigma^2)$，$\mu_0 = 1.32$，方差 σ^2 已知，$\sigma = 0.12$，根据样本可知，$\overline{X} = 1.36$，$n = 25$，待检验的假设

$$H_0 : \mu = 1.32 , \quad H_1 : \mu \neq 1.32$$

对给定的 $\alpha = 0.05$，查标准正态分布表可知 $P\{|U| \geq 1.96\} = 0.05$，得临界值 $u_{\alpha/2} = 1.96$. 由于

$$U = \frac{1.36 - 1.32}{0.12/\sqrt{25}} \approx 1.67 < 1.96$$

故接受原假设 H_0，即认为今年全市 7 岁男孩平均身高与历年 7 岁男孩平均身高无显著差异.

例 8.2.2 某百货商场的日销售额服从正态分布，去年的日均销售额为 53.6（单位：万元），方差为 36，今年随机抽查了 10 个日销售额，分别是

$$57.2, \quad 57.8, \quad 58.4, \quad 59.3, \quad 60.7, \quad 71.3, \quad 56.4, \quad 58.9, \quad 47.5, \quad 49.5$$

根据经验，假设方差没有变化，问今年的日均销售额与去年相比有无显著变化？（$\alpha = 0.05$）

解 总体 $X \sim N(\mu, \sigma^2)$，$\mu_0 = 53.6$，方差 σ^2 已知，$\sigma^2 = 36$，根据样本可知，

$$\overline{X} = \frac{1}{10}(57.2 + 57.8 + \cdots + 49.5) = 57.7, \quad n = 25$$

待检验的假设

$$H_0 : \mu = 53.6 , \quad H_1 : \mu \neq 53.6$$

对给定的 $\alpha = 0.05$，查标准正态分布表可得临界值 $u_{\alpha/2} = 1.96$，由于

$$U = \frac{57.7 - 53.6}{6/\sqrt{10}} \approx 2.16 > 1.96$$

故拒绝原假设 H_0，即认为今年的日均销售额与去年相比有显著变化.

2. 方差未知，均值 μ 的检验（t 检验法）

在许多实际问题中，总体方差往往是未知的，要想检验 $H_0 : \mu = \mu_0$，此时 $U = \dfrac{\overline{X} - \mu_0}{\sigma/n}$ 不再是统计量，因此需要重新构造合适的检验统计量. 比较自然的想法是用总体方差的无偏估计量代替总体方差，所以用样本方差构造新的检验统计量

$$T = \frac{\overline{X} - \mu_0}{S/\sqrt{n}} \tag{8.2.2}$$

当 H_0 成立时，$T \sim t(n-1)$，因为 T 服从 t 分布，所以称为 **t 检验法**.

具体步骤如下.

（1）提出原假设 $H_0 : \mu = \mu_0$，对立假设 $H_1 : \mu \neq \mu_0$；

（2）选取检验统计量 $T = \dfrac{\overline{X} - \mu_0}{S/\sqrt{n}}$，当 H_0 成立时，$T \sim t(n-1)$；

（3）给定显著性水平 α，查 t 分布表，求出使 $P\{|T| \geq t_{\alpha/2}\} = \alpha$ 成立的临界值 $t_{\alpha/2}$；

（4）根据样本观测值，计算检验统计量 T，当 $|T| < t_{\alpha/2}$ 时接受 H_0；当 $|T| \geq t_{\alpha/2}$ 时拒绝 H_0，接受 H_1.

例 8.2.3 某工厂生产一批钢材，已知这种钢材的强度 X（单位：kg/cm^2）服从正态分布，现从中随机抽取 6 件，测得强度数据如下

$$48.5, \quad 49.0, \quad 53.5, \quad 49.5, \quad 56.0, \quad 52.5$$

能否认为这批钢材的平均强度仍为 $52kg/cm^2$？（$\alpha = 0.05$）

解 总体 $X \sim N(\mu, \sigma^2)$，$\mu_0 = 52$，方差 σ^2 未知，根据样本可知 $\bar{X} = 51.5$，$S^2 = 6.9$，$n = 6$，待检验的假设

$$H_0: \mu = 52, \quad H_1: \mu \neq 52$$

对给定的 $\alpha = 0.05$，查 t 分布表可得 $t_{\alpha/2}(n-1) = t_{0.025}(5) = 2.571$，由于

$$|T| = \frac{|\bar{X} - 52|}{S/\sqrt{6}} = \frac{|51.5 - 52|}{\sqrt{6.9}/\sqrt{6}} \approx 0.41 < 2.571$$

故接受原假设 H_0，即认为这批钢材的平均强度仍为 $52kg/cm^2$.

注： 当进行假设检验时，若样本容量比较小，则需要给出检验统计量的精确分布，而对于样本容量较大的情形，则可利用检验统计量的极限分布作为近似. 在本例中，当总体方差未知时检验均值，由于 $n = 6$，用 t 检验法是恰当的；随着样本容量 n 的增大，t 分布趋近于标准正态分布，所以在大样本情况下（$n > 30$），当总体方差未知时，对均值 μ 的假设检验通常近似采用 U 检验法. 同理，在大样本情况下非正态总体均值的检验也可用 U 检验法. 这是因为，根据大样本的抽样分布定理，当总体的分布形式不明或为非正态总体时，样本均值的分布趋近于正态分布. 这时，检验统计量 U 中的总体标准差 σ 应用样本标准差 s 代替.

3. 两个正态总体均值差的检验

设 $X_1, X_2, \cdots, X_m$ 是从正态总体 $N(\mu_1, \sigma_1^2)$ 中抽出的样本，$Y_1, Y_2, \cdots, Y_n$ 是从正态总体 $N(\mu_2, \sigma_2^2)$ 中抽出的样本，σ_1^2、σ_2^2 或已知或未知，要求检验假设 $H_0: \mu_1 = \mu_2$，即比较两个正态总体的均值是否有显著差异.

对此分两种情况讨论.

（1）当总体方差 σ_1^2、σ_2^2 已知时，用 U 检验法.

由于 $\bar{X} \sim N\left(\mu_1, \dfrac{\sigma_1^2}{m}\right)$，$\bar{Y} \sim N\left(\mu_2, \dfrac{\sigma_2^2}{n}\right)$，且 $\bar{X}$、$\bar{Y}$ 相互独立，故有

$$\bar{X} - \bar{Y} \sim N\left(\mu_1 - \mu_2, \frac{\sigma_1^2}{m} + \frac{\sigma_2^2}{n}\right)$$

将 $\bar{X} - \bar{Y}$ 标准化，得到

$$U = \frac{(\bar{X} - \bar{Y}) - (\mu_1 - \mu_2)}{\sqrt{\dfrac{\sigma_1^2}{m} + \dfrac{\sigma_2^2}{n}}} \sim N(0,1)$$

当 H_0 成立时，检验统计量

$$U = \frac{(\bar{X} - \bar{Y})}{\sqrt{\dfrac{\sigma_1^2}{m} + \dfrac{\sigma_2^2}{n}}} \sim N(0,1) \tag{8.2.3}$$

给定显著性水平 α，查标准正态分布表，求出使 $P\{|U| \geqslant u_{\alpha/2}\} = \alpha$ 成立的临界值 $u_{\alpha/2}$，由样本观测值 $x_1, x_2, \cdots, x_m$，$y_1, y_2, \cdots, y_n$ 计算检验统计量 U．当 $|U| < u_{\alpha/2}$ 时，接受 H_0；当 $|U| \geqslant u_{\alpha/2}$ 时拒绝 H_0，即认为两个正态总体的均值有显著差异.

例 8.2.4 由长期积累的资料可知，甲、乙两城市 20 岁男青年的体重服从正态分布，并且标准差分别为 14.2kg 和 10.5kg，现从甲、乙两城市分别随机抽取 27 名 20 岁男青年，测得平均体重分别为 65.4kg 和 54.7kg，问甲、乙两城市 20 岁男青年的平均体重有无显著差异？（$\alpha = 0.05$）

解 总体 $X \sim N(\mu_1, 14.2^2)$，$Y \sim N(\mu_2, 10.5^2)$，根据样本可知 $\bar{X} = 65.4$，$\bar{Y} = 54.7$，$m = n = 27$，待检验的假设

$$H_0: \mu_1 = \mu_2, \quad H_1: \mu_1 \neq \mu_2$$

对给定的 $\alpha = 0.05$，查标准正态分布表得临界值 $u_{\alpha/2} = 1.96$，由于

$$U = \frac{\bar{X} - \bar{Y}}{\sqrt{\dfrac{\sigma_1^2}{m} + \dfrac{\sigma_2^2}{n}}} = \frac{65.4 - 54.7}{\sqrt{\dfrac{14.2^2 + 10.5^2}{27}}} \approx 3.15 > 1.96$$

故拒绝原假设 H_0，即认为甲、乙两城市 20 岁男青年的平均体重有显著差异.

（2）当总体方差 σ_1^2、σ_2^2 未知，但 $\sigma_1^2 = \sigma_2^2 = \sigma^2$ 时，用 t 检验法.

由于

$$\frac{(\bar{X} - \bar{Y}) - (\mu_1 - \mu_2)}{\sqrt{\dfrac{\sigma_1^2}{m} + \dfrac{\sigma_2^2}{n}}} = \frac{(\bar{X} - \bar{Y}) - (\mu_1 - \mu_2)}{\sigma \sqrt{\dfrac{1}{m} + \dfrac{1}{n}}}$$

因 σ 未知，按自由度加权法计算样本方差的均值

$$S_\omega^2 = \frac{(m-1)S_1^2 + (n-1)S_2^2}{m+n-2}$$

用 S_ω^2 代替 σ^2，得到

$$T = \frac{(\bar{X} - \bar{Y}) - (\mu_1 - \mu_2)}{\sqrt{\dfrac{(m-1)S_1^2 + (n-1)S_2^2}{m+n-2}} \sqrt{\dfrac{1}{m} + \dfrac{1}{n}}} \sim t(m+n-2)$$

当 H_0 成立时，检验统计量

$$T = \frac{(\bar{X} - \bar{Y})}{\sqrt{\dfrac{(m-1)S_1^2 + (n-1)S_2^2}{m+n-2}} \sqrt{\dfrac{1}{m} + \dfrac{1}{n}}} \sim t(m+n-2) \tag{8.2.4}$$

给定显著性水平 α，查 t 分布表求出使 $P\left\{|T| \geqslant t_{\frac{\alpha}{2}}(m+n-2)\right\} = \alpha$ 成立的临界值 $t_{\alpha/2}$，根据样本观测值计算检验统计量 T，当 $|T| < t_{\alpha/2}$ 时接受 H_0，当 $|T| \geqslant t_{\alpha/2}$ 时拒绝 H_0，即认为两个正态总体的均值有显著差异.

例 8.2.5 为研究正常成年男女血液中的红细胞平均数的差别，随机抽取某地成年男性 21

名、女性 26 名. 计算得男性的红细胞平均数为 465.13 万个/mm³，样本方差为 3022；女性的红细胞平均数为 422.16 万个/mm³，样本方差为 2453. 试检验该地正常成年人的红细胞平均数是否与性别有关？（$\alpha = 0.01$）

解　设 X 表示正常成年男性的红细胞数，Y 表示正常成年女性的红细胞数. 总体 $X \sim N(\mu_1, \sigma_1^2)$，$Y \sim N(\mu_2, \sigma_2^2)$，假设总体 X、Y 的方差相同，根据样本可知

$$m = 21, \quad \bar{X} = 465.13, \quad S_1^2 = 3022$$
$$n = 26, \quad \bar{Y} = 422.16, \quad S_2^2 = 2453$$

待检验的假设

$$H_0 : \mu_1 = \mu_2; \quad H_1 : \mu_1 \neq \mu_2$$

对给定的 $\alpha = 0.01$，查 t 分布表得临界值 $t_{\alpha/2}(m+n-2) = t_{0.005}(45) = 2.6896$，由于

$$T = \frac{\bar{X} - \bar{Y}}{\sqrt{(m-1)S_1^2 + (n-1)S_2^2}} \sqrt{\frac{mn(m+n-2)}{m+n}} \approx 2.82 > 2.6896,$$

故拒绝原假设 H_0，即认为该地正常成年人的红细胞平均数与性别有关.

8.2.2　方差的检验

方差的检验包括一个正态总体方差的检验和两个正态总体方差比的检验. 在许多实际问题中，常常要求检验关于方差的假设. 例如，当一种产品的质量问题主要在于波动太大时，就可能需要检验方差. 方差比的检验可用于检验关于两个方差相等的假设是否合理等.

1. 一个正态总体方差的检验（χ^2 检验法）

设总体 $X \sim N(\mu, \sigma^2)$，其中 μ、σ^2 均未知，检验原假设 $H_0 : \sigma^2 = \sigma_0^2$，当 H_0 成立时，构造检验统计量

$$\chi^2 = \frac{(n-1)S^2}{\sigma^2} \sim \chi^2(n-1) \tag{8.2.5}$$

给定显著性水平 α，查 χ^2 分布表，求出使

$$P\left\{ \chi_{1-\alpha/2}^2(n-1) \leqslant \frac{(n-1)S^2}{\sigma_0^2} \leqslant \chi_{\alpha/2}^2(n-1) \right\} = 1 - \alpha \tag{8.2.6}$$

成立的临界值 $\chi_{1-\alpha/2}^2$、$\chi_{\alpha/2}^2$. 根据样本观测值，计算检验统计量 χ^2. 当 $\chi_{1-\alpha/2}^2 < \chi^2 < \chi_{\alpha/2}^2$ 时，接受 H_0；当 $\chi^2 < \chi_{1-\alpha/2}^2$ 或 $\chi^2 > \chi_{\alpha/2}^2$ 时，拒绝 H_0. 由于用到的检验统计量服从 χ^2 分布，故称这种方法为 χ^2 **检验法**.

例 8.2.6　已知维尼纶的纤度在正常情况下服从正态分布 $N(1.405, 0.048^2)$，某一天抽取 5 根维尼纶，测得其纤度如下

$$1.32, \quad 1.55, \quad 1.36, \quad 1.40, \quad 1.44$$

问这一天纤度的方差与正常情况相比是否存在显著差异？（$\alpha = 0.01$）

解　由样本可知

$$\bar{X} = \frac{1}{5}(1.32 + \cdots + 1.44) = 1.414$$

$$S^2 = \frac{1}{4}[(1.32 - 1.414)^2 + \cdots + (1.44 - 1.414)^2] = 0.00778$$

待检验的假设

$$H_0 : \sigma^2 = 0.048^2 , \quad H_1 : \sigma^2 \neq 0.048^2$$

对给定的 $\alpha = 0.01$，查 χ^2 分布表得临界值

$$\chi^2_{1-\alpha/2}(n-1) = \chi^2_{0.95}(4) = 0.711 , \quad \chi^2_{\alpha/2}(n-1) = \chi^2_{0.05}(4) = 9.49$$

由于

$$\chi^2 = \frac{(n-1)S^2}{\sigma_0^2} = \frac{4 \times 0.00778^2}{0.048^2} \approx 13.507 > 9.49$$

故拒绝原假设 H_0，即认为这一天纤度的方差与正常情况相比存在显著差异.

2. 两个正态总体方差比的检验（F 检验法）

设总体 $X \sim N(\mu_1, \sigma_1^2)$，$Y \sim N(\mu_2, \sigma_2^2)$，$X$、$Y$ 相互独立，从两总体中分别抽取容量为 m、n 的样本 $(X_1, X_2, \cdots, X_m)$ 和 $(Y_1, Y_2, \cdots, Y_n)$，其样本均值分别为 $\bar{X}$、$\bar{Y}$，样本方差分别为 S_1^2、S_2^2，检验原假设 $H_0 : \sigma_1^2 = \sigma_2^2$.

很自然地，我们想到应该利用它们的估计量 S_1^2 和 S_2^2 进行比较. 若原假设 H_0 成立，则二者的比值不能太大，也不能太小，即检验统计量 $F = \dfrac{S_1^2}{S_2^2}$ 的值不应太大或太小.

构造检验统计量

$$F = \frac{S_1^2 / \sigma_1^2}{S_2^2 / \sigma_2^2} \sim F(m-1, n-1)$$

当 H_0 成立时，检验统计量

$$F = \frac{S_1^2}{S_2^2} \sim F(m-1, n-1) \tag{8.2.7}$$

给定显著性水平 α，查 F 分布表，求出使

$$P\{F > F_{\alpha/2}\} = P\{F < F_{1-\alpha/2}\} = \frac{\alpha}{2} \tag{8.2.8}$$

成立的临界值 $F_{\alpha/2}$、$F_{1-\alpha/2}$. 根据样本观测值，计算检验统计量 F. 当 $F_{1-\alpha/2} < F < F_{\alpha/2}$ 时，接受 H_0；当 $F < F_{1-\alpha/2}$ 或 $F > F_{\alpha/2}$ 时，拒绝 H_0. 由于检验中用到的检验统计量服从 F 分布，故称这种方法为 F 检验法.

例 8.2.7 在例 8.2.5 中，我们假设男女血液中的红细胞数的方差相同，现在来检验原假设 $H_0 : \sigma_1^2 = \sigma_2^2$.

对给定的 $\alpha = 0.01$，自由度为 $(20, 25)$，查 F 分布表得临界值

$$F_{1-\alpha/2}(m-1, n-1) = F_{0.995}(20, 25) = 0.33 , \quad F_{\alpha/2}(m-1, n-1) = F_{0.005}(20, 25) = 3.01$$

由于

$$F = \frac{S_1^2}{S_2^2} = \frac{3022}{2453} \approx 1.23$$

$0.33 < F < 3.01$，故接受原假设 H_0，即认为男女血液中的红细胞数的方差相同.

一般地，对于两个正态总体，如果它们的方差是未知的，且需要比较它们的均值是否相

等，可以先用 F 检验法检验它们的方差是否相等，如果检验结果是接受方差相等这一假设，则再用 t 检验法比较它们的均值.

例 8.2.8 从甲校新生中随机抽取 11 名学生，得知其平均成绩 $\overline{X}_1 = 78.3$ 分，方差 $S_1^2 = 53.14$. 从乙校新生中也随机抽取 11 名学生，得知其平均成绩 $\overline{X}_2 = 80$ 分，方差 $S_2^2 = 60.22$. 在显著性水平 $\alpha = 0.1$ 下，检验这两校新生的平均成绩有无显著差异.

解 在本例中，总体方差未知，可以先检验两总体的方差有无显著差异，再检验两总体的均值有无显著差异.

（1）首先检验总体方差是否相等，待检验的假设

$$H_0 : \sigma_1^2 = \sigma_2^2, \quad H_1 : \sigma_1^2 \neq \sigma_2^2$$

对给定的 $\alpha = 0.1$，自由度为 $(10,10)$，查 F 分布表得临界值

$$F_{1-\alpha/2}(m-1, n-1) = F_{0.95}(10,10) = 0.34, \quad F_{\alpha/2}(m-1, n-1) = F_{0.05}(10,10) = 2.98$$

由于

$$F = \frac{S_1^2}{S_2^2} = 53.14/60.22 \approx 0.8824$$

$0.34 < F < 2.98$，故接受原假设 H_0，即认为两校新生成绩的方差无显著差异.

（2）检验总体均值是否相等，待检验的假设

$$H_0 : \mu_1 = \mu_2, \quad H_1 : \mu_1 \neq \mu_2$$

对给定的 $\alpha = 0.1$，查 t 分布表得临界值 $t_{\alpha/2}(m+n-2) = t_{0.05}(20) = 1.7247$

由于

$$|T| = \left| \frac{\overline{X} - \overline{Y}}{\sqrt{(m-1)S_1^2 + (n-1)S_2^2}} \sqrt{\frac{mn(m+n-2)}{m+n}} \right| \approx |-0.5277| < 1.7247$$

故接受原假设 H_0，即认为两校新生的平均成绩无显著差异.

现将本节所介绍的假设检验方法列举出来，如表 8.2.1 所示.

表 8.2.1　正态总体参数的假设检验

检验参数	原假设 H_0	检验统计量	分布
均值 μ	$\mu = \mu_0$ $(\sigma = \sigma_0)$	$U = \dfrac{\overline{X} - \mu_0}{\sigma_0 / \sqrt{n}}$	$N(0,1)$
	$\mu_1 = \mu_2$ $(\sigma_1, \sigma_2 \text{已知})$	$U = (\overline{X} - \overline{Y}) / \sqrt{\dfrac{\sigma_1^2}{m} + \dfrac{\sigma_2^2}{n}}$	
	$\mu = \mu_0$ $(\sigma^2 \text{未知})$	$T = \dfrac{\overline{X} - \mu_0}{S / \sqrt{n}}$	$t(n-1)$
	$\mu_1 = \mu_2$ $\sigma_1 = \sigma_2 \text{未知}$	$T = \dfrac{\overline{X} - \overline{Y}}{\sqrt{(m-1)S_1^2 + (n-1)S_2^2}} \sqrt{\dfrac{mn(m+n-2)}{m+n}}$	$t(m+n-2)$
方差 σ^2	$\sigma^2 = \sigma_0^2$	$\chi^2 = \dfrac{(n-1)S^2}{\sigma_0^2}$	$\chi^2(n-1)$
	$\sigma_1^2 = \sigma_2^2$	$F = \dfrac{S_1^2}{S_2^2}$	$F(m-1, n-1)$

8.3　分布的假设检验

　　前面讨论的关于正态总体参数的检验，都是先假定总体分布已知，且服从正态分布，然而在许多情况下，事先并不知道总体分布的类型，需要根据样本对总体是否服从某种分布的假设进行检验. 分布的假设检验就是为了检验观测到的一批数据是否与某种理论分布符合. 例如，我们考察某一产品的质量指标，打算采用正态分布模型；考察一种元件的寿命，打算采用指数分布模型. 数据是否服从正态分布、指数分布？可能事先有一些理论或经验上的依据，但这究竟是否可行？这时就需要通过样本去进行检验.

　　例如，抽取若干产品测定其质量指标，得简单随机样本 $X_1, X_2, \cdots, X_n$，然后依据样本来决定"总体分布是正态分布"的原假设能否被接受. 又如，有人制造了一个骰子，他声称是均匀的，即出现各面的概率都是 $\dfrac{1}{6}$. 骰子是否均匀单凭审视骰子外形是难以进行判断的，于是把骰子抛掷若干次，记下其出现 1 点，2 点，……，6 点的次数，根据试验结果来检验"各面概率都是 $\dfrac{1}{6}$"的假设是否成立.

　　分布拟合检验在应用上很重要，在数理统计学发展史上占有一定的地位. 统计分析方法在 19 世纪时多用于分析生物数据，那时曾流行一种看法，认为正态分布普遍地适用于这类数据. 到 20 世纪初，卡尔·皮尔逊（K.Pearson）对此提出质疑，他认为有些数据有显著的偏态，不适于用正态模型. 于是他提出了一个包罗甚广的分布族，其中包含正态分布，也包含偏态分布. 卡尔·皮尔逊认为：第一步是根据数据从这一分布族中挑出一个最能反映所得数据性态的分布；第二步是检验所得数据与这个分布的拟合程度. 这就是著名的 χ^2 检验法. 后来，费希尔对 χ^2 检验法就总体分布中含有未知参数的情形进行了重要的修正.

8.3.1　离散总体的 χ^2 检验法

　　下面我们先介绍离散总体的 χ^2 检验法. 假设总体分布已知，且只取有限个值.

　　设总体 X 是仅取 k 个值 $a_1, a_2, \cdots, a_k$ 的离散型随机变量，在显著性水平 α 下，检验原假设

$$H_0 : P\{X = a_i\} = p_i, \quad i = 1, \cdots, k \tag{8.3.1}$$

式中，a_i、p_i 已知，$p_i > 0$.

　　从该总体中抽取简单随机样本 $X_1, X_2, \cdots, X_n$，样本观测值记为 $x_1, x_2, \cdots, x_n$. 现在根据样本来检验式（8.3.1）中的原假设 H_0 是否成立.

　　记 n_i 为样本观测值 $(x_1, x_2, \cdots, x_n)$ 中取值为 a_i 的个数，即在观测中出现事件 $\{X = a_i\}$ 的频数，相应地得到 $n_1, n_2, \cdots, n_k$. 当观测次数 n 足够大时，由伯努利大数定律得，事件 $\{X = a_i\}$ 的频率 $\dfrac{n_i}{n}$ 与其概率 p_i 有较大偏差的可能性很小，即 $\dfrac{n_i}{n} \approx p_i$. 很自然地，频率 $\dfrac{n_i}{n}$ 与概率 p_i 的差异越小，则 H_0 成立的可能性越大，我们也就更乐于接受它. 因而问题归结为找出一个适当的量来反映这种差异，卡尔·皮尔逊首先提出用下面的统计量来衡量它们的差异程度.

$$\chi^2 = \sum_{i=1}^{k} \frac{(n_i - np_i)^2}{np_i} \tag{8.3.2}$$

这个统计量称为**皮尔逊 χ^2 统计量**，简称 χ^2 **统计量**.

将这个统计量改写如下

$$\chi^2 = \sum_{i=1}^{k} \left(\frac{n_i}{n} - p_i \right)^2 \cdot \frac{n}{p_i} \tag{8.3.3}$$

当 H_0 成立时，$\left| \dfrac{n_i}{n} - p_i \right|$ 应该比较小，于是 χ^2 统计量也应该比较小. 式（8.3.3）中的因子 $\dfrac{n}{p_i}$ 起一种"平衡"的作用. 如果没有这一因子，当 p_i 很小时，即使频率 $\dfrac{n_i}{n}$ 与概率 p_i 的差异相对于 p_i 来说很大，$\left(\dfrac{n_i}{n} - p_i \right)^2$ 仍然会很小. 这就导致小概率部分的吻合程度的好坏得不到充分反映，从而影响检验的可靠性.

1900 年，卡尔·皮尔逊证明了如下的定理.

定理 8.3.1　设总体 X 是仅取 k 个值 $a_1, a_2, \cdots, a_k$ 的离散型随机变量，假设其概率分布为

$$H_0: P\{X = a_i\} = p_i, \quad i = 1, \cdots, k$$

式中，a_i、p_i 已知，$p_i > 0$，n_i 为样本观测值 $(x_1, x_2, \cdots, x_n)$ 中取值为 a_i 的个数. 当原假设 H_0 成立时，有

$$\chi^2 = \sum_{i=1}^{k} \frac{(n_i - np_i)^2}{np_i} \sim \chi^2(k-1) \tag{8.3.4}$$

即 χ^2 统计量近似服从自由度为 $k-1$ 的 χ^2 分布.

给定显著性水平 α，查 χ^2 分布表求出临界值 $\chi^2_\alpha(k-1)$. 由样本观测值计算 χ^2 统计量. 当 $\chi^2 \geq \chi^2_\alpha(k-1)$ 时，拒绝原假设 H_0.

例 8.3.1　某工厂近 5 年来共发生了 63 次事故，按星期几分类如表 8.3.1 所示.

表 8.3.1　事故的分类

星期	1	2	3	4	5	6
次数	9	10	11	8	13	12

问事故发生是否与星期几有关？（$\alpha = 0.10$）

解　设随机事件 $\{X = i\}$ 表示事故发生在星期 i，$i = 1, 2, \cdots, 6$，若事故发生与星期几无关，则应有 $P\{X = i\} = \dfrac{1}{6}$，因而要检验的假设为

$$H_0: P\{X = i\} = \frac{1}{6}, \quad i = 1, 2, \cdots, 6$$

$k = 63$，对给定的 $\alpha = 0.10$，查 χ^2 分布表得临界值 $\chi^2_\alpha(k-1) = \chi^2_{0.10}(5) = 9.236$，由于

$$\chi^2 = \sum_{i=1}^{6} \left(\frac{n_i}{n} - \frac{1}{6} \right)^2 \cdot 6n \approx 1.67 < 9.236$$

故接受原假设 H_0，认为事故发生与星期几无关.

8.3.2　连续总体的 χ^2 检验法

接下来讨论连续总体的 χ^2 检验法. $X_1, X_2, \cdots, X_n$ 为来自连续总体的简单随机样本,在显著性水平 α 下,检验原假设

$$H_0: 总体 X 的分布函数为 F(x) \tag{8.3.5}$$

式中, $F(x)$ 可以完全已知,也可以带有未知参数. 设 $F(x)$ 为连续函数,在实数轴上取 $k-1$ 个点 $a_1 < a_2 < \cdots < a_{k-1}$,将 $(-\infty, +\infty)$ 划分为 k 个区间,分别记为

$$I_1 = (-\infty, a_1], \quad I_2 = (a_1, a_2], \quad \cdots, \quad I_{k-1} = (a_{k-2}, a_{k-1}], \quad I_k = (a_{k-1}, +\infty)$$

用 n_i 表示样本观测值 $(x_1, x_2, \cdots, x_n)$ 落在区间 I_i 内的频数, $i = 1, 2, \cdots, k$,而 $\dfrac{n_i}{n}$ 为相应的频率. 当原假设 H_0 成立时,记总体 X 在区间 I_i 内取值的概率为 p_i,则有

$$p_1 = p\{X \leqslant a_1\} = F(a_1)$$

$$p_2 = p\{a_1 < X \leqslant a_2\} = F(a_2) - F(a_1)$$

$$\cdots$$

$$p_{k-1} = p\{a_{k-2} < X \leqslant a_{k-1}\} = F(a_{k-1}) - F(a_{k-2})$$

$$p_k = p\{X \geqslant a_{k-1}\} = 1 - F(a_{k-1}) \tag{8.3.6}$$

接下来的讨论与 X 为离散型的情形完全一样. 若 $F(x)$ 中带有未知参数,不妨设 $F(x)$ 中有 r 个未知参数 $\theta_1, \theta_2, \cdots, \theta_r$,这时很难算出式 (8.3.6) 中的概率. 相应地, χ^2 统计量也无法算出. 因此上述检验方法不能直接运用,需要进行修改. 很自然的想法是在式 (8.3.6) 中用未知参数的估计量 $\hat{\theta}_1, \hat{\theta}_2, \cdots, \hat{\theta}_r$ 代替未知参数 $\theta_1, \theta_2, \cdots, \theta_r$ (一般采用极大似然估计量). 1924 年,费歇尔证明了如下的定理.

定理 8.3.2　设样本 $X_1, X_2, \cdots, X_n$ 来自分布函数为 $F(x)$ 的总体,假设其分布函数为

$$H_0: 总体 X 的分布函数为 F(x)$$

$F(x)$ 中有 r 个未知参数 $\theta_1, \theta_2, \cdots, \theta_r$. 若原假设 H_0 成立,则当样本容量 $n \to +\infty$ 时,

$$\chi^2 = \sum_{i=1}^{k} \frac{(n_i - np_i)^2}{np_i} \sim \chi^2(k-1-r) \tag{8.3.7}$$

即 χ^2 统计量近似服从自由度为 $k-1-r$ 的 χ^2 分布.

与定理 8.3.1 相比,差别在于自由度减少了 r 个,减少的个数正好等于要估计的参数个数. 此时,将 $\hat{\theta}_1, \hat{\theta}_2, \cdots, \hat{\theta}_r$ 代入,得到 $\hat{p}_1, \hat{p}_2, \cdots, \hat{p}_k$,则统计量变为

$$\chi^2 = \sum_{i=1}^{k} \frac{(n_i - n\hat{p}_i)^2}{n\hat{p}_i} \tag{8.3.8}$$

例 8.3.2　随机抽取了某地 50 名新生男婴的资料,其体重如表 8.3.2 所示.

表 8.3.2　50 名新生男婴的体重　　　　　　　　　　　　　　单位：g

2520	3540	2600	3320	3120	3400	2900	2420	3280	3100
2980	3160	3100	3460	2740	3060	3700	3460	3500	1600
3100	3700	3280	2880	3120	3800	3740	2940	3580	2980
3700	3460	2940	3300	2980	3480	3220	3060	3400	2680
3340	2500	2960	2900	4600	2780	3340	2500	3300	3640

试问在显著性水平 $\alpha = 0.05$ 下该地新生男婴的体重是否服从正态分布？

解　待检验的假设

$$H_0：总体 X 服从正态分布$$

由于假设没有给出 X 的均值与方差，仅说明它服从正态分布，因此需要先求出正态分布的两个参数 μ、σ^2 的估计量. 在应用上，常使用更易于计算的估计量，如使用样本均值和样本方差来估计总体均值和总体方差，即

$$\hat{\mu} = \overline{X}, \quad \hat{\sigma}^2 = S^2$$

根据测量数据计算得 $\overline{X} = 3160$，$S^2 = 465.3^2$.

在 χ^2 检验中，一般要求在对数据分组时每组中的数据观察个数不少于 5 个，现在我们选取 6 个数：2450，2700，2950，3200，3450，3700. 将 $(-\infty, +\infty)$ 分为 7 个区间，相应地将数据分为 7 组，得到各组的频数，如表 8.3.3 所示.

表 8.3.3　各组的区间和频数

组号	1	2	3	4
区间	$(-\infty, 2450]$	$(2450, 2700]$	$(2700, 2950]$	$(2950, 3200]$
频数	2	5	7	12
组号	5	6	7	
区间	$(3200, 3450]$	$(3450, 3700]$	$(3700, +\infty)$	
频数	10	11	3	

$k = 7$，$r = 2$，$k - 1 - r = 4$

下面计算相应的 $\hat{p}_i$，$i = 1, 2, \cdots, 7$

当 H_0 成立时，X 近似服从分布 $N(3160, 465.5^2)$，故

$$\hat{p}_1 = F(2450) = \Phi\left(\frac{2450 - 3160}{465.5}\right) = \Phi(-11.53) = 0.063$$

$$\hat{p}_2 = F(2700) - F(2450) = \Phi\left(\frac{2700 - 3160}{465.5}\right) - \Phi\left(\frac{2450 - 3160}{465.5}\right) = 0.098$$

$$\hat{p}_3 = F(2950) - F(2700) = \Phi\left(\frac{2950 - 3160}{465.5}\right) - \Phi\left(\frac{2700 - 3160}{465.5}\right) = 0.165$$

$$\hat{p}_4 = F(3200) - F(2950) = \Phi\left(\frac{3200 - 3160}{465.5}\right) - \Phi\left(\frac{2950 - 3160}{465.5}\right) = 0.210$$

$$\hat{p}_5 = F(3450) - F(3200) = \Phi\left(\frac{3450-3160}{465.5}\right) - \Phi\left(\frac{3200-3160}{465.5}\right) = 0.196$$

$$\hat{p}_6 = F(3700) - F(3450) = \Phi\left(\frac{3700-3160}{465.5}\right) - \Phi\left(\frac{3450-3160}{465.5}\right) = 0.145$$

$$\hat{p}_7 = 1 - F(3700) = 1 - \Phi\left(\frac{3700-3160}{465.5}\right) = 0.123$$

给定显著性水平 $\alpha = 0.05$，查 χ^2 分布表得临界值 $\chi_\alpha^2(k-1-r) = \chi_{0.05}^2(4) = 9.4988$，由于

$$\chi^2 = \sum_{i=1}^{7} \frac{(n_i - n\hat{p}_i)^2}{n\hat{p}_i} = 4.38 < 9.4988$$

故接受原假设 H_0，即认为该地新生男婴的体重服从正态分布.

8.4　Excel 在概率统计中的应用

本节主要介绍如何利用 Excel 实现均值的检验和方差的检验，可以通过函数命令实现，也可以通过数据分析工具实现.

8.4.1　均值的检验

Excel 中提供的均值检验主要是 t 检验，可以通过函数命令实现，也可以通过数据分析工具实现，包括 3 种 t 检验：成对样本的 t 检验、双样本等方差假设的 t 检验、双样本异方差假设的 t 检验.

成对样本的 t 检验，当样本中存在自然配对的观察值时，可使用此检验. 例如，对一个样本在实验前后进行了两次检验，以确定实验前后的观察值是否来自具有相同总体均值的分布，同时此 t 检验并未假设两个样本的总体方差相等.

双样本等方差假设的 t 检验，假设两个样本来自具有相同总体方差的分布，也称作同方差 t 检验，可以使用此 t 检验来确定两个样本是否来自具有相同总体均值的分布.

双样本异方差假设的 t 检验，假设两个样本来自具有不同总体方差的分布，也称作异方差 t 检验，可以使用此 t 检验来确定两个样本是否来自具有相同总体均值的分布. 当两个样本中有截然不同的对象时，可使用此检验.

均值检验命令：T.TEST

函数语法：T.TEST(Array1, Array2, Tails, Type)

参数含义：Array1　必需，第一个数据集；

Array2　必需，第二个数据集；

Tails　必需，指定分布尾数，1 代表 T.TEST 使用单尾分布，2 代表 T.TEST 使用双尾分布；

Type　必需，要执行的 t 检验的类型，1 代表成对样本的 t 检验，2 代表双样本等方差假设的 t 检验，3 代表双样本异方差假设的 t 检验.

例 8.4.1　某产品调整生产线以减少次品，新、旧两条生产线 10 天的次品数如表 8.4.1 所示.

表 8.4.1	新、旧两条生产线 10 天的次品数							单位：个	
新生产线	3	4	5	8	9	1	2	4	5	4
旧生产线	6	19	3	2	14	4	5	17	1	8

问两条生产线的次品数有无显著差异？（α=0.05）

解　（1）成对样本的 t 检验．第一步，打开 Excel 工作表，选中一个空白单元格，依次按行或按列将待求的数据输入，如图 8.4.1 所示．

第二步，另选中一空白单元格，点击公式编辑区的"fx"图标，选择统计类函数，选择 T.TEST 函数，单击"确定"按钮，如图 8.4.2 所示．

图 8.4.1　输入数据

图 8.4.2　"插入函数"对话框

第三步，在"函数参数"对话框中输入参数，具体为 Array1=A2:A11，Array2=B2:B11，Tails=2，Type=1，在公式编辑框中将出现相应的函数命令"=T.TEST (A2:A11, B2:B11, 2, 1)"，如图 8.4.3 所示．

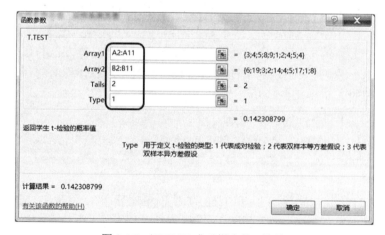

图 8.4.3　T.TEST 成对样本的 t 检验

第四步，单击"确定"按钮，得到计算结果 0.1423，即成对样本的 t 检验的 p 值为 0.1423，

给定显著性水平 $\alpha=0.05$，由于 $p>0.05$，故接受原假设，认为新、旧生产线的次品数的均值相同.

（2）双样本等方差假设的 t 检验. 第一步，在"函数参数"对话框中输入参数，具体为 Array1= A2:A11，Array2=B2:B11，Tails=2，Type=2，在公式编辑框中将出现相应的函数命令"=T.TEST (A2:A11, B2:B11, 2, 2)"，如图 8.4.4 所示.

第二步，单击"确定"按钮，得到计算结果 0.1378，即双样本等方差假设的 t 检验的 p 值为 0.1378，给定显著性水平 $\alpha=0.05$，由于 $p>0.05$，故接受原假设，认为新、旧生产线的次品数的均值相同.

（3）双样本异方差假设的 t 检验. 第一步，在"函数参数"对话框中输入参数，具体为 Array1= A2:A11，Array2=B2:B11，Tails=2，Type=3，在公式编辑框中将出现相应的函数命令"=T.TEST (A2:A11, B2:B11, 2, 3)"，如图 8.4.5 所示.

图 8.4.4 T.TEST 双样本等方差假设的 t 检验

图 8.4.5 T.TEST 双样本异方差假设的 t 检验

第二步，单击"确定"按钮，得到计算结果 0.1474，即双样本异方差假设的 t 检验的 p 值为 0.1474，给定显著性水平 $\alpha=0.05$，由于 $p>0.05$，故接受原假设，认为新、旧生产线的次品数的均值相同.

Excel 也可采用数据分析工具进行均值检验，包括 3 种 t 检验，分别为"t-检验:平均值的成对二样本分析""t-检验:双样本等方差假设""t-检验:双样本异方差假设". 此三种 t 检验的算法与函数命令的三种 t 检验的算法一致.

例 8.4.2 同例 8.4.1，问两条生产线的次品数有无显著差异？（$\alpha=0.05$）

解 （1）t-检验：平均值的成对二样本分析. 第一步，打开 Excel 工作表，选中一个空白单元格，依次按行或按列将待求的数据输入．

第二步，单击"数据"选项卡，选择"数据分析"选项，在"分析工具"窗口中选择"*t*-检验:平均值的成对二样本分析"选项，如图 8.4.6 所示．

图 8.4.6　"数据分析"对话框

第三步，在"*t*-检验:平均值的成对二样本分析"对话框中输入各项参数．

1．"输入"表示需要分析的数据所在区域，可以直接输入行数列数，也可以通过右侧的箭头符号在工作表中选择数据区域，本例的变量 1 的输入区域为"\$A\$1:\$A\$11"，变量 2 的输入区域为"\$B\$1:\$B\$11"．

2．"假设平均差"表示原假设中两个样本的均值差，0 表示原假设为两个样本的均值相等，也可以根据实际情况设置均值差．

3．勾选"标志"，表示数据区域的第一行为变量名称，如果没有勾选，表示数据区域的第一行为数据．

4．"α（A）"表示显著性水平，系统默认为 0.05，也可以根据实际情况进行调整．

5．"输出选项"有三个选项，"输出区域"表示将计算结果放在本工作表的某个空白单元格，"新工作表组"表示将计算结果放在新的工作表，"新工作簿"表示将计算结果放在新的工作簿，如图 8.4.7 所示．

第四步，单击"确定"按钮后，得到计算结果，如图 8.4.8 所示．与函数命令的计算结果相比，数据分析工具的计算结果更多，包括均值、方差、观测值个数、泊松相关系数、自由度 df、单尾和双尾的 *t* 统计量 t Stat 及 *p* 值．其中，双尾检验的 *p* 值与函数命令的计算结果一致，由于 $p = 0.1423 > 0.05$，故接受原假设，认为新、旧生产线的次品数的均值相同．

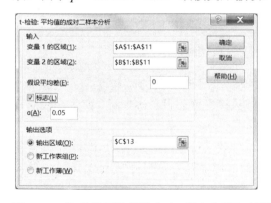

t-检验:平均值的成对二样本分析		
	新	旧
均值	4.5	7.9
方差	6.055555556	41.87777778
观测值个数	10	10
泊松相关系数	0.101171149	—
假设平均差	0	—
df	9	—
tStat	−1.607944986	—
P（T<=t）单尾	0.0711544	—
t 单尾临界	1.833112933	—
P（T<=t）双尾	0.142308799	—
t 双尾临界	2.262157163	—

图 8.4.7　"*t*-检验:平均值的成对二样本分析"对话框　　图 8.4.8　"*t*-检验:平均值的成对二样本分析"计算结果

（2）t-检验:双样本等方差假设. 第一步，在"分析工具"窗口中选择"t-检验:双样本等方差假设"选项，如图 8.4.9 所示.

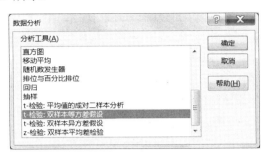

图 8.4.9　"数据分析"对话框

第二步，在"t-检验:双样本等方差假设"对话框中输入各项参数，如图 8.4.10 所示，参数设置与"t-检验:平均值的成对二样本分析"对话框类似，不再赘述.

第三步，单击"确定"按钮后，得到计算结果，如图 8.4.11 所示. 其中，双尾检验的 p 值与函数命令的计算结果一致，由于 $p = 0.1378 > 0.05$，故接受原假设，认为新、旧生产线的次品数的均值相同.

图 8.4.10　"t-检验:双样本等方差假设"对话框

t-检验:双样本等方差假设		
	新	旧
均值	4.5	7.9
方差	6.055555556	41.87777778
观测值个数	10	10
合并方差	23.96666667	—
假设平均差	0	—
df	18	—
tStat	−1.552959398	—
P (T<=t) 单尾	0.068919115	—
t 单尾临界	1.734063607	—
P (T<=t) 双尾	0.137838231	—
t 双尾临界	2.10092204	—

图 8.4.11　"t-检验:双样本等方差假设"计算结果

（3）t-检验:双样本异方差假设. 第一步，在"分析工具"窗口中选择"t-检验:双样本异方差假设"选项，如图 8.4.12 所示.

第二步，在"t-检验:双样本异方差假设"对话框中输入各项参数，如图 8.4.13 所示.

图 8.4.12　"数据分析"对话框

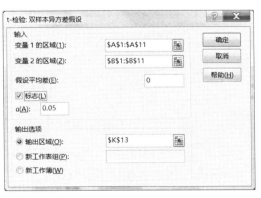

图 8.4.13　"t-检验:双样本异方差假设"对话框

第三步，单击"确定"按钮后，得到计算结果，如图 8.4.14 所示. 其中，双尾检验的 p 值与函数命令的计算结果有所不同. 这是因为在函数命令 T.TEST 中的自由度未进行四舍五入，而在数据分析"t-检验:双样本异方差假设"中的自由度为四舍五入之后的，所以两者的计算结果有一点偏差，但是不影响最后的判断. 由于 $p = 0.1464 > 0.05$，故接受原假设，认为新、旧生产线的次品数的均值相同.

t-检验:双样本异方差假设		
	新	旧
均值	4.5	7.9
方差	6.055555556	41.87777778
观测值	10	10
假设平均差	0	—
d f	12	—
t Stat	−1.552959398	—
P (T<= t) 单尾	0.073198466	—
t 单尾临界	1.782287556	—
P (T<= t) 双尾	0.146396933	—
t 双尾临界	2.17881283	—

图 8.4.14　"t-检验:双样本异方差假设"计算结果

以上三种 t 检验的结果均一致，接受原假设，认为新、旧生产线的次品数的均值相同. 但是根据计算结果可以发现，新、旧生产线的次品数的方差偏差较大，因此用"t-检验:双样本异方差假设"更适合本例.

8.4.2　方差的检验

Excel 中提供的方差检验主要是 F 检验，可以通过函数命令实现，也可以通过数据分析工具实现.

方差检验命令：F.TEST

函数语法：F.TEST(Array1, Array2)

参数含义：Array1，必需，第一个数据集；

Array2，必需，第二个数据集.

例 8.4.3　同例 8.4.1，检验新、旧两条生产线的次品数的方差是否相同？

解　（1）函数命令. 第一步，录入数据，另选中一空白单元格，单击公式编辑区的"fx"图标，选择统计类函数，选择 F.TEST 函数，单击"确定"按钮，如图 8.4.15 所示.

图 8.4.15　"插入函数"对话框

第二步，在"函数参数"对话框中输入参数，具体为 Array1=A2:A11，Array2=B2:B11，在公式编辑框中将出现相应的函数命令"=F.TEST (A2:A11, B2:B11)"，如图 8.4.16 所示.

第三步，单击"确定"按钮后，得到计算结果 0.0082，即 F 检验的 p 值为 0.0082，给

定显著性水平 $\alpha=0.05$，由于 $p < 0.05$，故拒绝原假设，认为新、旧生产线的次品数的方差显著不同.

图 8.4.16　"函数参数"对话框

（2）数据分析工具. 第一步，单击"数据"选项卡，选择"数据分析"选项，在"分析工具"窗口中选择"F-检验 双样本方差"选项，如图 8.4.17 所示.

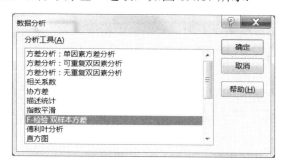

图 8.4.17　"数据分析"对话框

第二步，在"F-检验 双样本方差"对话框中输入各项参数.

1. "输入"表示需要分析的数据所在区域，可以直接输入行数列数，也可以通过右侧的箭头符号在工作表中选择数据区域，本例的变量 1 的输入区域为"$A\$1:\$A\$11$"，变量 2 的输入区域为"$B\$1:\$B\$11$".

2. 勾选"标志"，表示数据区域的第一行为变量名称，如果没有勾选，表示数据区域的第一行为数据.

3. "$\alpha(A)$"表示显著性水平，系统默认为 0.05，也可以根据实际情况进行调整；

4. "输出选项"有三个选项，"输出区域"表示将计算结果放在本工作表的某个空白单元格，"新工作表组"表示将计算结果放在新的工作表，"新工作簿"表示将计算结果放在新的工作簿，如图 8.4.18 所示.

第三步，单击"确定"按钮后，得到计算结果，如图 8.4.19 所示. 与函数命令的计算结果相比，数据分析工具的计算结果更多，包括均值、方差、观测值个数、自由度 df、单尾的 F 统计量及 p 值. 注意，函数命令 F.TEST 计算的是双尾检验的 p 值，数据分析工具 F 检验计算的是单尾检验的 p 值. 由于 $p = 0.0041 < 0.05$，故拒绝原假设，认为新、旧生产线的次品数的方差不同.

图 8.4.18　"F-检验 双样本方差"对话框

F-检验 双样本方差		
	新	旧
均值	4.5	7.9
方差	6.05555556	41.8777778
观测值个数	10	10
df	9	9
F	0.14460069	
P（T<=t）单尾	0.00410085	
F 单尾临界	0.31457491	

图 8.4.19　"F-检验 双样本方差"计算结果

习 题 8

1. 某种产品的质量 $X \sim N(12,1)$（单位：g），更新设备后，从新生产的产品中随机地抽取 100 个，测得样本均值 $\bar{X} = 12.5$．如果方差没有变化，问更新设备后产品的平均质量是否有显著变化？（$\alpha = 0.1$）

2. 某高校大一新生进行数学期中考试，测得平均成绩为 75.6 分，标准差为 7.4 分．从该校某专业随机抽取 50 名学生，测得数学平均成绩为 78 分，试问该专业学生与全校学生数学成绩有无明显差异？（$\alpha = 0.05$）

3. 一种燃料的辛烷等级服从正态分布，平均等级为 98.0，标准差为 0.8．今从一批新油中抽出 25 桶，算得样本均值为 97.7，假定标准差与原来一样，问新油的辛烷平均等级是否比原燃料的平均等级偏低？（$\alpha = 0.05$）

4. 某饲料公司用自动打包机打包，每包标准质量为 100kg，每天开工后需检验一次打包机是否正常工作，某日开工后测得九包的质量（单位：kg）如下

$$99.3，98.7，100.5，101.2，98.3，99.7，99.5，102.1，100.5$$

假设每包的质量服从正态分布．在显著性水平 $\alpha = 0.05$ 的情况下，打包机工作是否正常？

5. 正常人的脉搏平均为 72 次/分，现某医生测得 10 例慢性四乙基铅中毒患者的脉搏（单位：次/分）如下

$$54，68，65，77，70，64，69，72，62，71$$

设患者的脉搏次数 X 服从正态分布，试检验患者的脉搏与正常人的脉搏有无显著差异？（$\alpha = 0.05$）

6. 有甲、乙两台机床加工同样产品，从这两台机床加工的产品中随机抽取若干件，测得产品直径（单位：mm）如下

机床甲：20.5，19.8，19.7，20.4，20.1，20.0，19.0，19.9

机床乙：19.7，20.8，20.5，19.8，19.4，20.6，19.2

假定两台机床加工的产品直径都服从正态分布，且总体方差相等，问甲、乙两台机床加工的产品直径有无显著差异？（$\alpha = 0.05$）

7. 某汽车配件厂在新工艺下，对加工好的 25 个活塞的直径进行测量，得样本方差

S^2=0.00066. 已知老工艺生产的活塞直径的方差为 0.00040. 问在新工艺下方差有无显著变化？（$\alpha = 0.05$）

8. 某纺织厂生产的某种产品的纤度用 X 表示，在稳定生产时，假定 $X \sim N(\mu, \sigma^2)$，其标准差 $\sigma = 0.048$，现在随机抽取 5 件产品，测得其纤度如下

$$1.32，1.55，1.36，1.40，1.44$$

问总体 X 的方差有无显著变化？

9. 在正常生产条件下，某产品的测试指标总体 $X \sim N(\mu, 0.023^2)$，后来改变生产水平，出了新产品，此时产品的测试指标总体 $X \sim N(\mu, \sigma^2)$. 现从新产品中抽取 10 件进行测试，计算出样本标准差为 0.33，若显著性水平 α =0.05，问方差有无显著变化？

10. 从两个教学班各随机选取 14 名学生进行数学测验，第一教学班与第二教学班的数学成绩都服从正态分布，其方差分别 57 分和 53 分，14 名学生的平均成绩分别为 90.9 分和 92 分，在显著性水平 α =0.05 的情况下，分析两个教学班的数学测验成绩有无显著差异？

11. 为比较甲、乙两种安眠药的疗效，将 20 名患者平均分成两组进行试验. 每组分别试验甲、乙两种药物，测得服药后延长睡眠的时间如下（单位：h）

　　甲：1.9，0.8，1.1，0.1，−0.1，4.4，5.5，1.6，4.6，3.4

　　乙：0.7，−1.6，−0.2，−1.2，−0.1，3.4，3.7，0.8，0，2.2

假设延长睡眠的时间都服从正态分布（标准差相同），问两种安眠药的疗效有无显著差异？（α =0.05）

12. 在 10 块土地上试种甲、乙两种作物，所得产量分别为 $(x_1, x_2, \cdots, x_{10})$ 和 $(y_1, y_2, \cdots, y_{10})$，假设作物产量服从正态分布且标准差相同，根据样本得 $\bar{x} = 30.97$，　$\bar{y} = 21.79$，　$S_x = 26.7$，$S_Y = 12.1$. 显著性水平为 0.01，问是否可认为两个品种的产量没有显著差异？

13. 机床厂某日从两台机床所加工的同一种零件中分别抽取若干样本测量零件尺寸（单位：cm）

　　甲：20.5，19.8，19.7，20.4，20.1，20.0，19.6，19.9

　　乙：19.7，20.8，20.5，19.8，19.4，20.6，19.2

试比较两台机床加工的精度有无显著差异？（α =0.05）

14. 1h 内电话交换台呼叫次数按每 min 统计如下

每分钟呼叫次数/次	0	1	2	3	4	5	6
频数	8	16	17	10	6	2	1

试检验每 min 内电话交换台呼叫次数是否服从泊松分布？（$\alpha = 0.05$）

15. 对某型号电缆进行耐压测试，记录 43 根电缆的最低击穿电压，数据如下

测试电压/V	3.8	3.9	4.0	4.1	4.2	4.3	4.4	4.5	4.6	4.7	4.8
击穿频数	1	1	1	2	7	8	8	4	6	4	1

试检验电缆耐压数据是否服从正态分布？（α =0.05）

第9章 方差分析

在科学实验和生产实践中，影响一个结果的因素往往有很多，我们不仅要了解有哪些影响因素，还要比较各种因素对结果产生影响的大小.例如，一种农作物的产量，往往取决于种子的品种、土地、施肥量、日照、浇水、虫害等多个因素.每个因素的变化都可能影响产品的质量，但各个因素影响的大小又不尽相同，对各个因素进行分析，找出其中影响较大的因素，是实现高产量需要解决的一个重要问题.方差分析就是根据试验的结果进行分析，鉴别各因素效应显著性的一种有效的统计方法.方差分析是由英国统计学家费希尔（R.A.Fisher）在农业试验中提出的，可以用较少的试验有效地获得大量的信息.

在方差分析中，所要考察的指标称为**试验指标**，影响试验指标的条件称为**因素**，因素所处的状态称为**因素的水平**.按照因素的个数不同，方差分析可分为**单因素方差分析**、**双因素方差分析**、**多因素方差分析**等.本章着重介绍单因素方差分析和双因素方差分析.

9.1 单因素方差分析

单因素方差分析只考察一个因素的变动对试验指标的影响.实际上，影响试验指标的因素可能有若干个，当我们考察其中某一个影响因素时，将其他因素固定在适当的水平上，只让所考察的因素在若干个水平上变化，以观察和分析它对试验指标的影响.

9.1.1 统计模型

设因素 A 有 r 个水平 $A_1, A_2, \cdots, A_r$，在水平 A_i（$i=1,2,\cdots,r$）下，抽取 n_i 个独立样本，得到如下结果，如表 9.1.1 所示.

表 9.1.1 方差分析原始数据表

水平	抽样结果				行和	组均值
A_1	X_{11}	X_{12}	$\cdots$	X_{1n_1}	$X_{1.}$	$\bar{X}_1$
A_2	X_{21}	X_{22}	$\cdots$	X_{2n_2}	$X_{2.}$	$\bar{X}_2$
$\cdots$	$\cdots$	$\cdots$	$\cdots$	$\cdots$	$\cdots$	$\cdots$
A_r	X_{r1}	X_{r2}	$\cdots$	X_{rn_r}	$X_{r.}$	$\bar{X}_r$
合计					$X_{..}$	$\bar{X}$

表 9.1.1 中的 X_{ij}（$i=1,2,\cdots,r$，$j=1,2,\cdots,n_i$）是来自总体 $N(\mu_i, \sigma^2)$（$i=1,2,\cdots,r$）的简单随机样本，表示在水平 A_i 上的第 j 个样本.行和为

$$X_{i.} = \sum_{j=1}^{n_i} X_{ij} \tag{9.1.1}$$

样本总和为

$$X_{\cdot\cdot} = \sum_{i=1}^{r} \sum_{j=1}^{n_i} X_{ij} \qquad (9.1.2)$$

样本均值为

$$\overline{X}_i = \frac{1}{n_i} \sum_{j=1}^{n_i} X_{ij} \qquad (9.1.3)$$

样本总均值为

$$\overline{X} = \frac{1}{n} \sum_{i=1}^{r} \sum_{j=1}^{n_i} X_{ij} , \quad n = \sum_{i=1}^{r} n_i \qquad (9.1.4)$$

因素 A 在不同水平下的样本存在差异，这些差异一方面是不同水平造成的，称为**水平误差**；另一方面是存在随机因素造成的，称为**随机误差**.

如果水平误差与随机误差的大小差不多，说明因素的水平不同对试验指标的影响不显著；如果水平误差比随机误差大得多，则有理由认为水平的变化对试验指标有显著影响. 方差分析的基本思想是首先将误差分解为水平误差和随机误差，然后进行比较，最后得出因素 A 对试验指标是否存在显著影响的结论.

假设总体 $N(\mu_i, \sigma^2)$，r 个总体的方差相同，称为方差齐性，这是方差分析的重要假设. 每个水平 A_i 取一组样本 $X_{i1}, X_{i2}, \cdots, X_{in_i}$，假设 r 个样本相互独立. 要检验的假设为

$$\begin{cases} H_0 : \mu_1 = \mu_2 = \cdots = \mu_r \\ H_1 : \mu_1, \mu_2, \cdots, \mu_r \text{不全相等} \end{cases} \qquad (9.1.5)$$

将全体样本对样本总均值的离差平方和

$$\text{SST} = \sum_{i=1}^{r} \sum_{j=1}^{n_i} (X_{ij} - \overline{X})^2 \qquad (9.1.6)$$

称为**总离差平方和**，反映试验指标的全部样本之间的差异程度. 总离差平方和可以分解为

$$\begin{aligned} \text{SST} &= \sum_{i=1}^{r} \sum_{j=1}^{n_i} (X_{ij} - \overline{X})^2 = \sum_{i=1}^{r} \sum_{j=1}^{n_i} [(X_{ij} - \overline{X}_{i\cdot}) + (\overline{X}_{i\cdot} - \overline{X})]^2 \\ &= \sum_{i=1}^{r} \sum_{j=1}^{n_i} (X_{ij} - \overline{X}_{i\cdot})^2 + \sum_{i=1}^{r} \sum_{j=1}^{n_i} (\overline{X}_{i\cdot} - \overline{X})^2 + 2 \sum_{i=1}^{r} \sum_{j=1}^{n_i} (X_{ij} - \overline{X}_{i\cdot})(\overline{X}_{i\cdot} - \overline{X}) \end{aligned}$$

其中交叉项

$$\begin{aligned} \sum_{i=1}^{r} \sum_{j=1}^{n_i} (X_{ij} - \overline{X}_{i\cdot})(\overline{X}_{i\cdot} - \overline{X}) &= \sum_{i=1}^{r} (\overline{X}_{i\cdot} - \overline{X}) \sum_{j=1}^{n_i} (X_{ij} - \overline{X}_{i\cdot}) \\ &= \sum_{i=1}^{r} (\overline{X}_{i\cdot} - \overline{X}) \left(\sum_{j=1}^{n_i} X_{ij} - n \overline{X}_{i\cdot} \right) = 0 \end{aligned}$$

于是

$$\text{SST} = \sum_{i=1}^{r} \sum_{j=1}^{n_i} (X_{ij} - \overline{X}_{i\cdot})^2 + \sum_{i=1}^{r} \sum_{j=1}^{n_i} (\overline{X}_{i\cdot} - \overline{X})^2 = \text{SSE} + \text{SSA} \qquad (9.1.7)$$

记 SSA 为**组间离差平方和**或**效应离差平方和**，反映因素 A_i 的水平误差对试验指标的影响程度，它是由水平 A_i 及随机误差引起的.

$$\text{SSA} = \sum_{i=1}^{r}\sum_{j=1}^{n_i}(\bar{X}_{i\cdot} - \bar{X})^2 \tag{9.1.8}$$

记 SSE 为**组内离差平方和**或**误差离差平方和**，反映随机误差对考察指标的影响程度.

$$\text{SSE} = \sum_{i=1}^{r}\sum_{j=1}^{n_i}(X_{ij} - \bar{X}_{i\cdot})^2 \tag{9.1.9}$$

综上，根据方差分析的思想，我们将误差进行了分解，接下来讨论检验统计量及其显著性检验.

9.1.2 统计检验

在原假设 H_0 成立的条件下，$\mu_1 = \mu_2 = \cdots = \mu_r$，所有样本 X_{ij} 可以看作独立同服从分布 $N(\mu, \sigma^2)$，根据抽样分布定理，总离差平方和 SST 满足

$$\frac{1}{\sigma^2}\text{SST} \sim \chi^2(n-1) \tag{9.1.10}$$

可以推导，组内离差平方和 SSE 与组间离差平方和 SSA 也服从 χ^2 分布.

$$\text{SSE} = \sum_{i=1}^{r}\sum_{j=1}^{n_i}(X_{ij} - \bar{X}_i)^2 = \sum_{j=1}^{n_1}(X_{1j} - \bar{X}_1)^2 + \sum_{j=1}^{n_2}(X_{2j} - \bar{X}_2)^2 + \cdots + \sum_{j=1}^{n_r}(X_{rj} - \bar{X}_r)^2$$

根据抽样分布定理，有

$$\frac{1}{\sigma^2}\sum_{j=1}^{n_i}(X_{ij} - \bar{X}_i)^2 \sim \chi^2(n_i - 1)，（i = 1, 2, \cdots, r）$$

由 χ^2 分布的可加性，有

$$\frac{1}{\sigma^2}\sum_{i=1}^{r}\sum_{j=1}^{n_i}(X_{ij} - \bar{X})^2 \sim \chi^2(\sum_{i=1}^{r}(n_i - 1))$$

所以有

$$\frac{1}{\sigma^2}\text{SSE} \sim \chi^2(n-r) \tag{9.1.11}$$

同理

$$\frac{1}{\sigma^2}\text{SSA} \sim \chi^2(r-1) \tag{9.1.12}$$

将 SSE、SSA 分别除以各自的自由度，得到因素 A 的组内离差均方和 $\overline{\text{SSE}}$，组间离差均方和 $\overline{\text{SSA}}$ 分别为

$$\overline{\text{SSE}} = \frac{\text{SSE}}{n-r}，\quad \overline{\text{SSA}} = \frac{\text{SSA}}{r-1} \tag{9.1.13}$$

构造检验统计量

$$F = \frac{\text{SSA}/(r-1)}{\text{SSE}/(n-r)} = \frac{\overline{\text{SSA}}}{\overline{\text{SSE}}} \sim F(r-1, n-r) \tag{9.1.14}$$

在原假设 H_0 成立的条件下，如果因素 A 的水平变化对试验结果的影响显著，则 $\overline{\text{SSA}}$ 应比 $\overline{\text{SSE}}$ 大得多，从而检验统计量 F 的值较大；如果因素 A 的水平变化对试验结果的影响不显著，则 $\overline{\text{SSA}}$ 应与 $\overline{\text{SSE}}$ 相差不大或 $\overline{\text{SSA}}$ 比 $\overline{\text{SSE}}$ 小，从而检验统计量 F 的值较小. 因此当显著性水平为 α 时，H_0 的拒绝域为

$$W = \{F \geqslant F_\alpha(r-1, n-r)\} \tag{9.1.15}$$

显著性水平通常取 0.05 或 0.01，一般地，检验结果有以下三种情况.

（1）若 $F \leqslant F_{0.05}(r-1, n-r)$，接受原假设 H_0，认为因素 A 对试验指标无显著影响；

（2）若 $F_{0.05}(r-1, n-r) < F \leqslant F_{0.01}(r-1, n-r)$，拒绝原假设 H_0，认为因素 A 对试验指标有显著影响；

（3）若 $F > F_{0.01}(r-1, n-r)$，拒绝原假设 H_0，认为因素 A 对试验指标的影响特别显著.

通常将上述过程列成表格形式，称为单因素方差分析表，如表 9.1.2 所示.

表 9.1.2　单因素方差分析表

方差来源	平方和	自由度	均方和	F 值	临界值	显著性
组间（因素 A）	SSA	$r-1$	$\overline{\text{SSA}}$	$F = \dfrac{\overline{\text{SSA}}}{\overline{\text{SSE}}}$	F_α	—
组内（误差）	SSE	$n-r$	$\overline{\text{SSE}}$			—
总和	SST	$n-1$				

例 9.1.1　有三台机器生产规格相同的铝合金薄板，为检验三台机器生产铝合金薄板的厚度是否相同，随机从每台机器生产的薄板中各抽取了 5 个样品，测得结果如表 9.1.3 所示.

表 9.1.3　铝合金薄板的厚度　　　　　　　　　　单位：mm

机器	样品				
	1	2	3	4	5
1	0.236	0.238	0.248	0.245	0.243
2	0.257	0.253	0.255	0.254	0.261
3	0.258	0.264	0.259	0.267	0.262

问：三台机器生产铝合金薄板的厚度是否有显著差异？（$\alpha = 0.05$）

解　设三台机器生产铝合金薄板的厚度服从正态分布，分别将三台机器生产铝合金薄板的厚度作为 3 个正态总体 X_1, X_2, X_3，$X_i \sim N(\mu_i, \sigma^2)$，$i = 1, 2, 3$

（1）建立假设

$$H_0: \mu_1 = \mu_2 = \mu_3 \qquad\qquad H_1: \mu_1, \ \mu_2, \ \mu_3 \text{ 不全相等}$$

（2）由所给数值可算得三台机器生产薄板的厚度的样本均值和样本总均值

$$\overline{X}_{1\bullet} = 0.242, \ \overline{X}_{2\bullet} = 0.256, \ \overline{X}_{3\bullet} = 0.262, \ \overline{X} = 0.253$$

组间离差平方和

$$\begin{aligned}
\text{SSA} &= \sum_{i=1}^{r} n(\overline{X}_{i\bullet} - \overline{X})^2 \\
&= 5 \times [(0.242 - 0.253)^2 + (0.256 - 0.253)^2 + (0.262 - 0.253)^2] \\
&= 0.00105
\end{aligned}$$

自由度

$$r - 1 = 3 - 1 = 2$$

组间离差均方和

$$\overline{\text{SSA}} = \frac{\text{SSA}}{r - 1} = 0.000525$$

组内离差平方和

$$\text{SSE} = \sum_{i=1}^{r} \sum_{j=1}^{n_i} (X_{ij} - \overline{X}_{i\cdot})^2$$
$$= \sum_{j=1}^{5} (X_{1j} - 0.242)^2 + \sum_{j=1}^{5} (X_{2j} - 0.256)^2 + \sum_{j=1}^{5} (X_{3j} - 0.262)^2$$
$$= 0.00019$$

自由度

$$n - r = 15 - 3 = 12$$

组间离差均方和

$$\overline{\text{SSE}} = \frac{\text{SSE}}{n - r} \approx 0.000016$$

总离差平方和

$$\text{SST} = \text{SSA} + \text{SSE} = 0.00124$$

自由度

$$n - 1 = 14$$

（3）计算方差比

$$F = \frac{\text{SSA} / r - 1}{\text{SSE} / (n - r)} = \frac{0.000525}{0.000016} = 32.9375$$

$F \sim F(2,12)$，当显著性水平 $\alpha = 0.05$ 时，查 F 分布表得临界值 $F_\alpha(2,12) = 3.89$，因为 $F > F_\alpha$，所以拒绝原假设 H_0，认为三台机器生产铝合金薄板的厚度有显著差异. 方差分析表如表 9.1.4 所示.

表 9.1.4　方差分析表

方差来源	平方和	自由度	均方和	F 值	临界值	显著性
组间	0.00105	2	0.000525	32.9375	3.89	显著
组内	0.00019	12	0.000016	—	—	—
总和	0.00124	14	—	—	—	—

9.2　双因素方差分析

单因素方差分析只考察一个因素的变动对试验指标的影响，实际上，有时需要考虑几个因素对试验指标的影响. 当方差分析中涉及两个因素时，称为双因素方差分析.

9.2.1　统计模型

设考虑两个因素 A、B 对试验指标的影响，因素 A 有 r 个水平 $A_1, A_2, \cdots, A_r$，因素 B 有 k 个水平 $B_1, B_2, \cdots, B_k$，两种因素一共有 $r \times k$ 种不同的水平组合. 设 X_{ij}（$i = 1, 2, \cdots, r$，$j = 1, 2, \cdots, k$）为来自总体 $N(\mu_{ij}, \sigma^2)$（$i = 1, 2, \cdots, r$，$j = 1, 2, \cdots, k$）的简单随机样本，满足方差齐性. 方差分析原始数据表如表 9.2.1 所示.

表 9.2.1　方差分析原始数据表

因素 A	因素 B				
	B_1	B_2	$\cdots$	B_k	均值
A_1	X_{11}	X_{12}	$\cdots$	X_{1k}	$\bar{X}_{1\bullet}$
A_2	X_{21}	X_{22}	$\cdots$	X_{2k}	$\bar{X}_{2\bullet}$
$\cdots$	$\cdots$	$\cdots$	$\cdots$	$\cdots$	$\cdots$
A_r	X_{r1}	X_{r2}	$\cdots$	X_{rk}	$\bar{X}_{r\bullet}$
均值	$\bar{X}_{\bullet 1}$	$\bar{X}_{\bullet 2}$	$\cdots$	$\bar{X}_{\bullet k}$	$\bar{X}$

因素 A 的第 i 水平均值

$$\bar{X}_{i\bullet} = \frac{1}{k} \sum_{j=1}^{k} X_{ij}, \quad i = 1, 2, \cdots, r \tag{9.2.1}$$

因素 B 的第 j 水平均值

$$\bar{X}_{\bullet j} = \frac{1}{r} \sum_{i=1}^{r} X_{ij}, \quad j = 1, 2, \cdots, k \tag{9.2.2}$$

样本总均值

$$\bar{X} = \frac{1}{rk} \sum_{i=1}^{r} \sum_{j=1}^{k} X_{ij} \tag{9.2.3}$$

为了检验两个因素的影响，需要对两个因素分别提出假设. 对因素 A 要检验的假设为

$$\begin{cases} H_0 : \mu_1 = \mu_2 = \cdots = \mu_i = \cdots = \mu_r \\ H_1 : \mu_i \ (i = 1, 2, \cdots, r) \ 不全相等 \end{cases} \tag{9.2.4}$$

对因素 B 要检验的假设为

$$\begin{cases} H_0 : \mu_1 = \mu_2 = \cdots = \mu_j = \cdots = \mu_k \\ H_1 : \mu_j \ (j = 1, 2, \cdots, k) \ 不全相等 \end{cases} \tag{9.2.5}$$

全体样本对样本总均值的离差平方和

$$\mathrm{SST} = \sum_{i=1}^{r} \sum_{j=1}^{k} (X_{ij} - \bar{X})^2 \tag{9.2.6}$$

称为**总离差平方和**，反映试验指标的全部样本之间的差异程度. 总离差平方和可以分解为

$$\mathrm{SST} = \sum_{i=1}^{r}\sum_{j=1}^{k}(X_{ij} - \bar{X})^2 = \sum_{i=1}^{r}\sum_{j=1}^{k}[(X_{ij} - \bar{X}_{i\cdot} - \bar{X}_{\cdot j} + \bar{X}) + (\bar{X}_{i\cdot} - \bar{X}) + (\bar{X}_{\cdot j} - \bar{X})]^2$$

$$= \sum_{i=1}^{r}\sum_{j=1}^{k}(X_{ij} - \bar{X}_{i\cdot} - \bar{X}_{\cdot j} + \bar{X})^2 + \sum_{i=1}^{r}\sum_{j=1}^{k}(\bar{X}_{i\cdot} - \bar{X})^2 + \sum_{i=1}^{r}\sum_{j=1}^{k}(\bar{X}_{\cdot j} - \bar{X})^2$$

其中交叉项为 0，于是得到离差平方和的分解式

$$\mathrm{SST} = \mathrm{SSE} + \mathrm{SSA} + \mathrm{SSB} \tag{9.2.7}$$

记 SSE 为**误差离差平方和**，反映随机误差对试验指标的影响程度.

$$\mathrm{SSE} = \sum_{i=1}^{r}\sum_{j=1}^{k}(X_{ij} - \bar{X}_{i\cdot} - \bar{X}_{\cdot j} + \bar{X})^2 \tag{9.2.8}$$

记 SSA 为因素 A 的**效应离差平方和**或**行因素离差平方和**，反映因素 A_i 的水平误差对试验指标的影响程度，它是由水平 A_i 及随机误差引起的.

$$\mathrm{SSA} = k\sum_{i=1}^{r}(\bar{X}_{i\cdot} - \bar{X})^2 \tag{9.2.9}$$

记 SSB 为因素 B 的**效应离差平方和**或**列因素离差平方和**，反映因素 B_j 的水平误差对试验指标的影响程度，它是由水平 B_j 及随机误差引起的.

$$\mathrm{SSB} = r\sum_{j=1}^{k}(\bar{X}_{\cdot j} - \bar{X})^2 \tag{9.2.10}$$

综上，根据方差分析的思想，我们将误差进行了分解，接下来讨论检验统计量及其显著性检验.

9.2.2 统计检验

在原假设 H_0 成立的条件下，可以证明 SST、SSE、SSA、SSB 均服从 χ^2 分布，自由度分别为 $rk-1$、$(r-1)(k-1)$、$r-1$、$k-1$.

将 SSE、SSA、SSB 分别除以各自的自由度，得到均方和

$$\overline{\mathrm{SSE}} = \frac{\mathrm{SSE}}{(r-1)(k-1)}, \quad \overline{\mathrm{SSA}} = \frac{\mathrm{SSA}}{r-1}, \quad \overline{\mathrm{SSB}} = \frac{\mathrm{SSB}}{k-1} \tag{9.2.11}$$

构造检验统计量

$$F_A = \frac{\overline{\mathrm{SSA}}}{\overline{\mathrm{SSE}}} \sim F(r-1, (r-1)(k-1)) \tag{9.2.12}$$

$$F_B = \frac{\overline{\mathrm{SSB}}}{\overline{\mathrm{SSE}}} \sim F(k-1, (r-1)(k-1)) \tag{9.2.13}$$

如果因素 A 的水平变化对试验结果的影响显著，则 $\overline{\mathrm{SSA}}$ 应比 $\overline{\mathrm{SSE}}$ 大得多，从而检验统计量 F_A 的值较大. 因此当显著性水平为 α 时，原假设 $H_0: \mu_1 = \mu_2 = \cdots = \mu_i = \cdots = \mu_r$ 的拒绝域为

$$W = \{F_A \geqslant F_\alpha(r-1, (r-1)(k-1))\} \tag{9.2.14}$$

如果因素 B 的水平变化对试验结果的影响显著，则 $\overline{\text{SSB}}$ 应比 $\overline{\text{SSE}}$ 大得多，从而检验统计量 F_B 的值较大. 因此当显著性水平为 α 时，原假设 $H_0: \mu_1 = \mu_2 = \cdots = \mu_j = \cdots = \mu_k$ 的拒绝域为

$$W = \{F_B \geqslant F_\alpha(k-1, (r-1)(k-1))\} \tag{9.2.15}$$

显著性水平通常取 0.05 或 0.01，与单因素方差分析类似，检验结果有不显著、显著和特别显著三种情况.

双因素方差分析表如表 9.2.2 所示.

表 9.2.2　双因素方差分析表

方差来源	平方和	自由度	均方和	F 值	临界值	显著性
组间（因素 A）	SSA	$r-1$	$\overline{\text{SSA}}$	$F_A = \dfrac{\overline{\text{SSA}}}{\overline{\text{SSE}}}$	—	—
组间（因素 B）	SSB	$k-1$	$\overline{\text{SSB}}$	$F_B = \dfrac{\overline{\text{SSB}}}{\overline{\text{SSE}}}$	—	
组内（误差）	SSE	$(r-1)(k-1)$	$\overline{\text{SSE}}$	—	—	
总和	SST	$rk-1$	—	—	—	—

例 9.2.1　有四个品牌的电视在五个地区销售，为分析电视的品牌（因素 A）和销售地区（因素 B）对销售量的影响，根据如表 9.2.3 所示的销售数据进行双因素方差分析.（$\alpha = 0.05$）

表 9.2.3　销售数据　　　　　　　　　　　　　　　单位：台

品牌（因素 A）	地区（因素 B）				
	1	2	3	4	5
1	365	350	343	340	323
2	345	368	363	330	333
3	358	323	353	343	308
4	288	280	298	260	298

解　设销售量服从正态分布，$X_{ij} \sim N(\mu_{ij}, \sigma^2)$，$i = 1,2,3,4$，$j = 1,2,3,4,5$

（1）对因素 A（品牌）建立假设

$$H_0: \mu_1 = \mu_2 = \mu_3 = \mu_4 \qquad H_1: \mu_1, \mu_2, \mu_3, \mu_4 \text{ 不全相等}$$

对因素 B（地区）建立假设

$$H_0: \mu_1 = \mu_2 = \mu_3 = \mu_4 = \mu_5 \qquad H_1: \mu_1, \mu_2, \mu_3, \mu_4, \mu_5 \text{ 不全相等}$$

（2）由所给数值可算得四个品牌的电视的销售量的样本均值为

$$\overline{X}_{1\cdot} = 344.2, \quad \overline{X}_{2\cdot} = 347.8, \quad \overline{X}_{3\cdot} = 337.0, \quad \overline{X}_{4\cdot} = 284.8$$

五个地区的电视的销售量的样本均值为

$$\overline{X}_{\cdot 1} = 339, \quad \overline{X}_{\cdot 2} = 330.25, \quad \overline{X}_{\cdot 3} = 339.25, \quad \overline{X}_{\cdot 4} = 318.25, \quad \overline{X}_{\cdot 5} = 315.5$$

样本总均值为 $\overline{X} = 328.45$，因素 A 的离差平方和为

$$\text{SSA} = k \sum_{i=1}^{r} (\overline{X}_{i\cdot} - \overline{X})^2$$

$$= 5 \times [(344.2 - 328.45)^2 + (347.8 - 328.45)^2 + (337.0 - 328.45)^2 + (284.8 - 328.45)^2]$$

$$= 13004.55$$

自由度

$$r - 1 = 4 - 1 = 3$$

组间均方和

$$\overline{\text{SSA}} = \frac{\text{SSA}}{r - 1} = 4343.85$$

因素 B 的离差平方和

$$\begin{aligned}
\text{SSB} &= r \sum_{j=1}^{k} (\overline{X}_{\cdot j} - \overline{X})^2 \\
&= 4 \times [(339 - 328.45)^2 + (330.25 - 328.45)^2 + (339.25 - 328.45)^2 \\
&\quad + (318.25 - 328.45)^2 + (315.5 - 328.45)^2] \\
&= 2011.7
\end{aligned}$$

自由度

$$k - 1 = 5 - 1 = 4$$

组间均方和

$$\overline{\text{SSB}} = \frac{\text{SSB}}{k - 1} \approx 502.93$$

组内平方和

$$\text{SSE} = \sum_{i=1}^{r} \sum_{j=1}^{k} (X_{ij} - \overline{X}_{i\cdot} - \overline{X}_{\cdot j} + \overline{X})^2 = 2872.7$$

自由度

$$(r - 1)(k - 1) = 3 \times 4 = 12$$

组间均方和

$$\overline{\text{SSE}} = \frac{\text{SSE}}{(r - 1)(k - 1)} \approx 239.39$$

总离差平方和

$$\text{SST} = \text{SSA} + \text{SSB} + \text{SSE} = 17888.95$$

自由度

$$n - 1 = 19$$

（3）计算方差比

$$F_A = \frac{\overline{\text{SSA}}}{\overline{\text{SSE}}} \approx 18.11$$

$F_A \sim F(3,12)$，当显著性水平 $\alpha = 0.05$ 时，查表得临界值 $F_\alpha(3,12) = 3.49$，因为 $F_A > F_\alpha$，所以拒绝原假设 H_0，认为四个品牌的电视的销售量有显著差异.

$$F_B = \frac{\overline{\text{SSB}}}{\overline{\text{SSE}}} = 2.1$$

$F_B \sim F(4,12)$，当显著性水平 $\alpha = 0.05$ 时，查表得临界值 $F_\alpha(4,12) = 3.26$，因为 $F_B < F_\alpha$，所以接受原假设 H_0，认为五个地区的电视的销售量没有显著差异. 方差分析表如表 9.2.4 所示.

表 9.2.4 方差分析表

方差来源	平方和	自由度	均方和	F 值	临界值	显著性
行因素	13004.55	3	4334.85	18.11	3.49	显著
列因素	2011.70	4	502.93	2.10	3.26	不显著
组内	2872.70	12	239.39	—	—	—
总和	17888.95	19	—	—	—	—

9.3 Excel 在概率统计中的应用

本节主要介绍如何利用 Excel 中的数据分析工具进行方差分析，包括"单因素方差分析""可重复双因素方差分析"和"无重复双因素方差分析".

9.3.1 用 Excel 进行单因素方差分析

"方差分析：单因素方差分析"对两个及两个以上样本的方差进行分析，此分析假设每个样本都取自相同的总体. 如果只有两个样本，可以使用 T.TEST 函数. 对于两个以上的样本，T.TEST 函数不再适用，此时可调用数据分析工具中的单因素方差分析模型.

例 9.3.1 为了测试饲料中大豆含量对小白鼠体重增加的影响，选择 20 只同龄的小白鼠，分成甲、乙、丙、丁四组分别喂养四种大豆含量不同的饲料，一周后测得体重增加如表 9.3.1 所示，根据以下数据判断四种饲料对小白鼠体重的增加有无显著差异.（$\alpha = 0.05$）

表 9.3.1 小白鼠的体重增加　　　　　　　　　　单位：g

甲	7.3	8.3	7.6	8.4	8.3
乙	5.8	7.4	7.1	6.7	6.9
丙	8.1	6.4	7.0	6.9	7.5
丁	7.9	9.0	8.5	8.2	8.9

解 建立假设

$$H_0 : \mu_1 = \mu_2 = \mu_3 = \mu_4 \qquad H_1 : \mu_1, \mu_2, \mu_3, \mu_4 \text{ 不全相等}$$

第一步，打开 Excel 工作表，选中一个空白单元格，输入数据，如图 9.3.1 所示.

第二步，单击"数据"选项卡，选择"数据分析"选项，在"分析工具"窗口中选择"方差分析:单因素方差分析"选项，如图 9.3.2 所示.

第三步，在"方差分析:单因素方差分析"对话框中输入各项参数.

1."输入"表示需要分析的数据所在区域，本例的输入区域为"$A\$1:\$F\$4".

2."分组方式"表示数据的排列方式为"行"或"列"，本例的分组方式为"行".

3. 勾选"标志位于第一列",表示数据区域的第一列为变量名称,如果没有勾选,表示数据区域的第一列为数据.

4. "α(A)"表示显著性水平,系统默认为 0.05,也可以根据实际情况进行调整.

5. "输出选项"有三个选项,"输出区域"表示将计算结果放在本工作表的某个空白单元格,"新工作表组"表示将计算结果放在新的工作表,"新工作簿"表示将计算结果放在新的工作簿,如图 9.3.3 所示.

第四步,单击"确定"按钮后,得到计算结果,如图 9.3.4 所示. 计算结果包括两部分,一部分为 SUMMARY,给出四组数据的观测数、求和、均值、方差;另一部分为方差分析表,包括方差来源(差异源)、平方和(SS)、自由度(df)、均方和(MS)、F 值、p 值、临界值. 由于 $p = 0.0007 < 0.05$,故拒绝原假设,认为四种饲料对小白鼠体重的增加有显著差异.

图 9.3.2 "数据分析"对话框

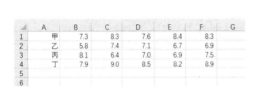

图 9.3.1 输入数据

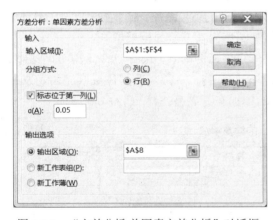

图 9.3.3 "方差分析:单因素方差分析"对话框

图 9.3.4 "方差分析:单因素方差分析"计算结果

方差分析:单因素方差分析

SUMMARY

组	观测数	求和	均值	方差
甲	5	39.9	7.98	0.247
乙	5	33.9	6.78	0.367
丙	5	35.9	7.18	0.417
丁	5	42.5	8.5	0.215

方差分析表

差异源	SS	df	MS	F	P-value	F-crit
组间	9.014	3	3.004667	9.6458	0.000713	3.238872
组内	4.984	16	0.3115	—	—	—
总计	13.998	19	—	—	—	—

9.3.2 用 Excel 进行双因素方差分析

双因素方差分析包括"可重复双因素方差分析"和"无重复双因素方差分析"两种模型."可重复双因素方差分析"用于分析按两个不同的因素归类的数据,可以分析因素 A 的不同水平之间的差异,此时忽略因素 B;可以分析因素 B 的不同水平之间的差异,此时忽略因素 A. 每个配对(因素 A 的一个水平和因素 B 的一个水平组成一个配对)可以有多个观测值. "无重复双因素方差分析"与"可重复双因素方差分析"一样,用于分析按两个不同的因素归类的数据,区别仅仅在于前者假设每个配对只有一个观测值.

例 9.3.2　为了分析小白鼠体重增加的影响因素，选择五个周龄（一、二、三、四、五）的 20 只小白鼠分别投喂大豆含量不同的四种饲料（甲、乙、丙、丁），一周后测得体重增加如表 9.3.2 所示. 根据以下数据判断四种饲料对小白鼠体重的增加有无显著差异，不同周龄对小白鼠体重增加有无显著差异.（$\alpha = 0.05$）

表 9.3.2　小白鼠的体重增加　　　　　　　　　　　单位：g

饲料	周龄				
	一	二	三	四	五
甲	7.3	8.3	7.6	8.4	8.3
乙	5.8	7.4	7.1	6.7	6.9
丙	8.1	6.4	7.0	6.9	7.5
丁	7.9	9.0	8.5	8.2	8.9

解　对因素 A（饲料）建立假设

$$H_0: \mu_1 = \mu_2 = \mu_3 = \mu_4 \qquad H_1: \mu_1, \mu_2, \mu_3, \mu_4 \text{ 不全相等}$$

对因素 B（周龄）建立假设

$$H_0: \mu_1 = \mu_2 = \mu_3 = \mu_4 = \mu_5 \qquad H_1: \mu_1, \mu_2, \mu_3, \mu_4, \mu_5 \text{ 不全相等}$$

第一步，打开 Excel 工作表，选中一个空白单元格，输入数据，如图 9.3.5 所示.

第二步，单击"数据"选项卡，选择"数据分析"选项，在"分析工具"窗口中选择"方差分析：无重复双因素分析"选项，如图 9.3.6 所示.

图 9.3.5　输入数据　　　　　　　　　　图 9.3.6　"数据分析"对话框

第三步，在"方差分析：无重复双因素分析"对话框中输入各项参数，如图 9.3.7 所示.

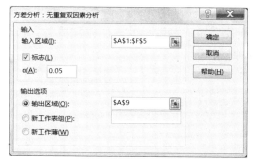

图 9.3.7　"方差分析：无重复双因素分析"对话框

第四步，单击"确定"按钮后，得到计算结果，如图 9.3.8 所示. 计算结果包括两部分，一部分为 SUMMARY，给出因素 A（饲料）分组的观测数、求和、均值、方差，因素 B（周龄）分组的观测数、求和、均值、方差；另一部分为方差分析表，包括方差来源（差异源）、平方和（SS）、自由度（df）、均方和（MS）、F 值、p 值、临界值. 由于行的 $p = 0.0022 < 0.05$，故拒绝原假设，认为四种饲料对小白鼠体重的增加有显著差异. 由于列的 $p = 0.6178 > 0.05$，故接受原假设，认为五个周龄的小白鼠体重的增加没有显著差异.

方差分析：无重复双因素分析						
SUMMARY	观测数	求和	均值	方差		
甲	5	39.9	7.98	0.247		
乙	5	33.9	6.78	0.367		
丙	5	35.9	7.18	0.417		
丁	5	42.5	8.5	0.215		
一	4	29.1	7.275	1.0825		
二	4	31.1	7.775	1.269167		
三	4	30.2	7.55	0.47		
四	4	30.2	7.55	0.763333		
五	4	31.6	7.9	0.773333		
方差分析表						
差异源	SS	df	MS	F	P-value	F-crit
行	9.014	3	3.004667	8.878601	0.002254	3.490295
列	0.923	4	0.23075	0.681852	0.617803	3.259167
误差	4.061	12	0.338417	—	—	—
总计	13.998	19	—	—	—	—

图 9.3.8 "方差分析：无重复双因素分析"计算结果

习　题　9

1. 抽查某省三个地区的小学五年级男生的身高，测量数据如下

地区	身高/cm					
A_1	128.1	134.1	133.1	138.9	140.9	127.4
A_2	150.3	147.9	136.0	126.0	150.7	155.8
A_3	140.6	143.1	144.5	143.7	148.5	146.4

试检验三个地区的小学五年级男生的平均身高是否有显著差异.（$\alpha = 0.05$）

2. 四种不同型号的检测仪器对一种零件的表面粗糙度进行检查，每种仪器分别在同一零件的表面检测 4 次，测得数据如下

仪器	粗糙度/μm			
A_1	−0.21	−0.06	−0.17	−0.14
A_2	0.16	0.08	0.03	0.11
A_3	0.10	−0.07	0.15	−0.02
A_4	0.12	−0.04	−0.02	0.11

试检验四种型号的检测仪器的测量结果是否有显著差异.（$\alpha = 0.05$）

3. 粮食加工厂用四种不同的方法存储粮食，一段时间后，抽样化验得到粮食的含水量的数据如下

方法	含水量/%				
A_1	7.3	8.3	7.6	8.4	8.3
A_2	5.8	7.4	7.1	6.7	6.9
A_3	8.1	6.4	7.0	6.9	7.5
A_4	7.9	9.0	8.5	8.2	8.9

试检验四种存储方法得到的粮食的含水量是否有显著差异.（$\alpha = 0.05$）

4. 从三个总体中各抽取容量不同的样本数据如下

总体	容量/mL				
A_1	158	148	161	154	169
A_2	153	142	160	149	
A_3	169	158	180		

试检验三个总体的均值之间是否有显著差异.（$\alpha = 0.05$）

5. 某企业准备采用三种方法组装一种新的产品，为确定哪种方法每 h 生产的产品数量最多，随机抽取了 30 名工人，并指定每个人使用其中一种方法. 通过每个工人生产的产品数进行方差分析，得到方差分析表如下

方差来源	平方和	自由度	均方和	F 值	临界值	显著性
组间			210		3.3541	
组内	3836		—	—	—	—
总和		29	—	—	—	—

（1）完成方差分析表；

（2）在显著性水平 $\alpha = 0.05$ 的情况下，检验三种组装方法每 h 生产的产品数量之间是否有显著差异.

6. 有五种不同品种的种子和四种不同的施肥方案，在 20 块同样面积的土地上，将五种种子和四种施肥方案搭配起来进行试验，得到收获量数据如下

品种	施肥方案			
	1	2	3	4
1	12.0	9.5	10.4	9.7
2	13.7	11.5	12.4	9.6
3	14.3	12.3	11.4	11.1
4	14.2	14.0	12.5	12.0
5	13.0	14.0	13.1	11.4

试检验不同品种种子的收获量之间是否有显著差异，不同施肥方案的收获量之间是否有显著差异.（$\alpha = 0.05$）

7. 为研究食品的销售地区和包装方法对其销售量是否有影响，在三个不同地区用三种不同包装方法进行销售，得到销售量数据如下

销售地区	包装方法		
	B_1	B_2	B_3
A_1	45	75	30
A_2	50	50	40
A_3	35	65	50

试检验不同销售地区的销售量之间是否有显著差异，不同包装方法的销售量之间是否有显著差异.（$\alpha = 0.05$）

8. 在四台不同的机器（列因素）上用三种不同的压力（行因素）试制产品，在每台机器和每种压力上各取一个样本，测量其抗压强度，用双因素方差分析得到方差分析表如下

方差来源	平方和	自由度	均方和	F 值	临界值	显著性
行因素			1500.3334		5.14	
列因素			27539.8611		4.76	
组内	1362.6666			—	—	—
总和		11	—	—	—	—

（1）完成方差分析表；

（2）在显著性水平 $\alpha = 0.05$ 的情况下，检验在不同压力下产品的抗压强度是否有显著差异，在不同机器上产品的抗压强度是否有显著差异.

第 10 章 回 归 分 析

在自然现象和社会现象中，变量之间普遍存在着关系. 这些关系大致可以分成两种类型，一类是确定性关系，另一类是相关关系. 确定性关系即函数关系，当某一变量发生变化时另一变量也随之发生变化，而且有确定的值与之对应. 例如，圆的面积与半径之间的关系 $S = \pi R^2$；某种股票的成交额 Y 与该股票的成交量 X、成交价格 P 之间的关系 $Y = PX$，等等.相关关系指两个或多个变量之间有一些关系，但没有确切到可以严格决定的程度. 例如，人的身高 X 与体重 Y 之间的关系，一般表现为当 X 大时，Y 也倾向于大，但由 X 并不能严格决定 Y；一种农作物的亩产量 Y 与其播种量 X_1、施肥量 X_2 之间有关系，但 X_1、X_2 不能严格决定 Y；产品的成本与利润之间，人均 GDP 与生育率之间，都存在着相关关系.

回归分析是研究相关关系的重要方法之一，它着重寻求变量间的近似的函数关系. 回归分析的主要内容包括以下几个方面.

1. 寻求变量间的近似的函数关系（即回归方程）；
2. 对回归方程、参数估计量的有效性进行显著性检验；
3. 利用回归方程进行预测和控制.

"回归"这一名词是由英国生物学家兼统计学家高尔顿（Francis Galton）在 1886 年左右提出的. 高尔顿在研究人体遗传学时，根据实验数据发现：个子高的父母其子女也较高，但平均来看，却不比他们的父母高；同样，个子矮的父母其子女也较矮，但平均来看，却不比他们的父母矮. 子代的平均高度在向中心回归，正是因为子代的身高有回到同龄人平均身高的这种趋势，人类的身高在一定时间内才能保持相对稳定，没有出现父辈个子高其子女更高，父辈个子矮其子女更矮的两极分化现象. 正是通过这个例子，高尔顿引进了"回归"这个名词来描述父母身高与子女身高的关系，后来高尔顿的学生统计学家卡尔·皮尔逊把这一概念和数理统计方法结合，最终形成了回归分析的理论体系. 尽管"回归"这个名词的由来具有特定的含义，在涉及变量关系的许多情况中，变量之间的关系并不具有这种"回归"的含义，但仍然把研究变量之间统计关系的数学方法称为"回归"分析，当作对高尔顿这位伟大的统计学家的纪念.

关于回归分析的内容，可以从不同的角度划分. 按照变量的个数划分，有一元回归分析和**多元回归分析**. 一元回归分析研究两个变量之间的相关关系；多元回归分析研究多个变量之间的相关关系. 按照变量之间相关关系的表现形式划分，有**线性回归分析和非线性回归分析**. 本章着重讨论一元线性回归分析、多元线性回归分析及简单的非线性回归分析.

10.1 一元线性回归

10.1.1 变量间的关系

在回归分析中目标变量 Y 称为**因变量**，影响 Y 的各种因素 $X_1, X_2, \cdots, X_k$ 称为**自变量**. 影响

Y 的因素很多，除了已经列举的自变量 $X_1, X_2, \cdots, X_k$ 以外，还可能存在其他的一些因素，包括没有列举的因素、条件限制未能发现的因素、本身难以控制的随机因素等等，统称为**随机误差**，记为 ε.

设自变量 $X_1, X_2, \cdots, X_k$ 的取值为 $x_1, x_2, \cdots, x_k$，则因变量 Y 的值一部分由自变量决定，记为 $\mu(x_1, x_2, \cdots, x_k)$，另一部分由随机误差 ε 决定，

$$Y = \mu(x_1, x_2, \cdots, x_k) + \varepsilon \tag{10.1.1}$$

称为 Y 对 $X_1, X_2, \cdots, X_k$ 的**回归方程**. 其中，随机误差 ε 通常满足

$$E(\varepsilon) = 0, \quad D(\varepsilon) = \sigma^2 \tag{10.1.2}$$

函数 $\mu(x_1, x_2, \cdots, x_k)$ 称为 Y 对 $x_1, x_2, \cdots, x_k$ 的**回归函数**，以上统称为**回归模型**.

当只有一个自变量对因变量 Y 产生影响，且为线性相关关系时，我们考虑一元线性回归分析.

设自变量 X 的取值为 x，Y 与 x 的一元线性回归模型为

$$\begin{cases} Y = a + bx + \varepsilon \\ \varepsilon \sim N(0, \sigma^2) \end{cases} \tag{10.1.3}$$

式中，a、b、σ^2 为不依赖 x 的常数，称 Y 与 x 之间存在线性相关关系. 记 $y = E(Y)$，得回归函数

$$y = a + bx \tag{10.1.4}$$

称为 y 对 x 的一元线性回归，a、b 称为回归系数.

10.1.2 参数估计

如何用线性回归模型来描述 Y 与 X 之间的关系呢？直观上可利用散点图进行初步判断. 当 X 取固定值 $x_1, x_2, \cdots, x_k$ 时，对 Y 进行观测或试验，得到观测值 $y_1, y_2, \cdots, y_n$，将样本观测值

$$(x_1, y_1), (x_2, y_2), \cdots, (x_n, y_n)$$

作为 n 个点，在平面直角坐标系中画出来，其图像称为**散点图**.

当 n 较大时，若散点图上的 n 个点近似地分布在一条直线附近，我们就可以粗略地认为，选取线性回归模型描述 Y 与 X 之间的关系是合适的.

例 10.1.1 在研究我国消费水平的问题时，把消费总额记为 Y，把国内生产总值（GDP）记为 X. 1999—2018 年这 20 年间的有关数据（x_i, y_i），$i = 1, 2, \cdots, 20$，如表 10.1.1 所示.

表 10.1.1　国内生产总值与消费总额数据

年份	国内生产总值/亿元	消费总额/亿元	年份	国内生产总值/亿元	消费总额/亿元
2018	900309.5	348209.6	2008	319244.6	115338.3
2017	820754.3	317963.5	2007	270092.3	99793.3
2016	740060.8	293443.1	2006	219438.5	84119.1
2015	685992.9	265980.1	2005	187318.9	75232.4
2014	641280.6	242539.7	2004	161840.2	66587.0
2013	592963.2	219762.5	2003	137422.0	59343.8

续表

年份	国内生产总值/亿元	消费总额/亿元	年份	国内生产总值/亿元	消费总额/亿元
2012	538580.0	198536.8	2002	121717.4	55076.4
2011	487940.2	176532.0	2001	110863.1	50708.8
2010	412119.3	146057.6	2000	100280.1	46987.8
2009	348517.7	126660.9	1999	90564.4	41914.9

根据以上数据，画出（x_i, y_i），$i = 1, 2, \cdots, n$ 的散点图，如图 10.1.1 所示.

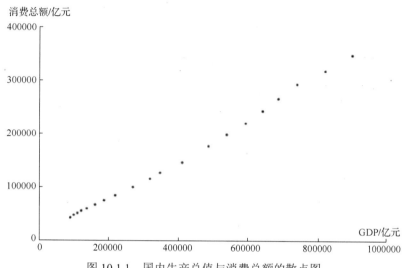

图 10.1.1　国内生产总值与消费总额的散点图

从上图中，我们看到样本点（x_i, y_i）大致落在一条直线附近，这说明变量 X 与 Y 之间具有明显的线性相关关系，适合用一元线性回归模型描述.

散点图简单直观，但是精度较差，局限性较大. 根据散点图可以大致确定变量之间存在相关关系，但是无法确定回归函数中的回归系数 a、b. 下面介绍估计 a、b 的常用方法——**最小二乘法**.

对于一元线性回归模型，观测值 $y_1, y_2, \cdots, y_n$ 满足

$$y_i = a + bx_i + \varepsilon_i, \quad i = 1, 2, \cdots, n$$

式中，$\varepsilon_1, \varepsilon_2, \cdots, \varepsilon_n$ 相互独立，且均服从正态分布 $N(0, \sigma^2)$. 将上式改写为

$$\varepsilon_i = y_i - a - bx_i, \quad i = 1, 2, \cdots, n$$

最小二乘法的原理是使全部误差的平方和 $\sum\limits_{i=1}^{n} \varepsilon_i^2$ 最小，此时的 $\hat{a}$、$\hat{b}$ 为所求 a、b 的参数估计值. 令

$$Q(a, b) = \sum_{i=1}^{n} (y_i - a - bx_i)^2$$

$\hat{a}$、$\hat{b}$ 应满足

$$Q(\hat{a}, \hat{b}) = \min Q(a, b)$$

由于 $Q \geq 0$，且对 a、b 的导数存在，因此通过求偏导数并令其为 0 得到

$$
\begin{cases}
\dfrac{\partial Q}{\partial a} = -2\sum_{i=1}^{n}(y_i - a - bx_i) = 0 \\[3mm]
\dfrac{\partial Q}{\partial b} = -2\sum_{i=1}^{n}(y_i - a - bx_i)x_i = 0
\end{cases}
\tag{10.1.5}
$$

这组方程称为**正规方程组**. 解此方程组，解得 a、b 的参数估计量为

$$
\begin{cases}
\hat{b} = \dfrac{l_{xy}}{l_{xx}} \\[3mm]
\hat{a} = \overline{y} - \hat{b}\overline{x}
\end{cases}
\tag{10.1.6}
$$

式中，

$$
\overline{x} = \frac{1}{n}\sum_{i=1}^{n} x_i, \quad \overline{y} = \frac{1}{n}\sum_{i=1}^{n} y_i
$$

$$
l_{xy} = \sum_{i=1}^{n}(x_i - \overline{x})(y_i - \overline{y}) = \sum_{i=1}^{n} x_i y_i - n\overline{x}\,\overline{y} = \sum_{i=1}^{n} x_i y_i - \frac{1}{n}\sum_{i=1}^{n} x_i \sum_{i=1}^{n} y_i
$$

$$
l_{xx} = \sum_{i=1}^{n}(x_i - \overline{x})^2 = \sum_{i=1}^{n} x_i^2 - n\overline{x}^2 = \sum_{i=1}^{n} x_i^2 - \frac{1}{n}\left(\sum_{i=1}^{n} x_i\right)^2
$$

$$
l_{yy} = \sum_{i=1}^{n}(y_i - \overline{y})^2 = \sum_{i=1}^{n} y_i^2 - n\overline{y}^2 = \sum_{i=1}^{n} y_i^2 - \frac{1}{n}\left(\sum_{i=1}^{n} y_i\right)^2
$$

10.1.3　显著性检验

在前文中，我们假设随机变量 Y 与 X 之间有线性相关关系，然后用最小二乘法求出回归系数，求得回归方程. 但是，对任意两个变量 Y 与 X，无论它们之间是否存在线性相关关系，都可以依据样本观测值 (x_i, y_i) 由最小二乘法写出一个回归方程，但是这样得到的回归方程是没有意义的. 因此，对于给定的样本观测值，我们首先需要检验变量 Y 与 X 之间是否真的存在线性相关关系.

对于回归方程 $y = a + bx$，如果 $b = 0$，那么不管 x 如何变化，y 都不随 x 的变化进行线性变化，此时求得的一元线性回归方程没有意义，称为回归方程**不显著**. 如果 $b \neq 0$，那么当 x 变化时，y 随 x 的变化进行线性变化，此时求得的一元线性回归方程有意义，称为回归方程**显著**. 下面介绍三种显著性检验的方法.

1. 可决系数

回归方程 $\hat{y} = \hat{a} + \hat{b}x$ 只反映了由于 x 的变化所引起的 Y 的变化，而没有包含随机因素 ε 的影响，所以回归值 $\hat{y}_i = \hat{a} + \hat{b}x_i$ 只是观测值 y_i 中受 x_i 影响的那一部分. 而 $y_i - \hat{y}_i$ 是除去 x_i 影响后，受其他各种随机因素 ε 影响的部分，故通常称 $y_i - \hat{y}_i$ 为**残差**. 观测值 y_i 与平均值 $\overline{y}$ 之间的差 $y_i - \overline{y}$ 称为**偏差**，如图 10.1.2 所示.

显然，观测值 y_i 可以看作回归值与残差之和，即

$$y_i = \hat{y}_i + (y_i - \hat{y}_i)$$

因此 y_i 与 $\bar{y}$ 的偏差可分解为

$$y_i - \bar{y} = (\hat{y}_i - \bar{y}) + (y_i - \hat{y}_i)$$

两边平方求和可得

$$\sum (y_i - \bar{y})^2 = \sum (y_i - \hat{y}_i)^2 + \sum (\hat{y}_i - \bar{y})^2$$

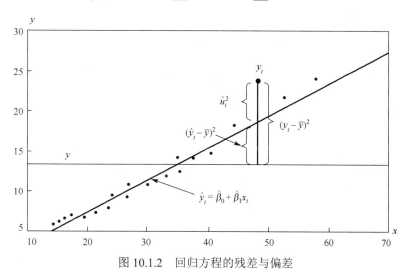

图 10.1.2 回归方程的残差与偏差

记

总偏差平方和

$$\text{TSS} = \sum (y_i - \bar{y})^2 \tag{10.1.7}$$

残差平方和

$$\text{ESS} = \sum (y_i - \hat{y}_i)^2 \tag{10.1.8}$$

回归平方和

$$\text{RSS} = \sum (\hat{y}_i - \bar{y})^2 \tag{10.1.9}$$

在一元线性回归情况下，总偏差平方和的分解式为

$$\text{TSS} = \text{ESS} + \text{RSS} \tag{10.1.10}$$

拟合优度是指样本回归线对样本观测值的拟合程度. 在一般情况下, 不可能出现全部观测点都落在样本回归线上的情况. 显然观测点距离样本回归线越近, 拟合程度越好; 反之拟合程度越差. 因此, 一个直观的评判标准是残差平方和在总偏差平方和中所占比例越小, 则拟合程度越好.

显然, ESS 越小, RSS 越大, 回归直线与样本点的拟合优度越高, 解释变量对被解释变量的解释能力就越强, 用 RSS 占 TSS 的比重大小来衡量回归直线的拟合优度, 定义**可决系数**为

$$r^2 = \frac{\text{RSS}}{\text{TSS}} = 1 - \frac{\text{ESS}}{\text{TSS}} \qquad (10.1.11)$$

可决系数 r^2 是一个非负系数，$0 \leqslant r^2 \leqslant 1$. r^2 越大，拟合优度越高，解释变量对被解释变量的解释能力越强；当 $r^2 = 1$ 时，X 能 100%解释 Y 的变化，解释变量与被解释变量之间有确定的线性相关关系；当 $r^2 = 0$ 时，X 不能解释 Y 的任何变化，解释变量与被解释变量之间没有线性相关关系.

2. 方程的显著性检验-F 检验

方程的显著性检验，旨在对模型中被解释变量与解释变量之间的线性相关关系在总体上是否显著成立进行推断.

在模型 $Y = a + bx + \varepsilon$ 中，如果 $b = 0$，则说明线性回归模型不能描述 Y 与 X 之间的相关关系. 为了判断 Y 与 X 之间是否存在线性相关关系，需要进行方程的显著性检验. 显著性检验的步骤如下.

（1）提出假设 $H_0 : b = 0$；

（2）构造检验统计量 F，当原假设 H_0 成立时

$$F = \frac{\text{RSS}}{\text{ESS}/(n-2)} \sim F(1, n-2) ; \qquad (10.1.12)$$

（3）给定显著性水平 α，查 F 分布表，得临界值 $C = F_\alpha(1, n-2)$；

（4）由样本数据计算检验统计量 F. 若 $F \geqslant C$，则拒绝原假设 H_0，即认为 Y 与 X 之间存在显著线性相关关系；若 $F < C$，则接受原假设 H_0，即认为 Y 与 X 之间不存在显著线性相关关系.

3. 变量的显著性检验-t 检验

方程的总体线性相关关系显著不代表每个解释变量对被解释变量的影响都是显著的. 因此，必须对每个解释变量进行显著性检验，以决定是否作为解释变量被保留在模型中. 显著性检验的步骤如下.

（1）提出假设 $H_0 : b = 0$；

（2）构造检验统计量 t，当原假设 H_0 成立时

$$t = \frac{\hat{b}_1}{\hat{\sigma}/\sqrt{l_{xx}}} \sim t(n-2) ; \qquad (10.1.13)$$

（3）给定显著性水平 α，查 t 分布表，得临界值 $C = t_{\alpha/2}(n-2)$；

（4）由样本数据计算检验统计量 t. 若 $|t| \geqslant C$，则拒绝原假设 H_0，即认为 X 对 Y 有显著影响；若 $|t| < C$，则接受原假设 H_0，即认为 X 对 Y 没有显著影响.

例 10.1.2 一家大型商业银行在多个地区设有分行，其主要业务是进行基础设施建设、国家重点项目建设、固定资产投资等项目的贷款. 近年来，该银行的贷款额平稳增长，但不良贷款额也有较大比例的提高，这给银行带来较大压力. 为了弄清楚不良贷款形成的原因，管理者希望利用银行业务的有关数据进行定量分析，以便找到控制不良贷款的办法，相关数据如表 10.1.2 所示.

表 10.1.2　某商业银行的主要业务数据

分行编号	不良贷款/亿元	各项贷款余额/亿元	本年累计应收贷款/亿元	贷款项目个数/个	本年固定资产投资额/亿元
1	0.9	67.3	6.8	5	51.9
2	1.1	111.3	19.8	16	90.9
3	4.8	173.0	7.7	17	73.7
4	3.2	80.8	7.2	10	14.5
5	7.8	199.7	16.5	19	63.2
6	2.7	16.2	2.2	1	2.2
7	1.6	107.4	10.7	17	20.2
8	12.5	185.4	27.1	18	43.8
9	1.0	96.1	1.7	10	55.9
10	2.6	72.8	9.1	14	64.3
11	0.3	64.2	2.1	11	42.7
12	4.0	132.2	11.2	23	76.7
13	0.8	58.6	6.0	14	22.8
14	3.5	174.6	12.7	26	117.1
15	10.2	263.5	15.6	34	146.7
16	3.0	79.3	8.9	15	29.9
17	0.2	14.8	0.6	2	42.1
18	0.4	73.5	5.9	11	25.3
19	1.0	24.7	5.0	4	13.4
20	6.8	139.4	7.2	28	64.3
21	11.6	368.2	16.8	32	163.9
22	1.6	95.7	3.8	10	44.5
23	1.2	109.6	10.3	14	67.9
24	7.2	196.2	15.8	16	39.7
25	3.2	102.2	12.0	10	97.1

首先利用一元线性回归模型分析各项贷款余额（X）对不良贷款（Y）的影响是否显著. 各项贷款余额（X）与不良贷款（Y）的散点图如图 10.1.3 所示.

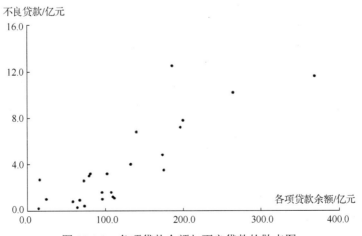

图 10.1.3　各项贷款余额与不良贷款的散点图

样本点近似服从线性相关关系. 建立一元线性回归模型如下

$$y_i = a + bx_i + \varepsilon_i, \quad i = 1, 2, \cdots, n$$

利用最小二乘法, 计算参数估计量

$$\begin{cases} \hat{b} = \dfrac{25 \times 17080.14 - 3006.7 \times 93.2}{25 \times 516543.37 - 3006.7^2} \approx 0.037895 \\ \hat{a} = 3.728 - 0.037895 \times 120.268 \approx -0.8295 \end{cases}$$

各项贷款余额（X）对不良贷款（Y）的线性估计方程为 $\hat{y} = -0.8295 + 0.037895x$，回归系数 $\hat{b} \approx 0.037895$ 表示各项贷款余额每增加 1 亿元, 不良贷款平均增加 0.037895 亿元左右. 在回归分析中, 通常不对截距项 $\hat{a}$ 进行实际意义上的解释.

接下来, 对估计的回归方程进行检验. 可决系数 r^2 为

$$r^2 = \frac{222.4860}{312.6504} \approx 0.7116$$

可决系数 $r^2 \approx 0.7116$ 说明在不良贷款取值的变动中, 大约有 71.16% 是由各项贷款余额决定的. 不良贷款取值的差异有 2/3 以上是由各项贷款余额决定的, 可见二者之间有较强的线性相关关系.

检验不良贷款与各项贷款余额之间的线性相关关系的显著性, 取 $\alpha = 0.05$, 提出假设 $H_0 : b = 0$, 计算检验统计量

$$F = \frac{\text{RSS}}{\text{ESS}/(n-2)} = \frac{222.48598}{90.164421/(25-2)} \approx 56.75384$$

根据显著性水平 $\alpha = 0.05$, 自由度 $(1, 23)$, 查 F 分布表, 得临界值 $F_\alpha = 4.28$. 由于 $F > F_\alpha$, 所以拒绝原假设 H_0, 表明不良贷款与各项贷款余额之间的线性相关关系是显著的.

检验线性估计方程的回归系数的显著性, 取 $\alpha = 0.05$, 提出假设 $H_0 : b = 0$, 计算检验统计量

$$t = \frac{\hat{b}_1}{\hat{\sigma}/\sqrt{l_{xx}}} = \frac{0.037895}{0.005030} \approx 7.53351$$

给定显著性水平 $\alpha = 0.05$, 自由度 $n - 2 = 23$, 查 t 分布表, 得临界值 $t_{\alpha/2} = 2.0687$. 由于 $t > t_{\alpha/2}$, 所以拒绝原假设 H_0, 表明各项贷款余额是影响不良贷款的一个显著因素.

由于回归分析中的计算量较大, 因此在实际分析中, 人们往往借助软件进行分析计算. 接下来介绍 Excel 中的回归分析.

第一步, 打开 Excel 工作表, 输入数据, 注意 Excel 要求回归分析的变量应按列输入数据, 如图 10.1.4 所示.

第二步, 单击"数据"选项卡, 选择"数据分析"选项, 在"分析工具"窗口中选择"回归"选项, 如图 10.1.5 所示.

第三步, 在"回归"对话框中输入各项参数.

1. "输入"表示需要分析的数据所在区域, "Y 值输入区域"为因变量, "X 值输入区域"为自变量, 本例的"Y 值输入区域"为"$B$1:$B$26", "X 值输入区域"为"$A$1:$A$26".

2. 勾选"标志", 表示数据区域的第一行为变量名称, 如果没有勾选, 表示数据区域的第一行为数据.

3. 勾选"常数为零"，表示输出的回归方程没有常数项，即截距为零，如果没有勾选，表示输出的回归方程有常数项.

图 10.1.4　输入数据　　　　　　　　　　图 10.1.5　"数据分析"对话框

4. "置信度"系统默认为 95%，也可以根据实际情况进行调整.

5. "输出选项"有三个选项，"输出区域"表示将计算结果放在本工作表的某个空白单元格，"新工作表组"表示将计算结果放在新的工作表，"新工作簿"表示将计算结果放在新的工作簿.

6. "残差"包括残差、标准残差、残差图、线性拟合图，勾选其中的选项，会在输出结果中计算残差和标准残差，绘制残差图和线性拟合图，如图 10.1.6 所示.

图 10.1.6　"回归"对话框

第四步，单击"确定"按钮后，得到计算结果，如图 10.1.7 所示.

SUMMARY OUTPUT					
回归统计					
Multiple R	0.84357136				
R Square	0.71161265				
Adjusted R Square	0.69907407				
标准误差	1.97994753				
观测值	25				
方差分析表					
	df	TSS	MS	F	Significance F
回归分析	1	222.485979	222.485979	56.7538441	1.1835E-07
残差	23	90.1644213	3.92019223	—	—
总计	24	312.6504	—	—	—
回归参数					
	Coefficients	标准误差	tStat	P-value	Lower 95%	Upper 95%	下限 95.0%	上限 95.0%
Intercept	-0.8295206	0.7230433	-1.1472627	0.2630676	-2.3252496	0.6662084	-2.3252496	0.6662084
各项贷款余额	0.03789471	0.00503015	7.53351472	1.1835E-07	0.02748905	0.04830036	0.02748905	0.04830036

图 10.1.7　回归分析结果

回归分析结果包括三个部分. 第一部分是"回归统计", 包括相关系数 (Multiple R)、可决系数 (R Square)、调整后的可决系数 (Adjusted R Square)、标准误差、观测值. 其中可决系数 $r^2 = 0.7116$ 表示自变量"各项贷款余额"对被解释变量"不良贷款"的解释能力较强.

第二部分是"方差分析"表, 给出的是回归分析的方差分析表, 包括自由度 (df)、总偏差平方和 (TSS)、均方和 (MS)、检验统计量 (F)、F 检验的 p 值 (Significance F). F 统计量 $F = 56.75384$, 显著性水平 $p = 1.18349E-07$, $p < 0.05$, 因此拒绝原假设 H_0, 认为自变量"各项贷款余额"与被解释变量"不良贷款"之间存在显著的线性相关关系.

第三部分是"回归参数", 包括回归系数及其显著性检验. 回归方程的截距项 (Intercept) 和 X 变量 (各项贷款余额) 的系数 (Coefficients)、标准误差、t 统计量 (t Stat)、p 值 (P-value)、置信区间 (Lower 95% 和 Upper 95%) 等. 截距项 $\hat{a} = -0.8295$, 各项贷款余额的回归系数 $\hat{b} = 0.037895$, t 统计量 $t = 7.53351$, p 值 $p = 1.18349E - 07$, $p < 0.05$, 因此拒绝原假设 H_0, 认为自变量"各项贷款余额"与被解释变量"不良贷款"之间存在显著的线性相关关系.

根据 Excel 输出结果, 写出回归方程

$$\hat{y} = -0.8295 + 0.037895x, \qquad r^2 = 0.7116$$

10.2　多元线性回归

10.2.1　参数估计

当因变量 Y 的影响因素不止一个, 而是多个时, 我们考虑多元线性回归分析. 设自变量为 $X_1, X_2, \cdots, X_k$, 多元线性回归模型为

$$\begin{cases} Y = b_0 + b_1 x_1 + b_2 x_2 + \cdots + b_k x_k + \varepsilon \\ \varepsilon \sim N(0, \sigma^2) \end{cases} \tag{10.2.1}$$

式中, $b_0, b_1, \cdots, b_k, \sigma^2$ 为不依赖 $x_1, x_2, \cdots, x_k$ 的常数, 称 Y 与 $x_1, x_2, \cdots, x_k$ 之间存在线性相关关系. 记 $y = E(Y)$, 得回归函数

$$y = b_0 + b_1 x_1 + b_2 x_2 + \cdots + b_k x_k \tag{10.2.2}$$

称为 y 对 $x_1, x_2, \cdots, x_k$ 的**多元线性回归**，$b_0, b_1, \cdots, b_k$ 称为**回归系数**.

对回归系数的估计仍采用最小二乘法. 令

$$Q = \sum_{i=1}^{n} [y_i - (b_0 + b_1 x_{i1} + \cdots + b_k x_{ik})]^2$$

$\hat{b}_0, \hat{b}_1, \cdots, \hat{b}_k$ 应满足

$$Q(\hat{b}_0, \hat{b}_1, \cdots, \hat{b}_k) = \min Q(b_0, b_1, \cdots, b_k)$$

对 $\hat{b}_0, \hat{b}_1, \cdots, \hat{b}_k$ 求偏导数并令其为 0 得到

$$\begin{cases} \dfrac{\partial Q}{\partial b_0} = -2 \sum_{i=1}^{n} (y_i - b_0 - b_1 x_{i1} - \cdots - b_k x_{ik}) = 0 \\ \dfrac{\partial Q}{\partial b_j} = -2 \sum_{i=1}^{n} (y_i - b_0 - b_1 x_{i1} - \cdots - b_k x_{ik}) x_{ij} = 0 \end{cases} \qquad (10.2.3)$$

这组方程称为**正规方程组**. 解此方程组，可得 $\hat{b}_0, \hat{b}_1, \cdots, \hat{b}_k$ 的参数估计值.

10.2.2　显著性检验

1. 可决系数

与一元线性回归类似，多元线性回归中因变量的总偏差平方和可以分解为残差平方和与回归平方和，记

总偏差平方和

$$\mathrm{TSS} = \sum (y_i - \bar{y})^2 \qquad (10.2.4)$$

残差平方和

$$\mathrm{ESS} = \sum (y_i - \hat{y}_i)^2 \qquad (10.2.5)$$

回归平方和

$$\mathrm{RSS} = \sum (\hat{y}_i - \bar{y})^2 \qquad (10.2.6)$$

在多元线性回归情况下，总偏差平方和的分解式为

$$\mathrm{TSS} = \mathrm{ESS} + \mathrm{RSS} \qquad (10.2.7)$$

用 RSS 占 TSS 的比重大小来衡量回归直线的拟合优度，定义**可决系数**为

$$r^2 = \frac{\mathrm{RSS}}{\mathrm{TSS}} = 1 - \frac{\mathrm{ESS}}{\mathrm{TSS}} \qquad (10.2.8)$$

可决系数是多元线性回归中的回归平方和占总偏差平方和的比例，是度量多元线性回归方程拟合程度的一个统计量. 但是，当自变量的个数增加时，可决系数会增大，但是多元线性回归方程的拟合优度并未提高，因此对可决系数进行修正，修正为

$$r^{2*} = 1 - (1 - r^2) \left(\frac{n-1}{n-k-1} \right)$$

称为**调整后的可决系数**. r^{2*} 的解释与 r^2 类似，可决系数越大，拟合优度越高，解释变量对被解释变量的解释能力越强. 同时 r^{2*} 考虑了样本量和自变量个数的影响，不会随自变量个数的增加而增大. 因此在多元线性回归分析中，通常使用调整后的可决系数.

2. 方程的显著性检验-F检验

在模型 $Y = b_0 + b_1 x_1 + b_2 x_2 + \cdots + b_k x_k + \varepsilon$ 中，如果 $b_i = 0$，则说明线性回归模型不能描述 Y 与 X_i 之间的相关关系. 为了判断 Y 与 $X_1, X_2, \cdots, X_k$ 之间是否存在线性相关关系，需要进行方程的显著性检验. 显著性检验的步骤如下.

（1）提出假设 H_0：$b_1 = b_2 = \cdots = b_k = 0$；

（2）构造检验统计量 F，当原假设 H_0 成立时

$$F = \frac{\text{RSS}/k}{\text{ESS}/(n-k-1)} \sim F(k, n-k-1) ;\qquad (10.2.9)$$

（3）给定显著性水平 α，查 F 分布表，得临界值 $C = F_\alpha(k, n-k-1)$；

（4）由样本数据计算检验统计量 F. 若 $F \geqslant C$，则拒绝原假设 H_0，即认为 Y 与 $X_1, X_2, \cdots, X_k$ 之间存在显著线性相关关系；若 $F < C$，则接受原假设 H_0，即认为 Y 与 $X_1, X_2, \cdots, X_k$ 之间不存在显著线性相关关系.

3. 变量的显著性检验-t检验

方程的总体线性相关关系显著不代表每个解释变量对被解释变量的影响都是显著的. 因此，必须对每个解释变量进行显著性检验，以决定是否作为解释变量被保留在模型中. 显著性检验的步骤如下.

（1）提出假设 H_0：$b_i = 0$，$i = 1, 2, \cdots, k$；

（2）构造检验统计量 t，当原假设 H_0 成立时

$$t = \frac{\hat{b}_i}{S(\hat{b}_i)} \sim t(n-k-1) ;\qquad (10.1.10)$$

（3）给定显著性水平 α，查 t 分布表，得临界值 $C = t_{\alpha/2}(n-k-1)$；

（4）由样本数据计算检验统计量 t. 若 $|t| \geqslant C$，则拒绝原假设 H_0，即认为 X_i 对 Y 有显著影响；若 $|t| < C$，则接受原假设 H_0，即认为 X_i 对 Y 没有显著影响.

例 10.2.1　在例 10.1.2 中，用多元线性回归模型分析各项贷款余额（X_1）、本年累计应收贷款（X_2）、贷款项目个数（X_3）、本年固定资产投资额（X_4）对不良贷款（Y）的影响.

解　利用 Excel 进行多元回归分析.

第一步，打开 Excel 工作表，输入数据，如图 10.2.1 所示.

第二步，单击"数据"选项卡，选择"数据分析"选项，在"分析工具"窗口中选择"回归"选项，在"回归"对话框中输入各项参数，如图 10.2.2 所示.

第三步，单击"确定"按钮后，得到计算结果，如图 10.2.3 所示.

多元回归分析的结果与一元回归分析的结果类似，下面看几个主要参数.

调整后的可决系数 $r^{2*} = 0.75712$ 表示自变量对被解释变量不良贷款的解释能力较强.

F 统计量 $F = 19.70404$，显著性水平 $p = 1.035\text{E-}06$，$p < 0.05$，因此拒绝原假设 H_0，认为自变量 X_1, X_2, X_3, X_4 与被解释变量 Y 之间存在显著线性相关关系.

根据 Excel 输出结果，写出回归方程

$$\hat{y} = -1.02164 + 0.04004 x_1 + 0.14803 x_2 + 0.01453 x_3 - 0.02919 x_4$$

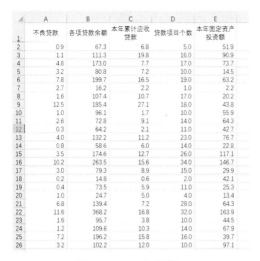

图 10.2.1　输入数据

图 10.2.2　"回归"对话框

SUMMARY OUTPUT

回归统计

Multiple R	0.89308678
R Square	0.79760399
Adjusted R Square	0.75712479
标准误差	1.77875228
观测值	25

方差分析表

	df	TSS	MS	F	Significance F
回归分析	4	249.371206	62.3428016	19.7040442	1.0354E-06
残差	20	63.2791938	3.16395969	—	—
总计	24	312.6504	—	—	—

回归参数

	Coefficients	标准误差	tStat	P-value	Lower 95%	Upper 95%	下限 95.0%	上限 95.0%
Intercept	−1.0216398	0.78237236	−1.3058229	0.20643397	−2.6536399	0.61036038	−2.6536399	0.61036038
各项贷款余额	0.04003935	0.01043372	3.83749534	0.00102846	0.01827499	0.06180371	0.01827499	0.06180371
本年累计应收贷款	0.14803389	0.07879433	1.8787378	0.07493542	−0.0163282	0.31239599	−0.0163282	0.31239599
贷款项目个数	0.01452935	0.08303316	0.17498254	0.86285269	−0.1586748	0.18773349	−0.1586748	0.18773349
本年固定资产投资额	−0.0291929	0.01507297	−1.9367689	0.06703008	−0.0606345	0.00224881	−0.0606345	0.00224881

图 10.2.3　回归分析计算结果

各回归系数的实际意义如下.

$\hat{b}_1 = 0.04004$，表示在其余三个自变量不变的条件下，各项贷款余额每增加 1 亿元，不良贷款平均增加 0.04004 亿元，t 统计量 $t = 3.83750$，p 值 $p = 0.00103$，$p < 0.05$，因此拒绝原假设 H_0，认为各项贷款余额对不良贷款具有显著影响.

$\hat{b}_2 = 0.14803$，表示在其余三个自变量不变的条件下，本年累计应收贷款每增加 1 亿元，不良贷款平均增加 0.14803 亿元，t 统计量 $t = 1.87874$，p 值 $p = 0.07494$，$p > 0.05$，因此接受原假设 H_0，认为本年累计应收贷款对不良贷款的影响不显著.

$\hat{b}_3 = 0.01453$，表示在其余三个自变量不变的条件下，贷款项目个数每增加 1 个，不良贷款平均增加 0.01453 亿元，t 统计量 $t = 0.17498$，p 值 $p = 0.86285$，$p > 0.05$，因此接受原假设 H_0，认为贷款项目个数对不良贷款的影响不显著.

$\hat{b}_4 = -0.02919$，表示在其余三个自变量不变的条件下，本年固定资产投资额每增加 1 亿元，不良贷款平均减少 0.02919 亿元，t 统计量 $t = -1.93677$，p 值 $p = 0.06703$，$p > 0.05$，因

此接受原假设 H_0，认为本年固定资产投资额对不良贷款的影响不显著.

　　在以上的回归模型中，有三个自变量（本年累计应收贷款、贷款项目个数、本年固定资产投资额）的 t 检验不显著，因此该回归模型并不显著，需要对自变量进行调整. 通过逐步回归法重新选取自变量"各项贷款余额"、"本年固定资产投资额"，得到结果如图 10.2.4 所示.（逐步回归法的具体原理和步骤请参阅《计量经济分析》）

SUMMARY OUTPUT

回归统计

Multiple R	0.89308678
R Square	0.79760399
Adjusted R Square	0.75712479
标准误差	1.77875228
观测值	25

方差分析表

	df	TSS	MS	F	Significance F
回归分析	4	249.371206	62.3428016	19.7040442	1.0354E-06
残差	20	63.2791938	3.16395969	—	—
总计	24	312.6504	—	—	—

回归参数

	Coefficients	标准误差	tStat	P-value	Lower 95%	Upper 95%	下限 95.0%	上限 95.0%
Intercept	−1.0216398	0.78237236	−1.3058229	0.20643397	−2.6536399	0.61036038	−2.6536399	0.61036038
各项贷款余额	0.04003935	0.01043372	3.83749534	0.00102846	0.01827499	0.06180371	0.01827499	0.06180371
本年累计应收贷款	0.14803389	0.07879433	1.8787378	0.07493542	−0.0163282	0.31239599	−0.0163282	0.31239599
贷款项目个数	0.01452935	0.08303316	0.17498254	0.86285269	−0.1586748	0.18773349	−0.1586748	0.18773349
本年固定资产投资额	−0.0291929	0.01507297	−1.9367689	0.06703008	−0.0606345	0.00224881	−0.0606345	0.00224881

图 10.2.4　回归分析结果

回归方程为

$$\hat{y} = -0.44342 + 0.05033x_1 - 0.03190x_4$$

10.3　非线性回归

　　在实际问题中，变量之间的相关关系不一定是线性的，有时表现为曲线形式，这时就需要建立曲线回归模型. 一般地，可通过散点图显示的曲线形状来选择一条曲线拟合散点图上的这些点，但要想直接求出回归曲线则很困难.

　　在多数情况下，对曲线回归问题，可以通过适当的变量替换，将其化为线性回归问题，然后用前面介绍的线性回归的方法解决.

10.3.1　几种常见的可线性化的曲线类型

1. 指数函数 $Y = ae^{bx}$（见图 10.3.1）

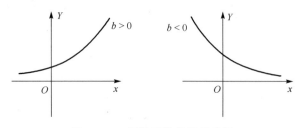

图 10.3.1　指数函数曲线示意图

对其两边取对数，得

$$\ln Y = \ln a + bx$$

令 $z = \ln Y$ ，则

$$z = \ln a + bx$$

2. 幂函数 $Y = ax^b$（见图 10.3.2）

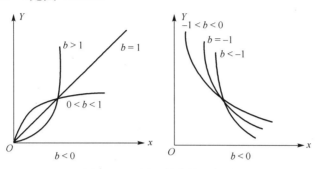

图 10.3.2　幂函数曲线示意图

同样，对 $Y = ax^b$ 两边取对数，得

$$\ln Y = \ln a + b \ln x$$

令 $z = \ln Y, \quad t = \ln x$ ，则

$$z = \ln a + bt$$

3. 双曲线函数 $\dfrac{1}{Y} = a + \dfrac{b}{x}$（见图 10.3.3）

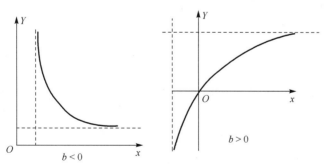

图 10.3.3　双曲线函数曲线示意图

令 $z = \dfrac{1}{Y}$ ，$t = \dfrac{1}{x}$ ，则

$$z = a + bt$$

4. 对数函数 $Y = a + b\ln x$ （见图 10.3.4）

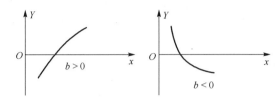

图 10.3.4 对数函数曲线示意图

令 $t = \ln x$，则

$$Y = a + bt$$

5. S 形曲线 $Y = \dfrac{1}{a + be^{-x}}$ （见图 10.3.5）

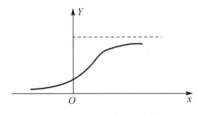

图 10.3.5 S 形曲线示意图

令 $z = \dfrac{1}{Y}$，$t = e^{-x}$，则

$$z = a + bt$$

10.3.2 非线性回归分析实例

例 10.3.1　已知四川省某县近年来的 GDP（Y）及全社会固定资产投资（X_1）、户籍人口（X_2）的数据，分析全社会固定资产投资和户籍人口对该县 GDP 的影响.

表 10.3.1 2001—2009 年四川省某县 GDP 及全社会固定资产投资、户籍人口的数据

年份	2001	2002	2003	2004	2005	2006	2007	2008	2009
Y/万元	102256	110039	125332	139802	159307	184957	208245	256694	298796
X_1/万元	20433	32198	54859	67145	81356	185190	171715	202670	281775
X_2/万人	39.44	39.58	39.57	39.53	39.5	39.57	39.7	39.84	40.1

根据柯布-道格拉斯生产函数

$$q = aL^{\alpha}K^{\beta}$$

将其线性化

$$\ln q = \ln a + \alpha \ln L + \beta \ln K$$

式中，L 为劳动力，K 为资产，在本案例中将 GDP 作为产出 q，户籍人口作为劳动力 L，全社会固定资产投资作为资产 K.

建立二元线性回归模型

$$\ln q_i = \ln a + \alpha \ln L_i + \beta \ln K_i + \varepsilon_i, \quad i = 1, 2, \cdots, n$$

利用 Excel 进行回归分析. 可决系数 $r^2 = 0.9989$，表示自变量对被解释变量的解释能力较强.

方程的显著性检验-F 检验，F 统计量 $F = 92.623$，F 分布的临界值 $F_{0.05}(2,6) = 5.14$，$F > F_{0.05}(2,6)$，则拒绝原假设 H_0，即认为 $\ln q$ 与 $\ln K$、$\ln L$ 之间存在显著线性相关关系.

变量的显著性检验-t 检验，变量 $\ln L$ 的 t 统计量 $t = 2.9287$，t 分布的临界值 $t_{0.025}(6) = 2.4469$，$|t| > t_{0.025}(6)$，则拒绝原假设 H_0，即认为 $\ln L$ 对 $\ln q$ 具有显著影响；变量 $\ln K$ 的 t 统计量 $t = 6.5663$，t 分布的临界值 $t_{0.025}(6) = 2.4469$，$|t| > t_{0.025}(6)$，则拒绝原假设 H_0，即认为 $\ln K$ 对 $\ln q$ 具有显著影响. 截距项 $\ln a = -76.4077$，回归系数 $\alpha = 23.1053$，$\beta = 0.2979$. 回归方程为

$$\ln q = -76.4077 + 23.1053 \ln L + 0.2979 \ln K, \quad r^2 = 0.9989$$

整理得

$$q = e^{-76.4077} L^{23.1053} K^{0.2979}$$

习　题　10

1. 某班 12 名学生某门课程期中成绩 x 和期末成绩 y 的数据如下表

期中成绩 x /分	65	63	67	64	68	62	70	66	68	67	69	71
期末成绩 y /分	68	66	68	65	69	66	68	65	71	67	68	70

（1）构造一个散点图；（2）求 y 关于 x 的回归方程 $\hat{y} = \hat{a} + \hat{b}x$.

2. 测得某种物质在不同温度 x 下吸附另一种物质的质量 y 的数据如下表

温度 x /℃	1.5	1.8	2.4	3.0	3.5	3.9	4.4	4.8	5.0
质量 y /mg	4.8	5.7	7.0	8.3	10.9	12.4	13.1	13.6	15.3

求回归方程 $\hat{y} = \hat{a} + \hat{b}x$.

3. 考察硫酸铜在水中的溶解度 y 与温度 x 的关系时，进行了 9 组试验，其数据如下表

温度 x /℃	0	10	20	30	40	50	60	70	80
溶解度 y /g	14.0	17.5	21.2	26.1	29.2	33.3	40.0	48.0	54.8

求回归方程 $\hat{y} = \hat{a} + \hat{b}x$.

4. 12 名妇女的年龄 x 和血压 y 的数据如下表

年龄 x /岁	56	42	72	36	63	47	55	49	38	42	68	60
血压 y /mmHg	147	125	160	118	149	128	150	145	115	140	152	155

求回归方程 $\hat{y} = \hat{a} + \hat{b}x$.

5. 某市场连续 12 天卖出黄瓜的价格 x 和销售量 y 的调查数据如下表

价格 x /（元/斤）	1	0.9	0.8	0.7	0.7	0.7	0.7	0.65	0.6	0.6	0.55	0.5
销售量 y /斤	55	70	90	100	90	105	80	110	125	115	130	130

求：（1）销售量对价格的回归方程 $\hat{y}=\hat{a}+\hat{b}x$；

（2）检验回归方程的显著性（ $\alpha=0.05$ ）.

6. 以家庭为单位，某种商品价格 x 与需求量 y 之间的一组调查数据如下表

价格 x/元	5.0	2.0	2.0	2.3	2.5	2.6	2.8	3.0	3.3	3.5
需求量 y/个	1.0	3.5	3.0	2.7	2.4	2.5	2.0	1.5	1.2	1.2

（1）求回归方程 $\hat{y}=\hat{a}+\hat{b}x$；

（2）检验回归方程的显著性（ $\alpha=0.05$ ）.

7. 为确定广告费 x 与销售额 y 的关系，得数据如下表

广告费 x/万元	40	25	20	30	40	40	25	20	50	20	50	50
销售额 y/万元	490	395	420	475	385	525	480	400	560	365	510	540

求：（1）销售额对广告费的回归方程 $\hat{y}=\hat{a}+\hat{b}x$；

（2）检验回归方程的显著性（ $\alpha=0.05$ ）；

（3）当广告费为 43 万元时，销售额的预测值.

8. 调查某行业的生产费用 y 与所得产量 x 之间的关系，通过计算得到下列结果

方差分析表					
	df	SS	MS	F	Significance F
回归分析					2.17E-09
残差		40158.07000		—	—
总计	11	1642866.67000	—	—	—
回归参数					
	Coefficients	标准误差	t Stat	P-value	
Intercept	363.68910	62.45530	5.82320	0.00020	
产量	1.42020	0.07110	19.97750	0.00000	

（1）完成方差分析表；

（2）写出生产费用与所得产量的回归方程 $\hat{y}=\hat{a}+\hat{b}x$；

（3）检验回归方程的显著性（ $\alpha=0.05$ ）.

9. 一家电器销售公司同时投放了电视广告和报纸广告，现收集到电器的月销售收入与广告费用的数据如下表

月销售收入 y/万元	96	90	95	92	95	94	94	94
电视广告费用 x_1/万元	5.0	2.0	4.0	2.5	3.0	3.5	2.5	3.0
报纸广告费用 x_2/万元	1.5	2.0	1.5	2.5	3.3	2.3	4.2	2.5

（1）建立 y 关于 x_1、 x_2 的回归方程；

（2）检验回归方程的显著性（ $\alpha=0.05$ ）.

10. 实验室做油漆干燥实验，考察油漆中的一种添加剂用量 x 与油漆的干燥时间 y 的关系，测得数据如下表

添加剂用量 x/g	1	2	3	4	5	6	7	8
干燥时间 y/h	7.2	6.7	4.7	3.7	4.7	4.2	5.2	5.7

（1）建立 y 关于 x 的回归方程 $\hat{y}=\hat{b}_0+\hat{b}_1x+\hat{b}_2x^2$；

（2）检验回归方程的显著性（ $\alpha=0.05$ ）.

附录 A

附表 1　泊松分布表

$$P\{X \geqslant x\} = \sum_{k=x}^{\infty} \frac{\lambda^k}{k!} e^{-\lambda}, \quad \lambda = np$$

x	$\lambda=0.2$	$\lambda=0.3$	$\lambda=0.4$	$\lambda=0.5$	$\lambda=0.6$
0	1.000 000 0	1.000 000 0	1.000 000 0	1.000 000 0	1.000 000
1	0.181 269 2	0.259 181 8	0.329 680 0	0.323 469	0.451 188
2	0.017 523 1	0.036 936 3	0.061 551 9	0.090 204	0.121 901
3	0.001 148 5	0.003 599 5	0.007 926 3	0.014 388	0.023 115
4	0.000 056 8	0.000 265 8	0.000 776 3	0.001 752	0.003 358
5	0.000 002 3	0.000 015 8	0.000 061 2	0.000 172	0.000 394
6	0.000 000 1	0.000 000 8	0.000 004 0	0.000 014	0.000 039
7			0.000 000 2	0.000 000 1	0.000 003

x	$\lambda=0.7$	$\lambda=0.8$	$\lambda=0.9$	$\lambda=1.0$	$\lambda=1.2$
0	1.000 000	1.000 000	1.000 000	1.000 000	1.000 000
1	0.503 415	0.550 671	0.593 430	0.632 121	0.698 806
2	0.155 805	0.191 208	0.227 518	0.264 241	0.337 373
3	0.034 142	0.047 423	0.062 857	0.080 301	0.120 513
4	0.005 753	0.009 080	0.013 459	0.018 988	0.033 769
5	0.000 786	0.001 411	0.002 344	0.003 660	0.007 746
6	0.000 090	0.000 184	0.000 343	0.000 594	0.001 500
7	0.000 009	0.000 210	0.000 043	0.000 083	0.000 251
8	0.000 001	0.000 002	0.000 005	0.000 010	0.000 037
9				0.000 001	0.000 005
10					0.000 001

x	$\lambda=1.4$	$\lambda=1.6$	$\lambda=1.8$	$\lambda=2.0$	$\lambda=2.2$
0	1.000 000	1.000 000	1.000 000	1.000 000	1.000 000
1	0.753 403	0.798 103	0.834 701	0.864 665	0.889 197
2	0.408 167	0.475 069	0.537 163	0.593 994	0.645 430
3	0.166 502	0.216 642	0.269 379	0.323 324	0.377 286
4	0.053 725	0.078 813	0.108 708	0.142 877	0.180 648
5	0.014 253	0.023 682	0.036 407	0.052 653	0.072 496
6	0.003 201	0.006 040	0.010 378	0.016 564	0.024 910
7	0.000 622	0.001 336	0.002 569	0.004 534	0.007 461
8	0.000 107	0.000 260	0.000 562	0.001 097	0.001 978
9	0.000 016	0.000 045	0.000 110	0.000 237	0.000 470
10	0.000 002	0.000 007	0.000 019	0.000 046	0.000 101
11		0.000 001	0.000 003	0.000 008	0.000 020

续表

x	$\lambda=2.5$	$\lambda=3.0$	$\lambda=3.5$	$\lambda=4.0$	$\lambda=4.5$	$\lambda=5.0$
0	1.000 000	1.000 000	1.000 000	1.000 000	1.000 000	1.000 000
1	0.917 915	0.950 213	0.969 803	0.981 684	0.988 891	0.993 262
2	0.712 703	0.800 852	0.864 121	0.908 422	0.938 901	0.959 572
3	0.456 187	0.576 810	0.679 153	0.761 897	0.826 422	0.875 348
4	0.242 424	0.352 768	0.463 367	0.566 530	0.657 704	0.734 974
5	0.108 822	0.184 737	0.274 555	0.371 163	0.467 896	0.559 507
6	0.042 021	0.083 918	0.142 386	0.214 870	0.297 070	0.384 039
7	0.014 187	0.033 509	0.065 288	0.110 674	0.168 949	0.237 817
8	0.004 247	0.011 905	0.026 739	0.051 134	0.086 586	0.133 372
9	0.001 140	0.003 803	0.009 874	0.021 363	0.040 257	0.068 094
10	0.000 277	0.001 102	0.003 315	0.008 132	0.017 093	0.031 828
11	0.000 062	0.000 292	0.001 019	0.002 840	0.006 669	0.013 695
12	0.000 013	0.000 071	0.000 289	0.000 915	0.002 404	0.005 453
13	0.000 002	0.000 016	0.000 076	0.000 274	0.000 805	0.002 019
14		0.000 003	0.000 019	0.000 076	0.000 252	0.000 698
15		0.000 001	0.000 004	0.000 020	0.000 074	0.000 226
16			0.000 001	0.000 005	0.000 020	0.000 069
17				0.000 001	0.000 050	0.000 020
18					0.000 001	0.000 001
19						

附表 2　标准正态分布表

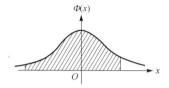

$$\Phi(x) = P\{X \leqslant x\} = \int_{-\infty}^{x} \frac{1}{\sqrt{2\pi}} e^{-\frac{t^2}{2}} dt$$

x	0	1	2	3	4	5	6	7	8	9
0.0	0.5000	0.5040	0.5080	0.5120	0.5160	0.5199	0.5239	0.5279	0.5319	0.5359
0.1	0.5398	0.5438	0.5478	0.5517	0.5557	0.5596	0.5636	0.5675	0.5714	0.5753
0.2	0.5793	0.5832	0.5871	0.5910	0.5948	0.5987	0.6026	0.6064	0.6103	0.6141
0.3	0.6179	0.6217	0.6255	0.6293	0.6331	0.6368	0.6404	0.6443	0.6480	0.6517
0.4	0.6554	0.6591	0.6628	0.6664	0.6700	0.6736	0.6772	0.6808	0.6844	0.6879
0.5	0.6915	0.6950	0.6985	0.7019	0.7054	0.7088	0.7123	0.7157	0.7190	0.7224
0.6	0.7257	0.7291	0.7324	0.7357	0.7389	0.7422	0.7454	0.7486	0.7517	0.7549
0.7	0.7580	0.7611	0.7642	0.7673	0.7703	0.7734	0.7764	0.7794	0.7823	0.7852
0.8	0.7881	0.7910	0.7939	0.7967	0.7995	0.8023	0.8051	0.8078	0.8106	0.8133
0.9	0.8159	0.8186	0.8212	0.8238	0.8264	0.8289	0.8355	0.8340	0.8365	0.8389
1.0	0.8413	0.8438	0.8461	0.8485	0.8508	0.8531	0.8554	0.8577	0.8599	0.8621
1.1	0.8643	0.8665	0.8686	0.8708	0.8729	0.8749	0.8770	0.8790	0.8810	0.8830
1.2	0.8849	0.8869	0.8888	0.8907	0.8925	0.8944	0.8962	0.8980	0.8997	0.9015
1.3	0.9032	0.9049	0.9066	0.9082	0.9099	0.9115	0.9131	0.9147	0.9162	0.9177
1.4	0.9192	0.9207	0.9222	0.9236	0.9251	0.9265	0.9279	0.9292	0.9306	0.9319
1.5	0.9332	0.9345	0.9357	0.9370	0.9382	0.9394	0.9406	0.9418	0.9430	0.9441
1.6	0.9452	0.9463	0.9474	0.9484	0.9495	0.9505	0.9515	0.9525	0.9535	0.9535
1.7	0.9554	0.9564	0.9573	0.9582	0.9591	0.9599	0.9608	0.9616	0.9625	0.9633
1.8	0.9641	0.9648	0.9656	0.9664	0.9672	0.9678	0.9686	0.9693	0.9700	0.9706
1.9	0.9713	0.9719	0.9726	0.9732	0.9738	0.9744	0.9750	0.9756	0.9762	0.9767
2.0	0.9772	0.9778	0.9783	0.9788	0.9793	0.9798	0.9803	0.9808	0.9812	0.9817
2.1	0.9821	0.9826	0.9830	0.9834	0.9838	0.9842	0.9846	0.9850	0.9854	0.9857
2.2	0.9861	0.9864	0.9868	0.9871	0.9874	0.9878	0.9881	0.9884	0.9887	0.9890
2.3	0.9893	0.9896	0.9898	0.9901	0.9904	0.9906	0.9909	0.9911	0.9913	0.9916
2.4	0.9918	0.9920	0.9922	0.9925	0.9927	0.9929	0.9931	0.9932	0.9934	0.9936
2.5	0.9938	0.9940	0.9941	0.9943	0.9945	0.9946	0.9948	0.9949	0.9951	0.9952
2.6	0.9953	0.9955	0.9956	0.9957	0.9959	0.9960	0.9961	0.9962	0.9963	0.9964
2.7	0.9965	0.9966	0.9967	0.9968	0.9969	0.9970	0.9971	0.9972	0.9973	0.9974
2.8	0.9974	0.9975	0.9976	0.9977	0.9977	0.9978	0.9979	0.9979	0.9980	0.9981
2.9	0.9981	0.9982	0.9982	0.9983	0.9984	0.9984	0.9985	0.9985	0.9986	0.9986
3.0	0.9987	0.9990	0.9993	0.9995	0.9997	0.9998	0.9998	0.9999	0.9999	1.0000

注：表中末行系函数值 $\Phi(3.0)$，$\Phi(3.1)$，$\cdots$，$\Phi(3.9)$

附表 3 χ^2 分布表

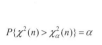

$$P\{\chi^2(n) > \chi_\alpha^2(n)\} = \alpha$$

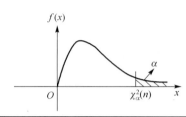

n	α=0.995	α=0.99	α=0.975	α=0.95	α=0.9	α=0.75
1	…	…	…	…	0.02	0.1
2	0.01	0.02	0.02	0.1	0.21	0.58
3	0.07	0.11	0.22	0.35	0.58	1.21
4	0.21	0.3	0.48	0.71	1.06	1.92
5	0.41	0.55	0.83	1.15	1.61	2.67
6	0.68	0.87	1.24	1.64	2.2	3.45
7	0.99	1.24	1.69	2.17	2.83	4.25
8	1.34	1.65	2.18	2.73	3.4	5.07
9	1.73	2.09	2.7	3.33	4.17	5.9
10	2.16	2.56	3.25	3.94	4.87	6.74
11	2.6	3.05	3.82	4.57	5.58	7.58
12	3.07	3.57	4.4	5.23	6.3	8.44
13	3.57	4.11	5.01	5.89	7.04	9.3
14	4.07	4.66	5.63	6.57	7.79	10.17
15	4.6	5.23	6.27	7.26	8.55	11.04
16	5.14	5.81	6.91	7.96	9.31	11.91
17	5.7	6.41	7.56	8.67	10.09	12.79
18	6.26	7.01	8.23	9.39	10.86	13.68
19	6.84	7.63	8.91	10.12	11.65	14.56
20	7.43	8.26	9.59	10.85	12.44	15.45
21	8.03	8.9	10.28	11.59	13.24	16.34
22	8.64	9.54	10.98	12.34	14.04	17.24
23	9.26	10.2	11.69	13.09	14.85	18.14
24	9.89	10.86	12.4	13.85	15.66	19.04
25	10.52	11.52	13.12	14.61	16.47	19.94
26	11.16	12.2	13.84	15.38	17.29	20.84
27	11.81	12.88	14.57	16.15	18.11	21.75
28	12.46	13.56	15.31	16.93	18.94	22.66
29	13.12	14.26	16.05	17.71	19.77	23.57
30	13.79	14.95	16.79	18.49	20.6	24.48
40	20.71	22.16	24.43	26.51	29.05	33.66
50	27.99	29.71	32.36	34.76	37.69	42.94

续表

n	$\alpha=0.25$	$\alpha=0.1$	$\alpha=0.05$	$\alpha=0.025$	$\alpha=0.01$	$\alpha=0.005$
1	1.32	2.71	3.84	5.02	6.63	7.88
2	2.77	4.61	5.99	7.38	9.21	10.60
3	4.11	6.25	7.81	9.35	11.34	12.84
4	5.39	7.78	9.49	11.14	13.28	14.86
5	6.63	9.24	11.07	12.83	15.09	16.75
6	7.84	10.64	12.59	14.45	16.81	18.55
7	9.04	12.02	14.07	16.01	18.48	20.28
8	10.22	13.36	15.51	17.53	20.09	21.96
9	11.39	14.68	16.92	19.02	21.67	23.59
10	12.55	15.99	18.31	20.48	23.21	25.19
11	13.70	17.28	19.68	21.92	24.72	26.76
12	14.85	18.55	21.03	23.34	26.22	28.30
13	15.98	19.81	22.36	24.74	27.69	29.82
14	17.12	21.06	23.68	26.12	29.14	31.32
15	18.25	22.31	25.00	27.49	30.58	32.80
16	19.37	23.54	26.30	28.85	32.00	34.27
17	20.49	24.77	27.59	30.19	33.41	35.72
18	21.60	25.99	28.87	31.53	34.81	37.16
19	22.72	27.20	30.14	32.85	36.19	38.58
20	23.83	28.41	31.41	34.17	37.57	40.00
21	24.93	29.62	32.67	35.48	38.93	41.40
22	26.04	30.81	33.92	36.78	40.29	42.80
23	27.14	32.01	35.17	38.08	41.64	44.18
24	28.24	33.20	36.42	39.36	42.98	45.56
25	29.34	34.38	37.65	40.65	44.31	46.93
26	30.43	35.56	38.89	41.92	45.64	48.29
27	31.53	36.74	40.11	43.19	46.96	49.64
28	32.62	37.92	41.34	44.46	48.28	50.99
29	33.71	39.09	42.56	45.72	49.59	52.34
30	34.80	40.26	43.77	46.98	50.89	53.67
40	45.62	51.80	55.76	59.34	63.69	66.77
50	56.33	63.17	67.50	71.42	76.15	79.49

附表 4 t 分布表

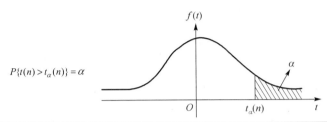

$$P\{t(n) > t_\alpha(n)\} = \alpha$$

n	α=0.25	α=0.1	α=0.05	α=0.025	α=0.01	α=0.005
1	1.000	3.078	6.314	12.71	31.82	63.66
2	0.816	1.886	2.920	4.303	6.965	9.925
3	0.765	1.638	2.353	3.182	4.541	5.841
4	0.741	1.533	2.132	2.776	3.747	4.604
5	0.727	1.476	2.015	2.571	3.365	4.032
6	0.718	1.440	1.943	2.447	3.143	3.707
7	0.711	1.415	1.895	2.365	2.998	3.499
8	0.706	1.397	1.860	2.306	2.896	3.355
9	0.703	1.383	1.833	2.262	2.821	3.250
10	0.700	1.372	1.812	2.228	2.764	3.169
11	0.697	1.363	1.796	2.201	2.718	3.106
12	0.695	1.356	1.782	2.179	2.681	3.055
13	0.694	1.350	1.771	2.160	2.650	3.012
14	0.692	1.345	1.761	2.145	2.624	2.977
15	0.691	1.341	1.753	2.131	2.602	2.947
16	0.690	1.337	1.746	2.120	2.583	2.921
17	0.689	1.333	1.740	2.110	2.567	2.898
18	0.688	1.330	1.734	2.101	2.552	2.878
19	0.688	1.328	1.729	2.093	2.539	2.861
20	0.687	1.325	1.725	2.086	2.528	2.845
21	0.686	1.323	1.721	2.080	2.518	2.831
22	0.686	1.321	1.717	2.074	2.508	2.819
23	0.685	1.319	1.714	2.069	2.500	2.807
24	0.685	1.318	1.711	2.064	2.492	2.797
25	0.684	1.316	1.708	2.060	2.485	2.787
26	0.684	1.315	1.706	2.056	2.479	2.779
27	0.684	1.314	1.703	2.052	2.473	2.771
28	0.683	1.313	1.701	2.048	2.467	2.763
29	0.683	1.311	1.699	2.045	2.462	2.756
30	0.683	1.310	1.697	2.042	2.457	2.750
40	0.681	1.303	1.684	2.021	2.423	2.704
50	0.679	1.299	1.676	2.009	2.403	2.678
60	0.679	1.296	1.671	2.000	2.390	2.660
80	0.678	1.292	1.664	1.990	2.374	2.639
100	0.677	1.290	1.660	1.984	2.364	2.626

附表 5 F 分布表

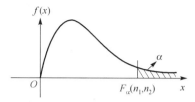

$$P\{F(n_1,n_2) > F_\alpha(n_1,n_2)\} = \alpha$$

$\alpha = 0.10$

n_2	\multicolumn{19}{c}{n_1}
	1	2	3	4	5	6	7	8	9	10	12	15	20	25	30	40	60	120	∞
1	39.86	49.50	53.59	55.83	57.24	58.20	58.91	59.44	59.86	60.19	60.71	61.22	61.74	62.00	62.26	62.53	62.79	63.06	63.33
2	8.53	9.00	9.16	9.24	9.29	9.33	9.35	9.37	9.38	9.39	9.41	9.42	9.44	9.45	9.46	9.47	9.47	9.48	9.49
3	5.54	5.46	5.39	5.34	5.31	5.28	5.27	5.25	5.24	5.23	5.22	5.20	5.18	5.18	5.17	5.16	5.15	5.14	5.13
4	4.54	4.32	4.19	4.11	4.05	4.01	3.98	3.95	3.94	3.92	3.90	3.87	3.84	3.83	3.82	3.80	3.79	3.78	3.76
5	4.06	3.78	3.62	3.52	3.45	3.40	3.37	3.34	3.32	3.30	3.27	3.24	3.21	3.19	3.17	3.16	3.14	3.12	3.10
6	3.78	3.46	3.29	3.18	3.11	3.05	3.01	2.98	2.96	2.94	2.90	2.87	2.84	2.82	2.80	2.78	2.76	2.74	2.72
7	3.59	3.26	3.07	2.96	2.88	2.83	2.78	2.75	2.72	2.70	2.67	2.63	2.59	2.58	2.56	2.54	2.51	2.49	2.47
8	3.46	3.11	2.92	2.81	2.73	2.67	2.62	2.59	2.56	2.54	2.50	2.46	2.42	2.40	2.38	2.36	2.34	2.32	2.29
9	3.36	3.01	2.81	2.69	2.61	2.55	2.51	2.47	2.44	2.42	2.38	2.34	2.30	2.28	2.25	2.23	2.21	2.18	2.16
10	3.29	2.92	2.73	2.61	2.52	2.46	2.41	2.38	2.35	2.32	2.28	2.24	2.20	2.18	2.16	2.13	2.11	2.08	2.06
11	3.23	2.86	2.66	2.54	2.45	2.39	2.34	2.30	2.27	2.25	2.21	2.17	2.12	2.10	2.08	2.05	2.03	2.00	1.97
12	3.18	2.81	2.61	2.48	2.39	2.33	2.28	2.24	2.21	2.19	2.15	2.10	2.06	2.04	2.01	1.99	1.96	1.93	1.90
13	3.14	2.76	2.56	2.43	2.35	2.28	2.23	2.20	2.16	2.14	2.10	2.05	2.01	1.98	1.96	1.93	1.90	1.88	1.85
14	3.10	2.73	2.52	2.39	2.31	2.24	2.19	2.15	2.12	2.10	2.05	2.01	1.96	1.94	1.91	1.89	1.86	1.83	1.80
15	3.07	2.70	2.49	2.36	2.27	2.21	2.16	2.12	2.09	2.06	2.02	1.97	1.92	1.90	1.87	1.85	1.82	1.79	1.76
16	3.05	2.67	2.46	2.33	2.24	2.18	2.13	2.09	2.06	2.03	1.99	1.94	1.89	1.87	1.84	1.81	1.78	1.75	1.72
17	3.03	2.64	2.44	2.31	2.22	2.15	2.10	2.06	2.03	2.00	1.96	1.91	1.86	1.84	1.81	1.78	1.75	1.72	1.69
18	3.01	2.62	2.42	2.29	2.20	2.13	2.08	2.04	2.00	1.98	1.93	1.89	1.84	1.81	1.78	1.75	1.72	1.69	1.66
19	2.99	2.61	2.40	2.27	2.18	2.11	2.06	2.02	1.98	1.96	1.91	1.86	1.81	1.79	1.76	1.73	1.70	1.67	1.63
20	2.97	2.59	2.38	2.25	2.16	2.09	2.04	2.00	1.96	1.94	1.89	1.84	1.79	1.77	1.74	1.71	1.68	1.64	1.61
21	2.96	2.57	2.36	2.23	2.14	2.08	2.02	1.98	1.95	1.92	1.87	1.83	1.78	1.75	1.72	1.69	1.66	1.62	1.59
22	2.95	2.56	2.35	2.22	2.13	2.06	2.01	1.97	1.93	1.90	1.86	1.81	1.76	1.73	1.70	1.67	1.64	1.60	1.57
23	2.94	2.55	2.34	2.21	2.11	1.05	1.99	1.95	1.92	1.89	1.84	1.80	1.74	1.72	1.69	1.66	1.62	1.59	1.55
24	2.93	2.54	2.33	2.19	2.10	2.04	1.98	1.94	1.91	1.88	1.83	1.78	1.73	1.70	1.67	1.64	1.61	1.57	1.53
25	2.92	2.53	2.32	2.18	2.09	2.02	1.97	1.93	1.89	1.87	1.82	1.77	1.72	1.69	1.66	1.63	1.59	1.56	1.52
26	2.91	2.52	2.31	2.17	2.08	2.01	1.96	1.92	1.88	1.86	1.81	1.76	1.71	1.68	1.65	1.61	1.58	1.54	1.50
27	2.90	2.51	2.30	2.17	2.07	2.00	1.95	1.91	1.87	1.85	1.80	1.75	1.70	1.67	1.64	1.60	1.57	1.53	1.49
28	2.89	2.50	2.29	2.16	2.06	2.00	1.94	1.90	1.87	1.84	1.79	1.74	1.69	1.66	1.63	1.59	1.56	1.52	1.48
29	2.89	2.50	2.28	2.15	2.06	1.99	1.93	1.89	1.86	1.83	1.78	1.73	1.68	1.65	1.62	1.58	1.55	1.51	1.47
30	2.88	2.49	2.28	2.14	2.05	1.98	1.93	1.88	1.85	1.82	1.77	1.72	1.67	1.64	1.61	1.57	1.54	1.50	1.46
40	2.84	2.44	2.23	2.09	2.00	1.93	1.87	1.83	1.79	1.76	1.71	1.66	1.61	1.57	1.54	1.51	1.47	1.42	1.38
60	2.79	2.39	2.18	2.04	1.95	1.87	1.82	1.77	1.74	1.71	1.66	1.60	1.54	1.51	1.48	1.44	1.40	1.35	1.29
120	2.75	2.35	2.13	1.99	1.90	1.82	1.77	1.72	1.68	1.65	1.60	1.55	1.48	1.45	1.41	1.37	1.32	1.26	1.19
∞	2.71	2.30	2.08	1.94	1.85	1.77	1.72	1.67	1.63	1.60	1.55	1.49	1.42	1.38	1.34	1.30	1.24	1.17	1.00

续表

$\alpha = 0.05$

n_2	n_1																		
	1	2	3	4	5	6	7	8	9	10	12	15	20	25	30	40	60	120	∞
1	161.4	199.5	215.7	224.6	230.2	234.0	236.8	238.9	240.5	241.9	243.9	245.9	248.0	249.1	250.1	251.1	252.2	253.3	254.3
2	18.51	19.00	19.16	19.25	19.30	19.33	19.35	19.37	19.38	19.40	19.41	19.43	19.45	19.45	19.46	19.47	19.48	19.49	19.50
3	10.13	9.55	9.28	9.12	9.01	8.94	8.89	8.85	8.81	8.79	8.74	8.70	8.66	8.64	8.62	8.59	8.57	8.55	8.53
4	7.71	6.94	6.59	6.39	6.26	6.16	6.09	6.04	6.00	5.96	5.91	5.86	5.80	5.77	5.75	5.72	5.69	5.66	5.63
5	6.61	5.79	5.41	5.19	5.05	4.95	4.88	4.82	4.77	4.74	4.68	4.62	4.56	4.53	4.50	4.46	4.43	4.40	4.36
6	5.99	5.14	4.76	4.53	4.39	4.28	4.21	4.15	4.10	4.06	4.00	3.94	3.87	3.84	3.81	3.77	3.74	3.70	3.67
7	5.59	4.74	4.35	4.12	3.97	3.87	3.79	3.73	3.68	3.64	3.57	3.51	3.44	3.41	3.38	3.34	3.30	3.27	3.23
8	5.32	4.46	4.07	3.84	3.69	3.58	3.50	3.44	3.39	3.35	3.28	3.22	3.15	3.12	3.08	3.04	3.01	2.97	2.93
9	5.12	4.26	3.86	3.63	3.48	3.37	3.29	3.23	3.18	3.14	3.07	3.01	2.94	2.90	2.86	2.83	2.79	2.75	2.71
10	4.96	4.10	3.71	3.48	3.33	3.22	3.14	3.07	3.02	2.98	2.91	2.85	2.77	2.74	2.70	2.66	2.62	2.58	2.54
11	4.84	3.98	3.59	3.36	3.20	3.09	3.01	2.95	2.90	2.85	2.79	2.72	2.65	2.61	2.57	2.53	2.49	2.45	2.40
12	4.75	3.89	3.49	3.26	3.11	3.00	2.91	2.85	2.80	2.75	2.69	2.62	2.54	2.51	2.47	2.43	2.38	2.34	2.30
13	4.67	3.81	3.41	3.18	3.03	2.92	2.83	2.77	2.71	2.67	2.60	2.53	2.46	2.42	2.38	2.34	2.30	2.25	2.21
14	4.60	3.74	3.34	3.11	2.96	2.85	2.76	2.70	2.65	2.60	2.53	2.46	2.39	2.35	2.31	2.27	2.22	2.18	2.13
15	4.54	3.68	3.29	3.06	2.90	2.79	2.71	2.64	2.59	2.54	2.48	2.40	2.33	2.29	2.25	2.20	2.16	2.11	2.07
16	4.49	3.63	3.24	3.01	2.85	2.74	2.66	2.59	2.54	2.49	2.42	2.35	2.28	2.24	2.19	2.15	2.11	2.06	2.01
17	4.45	3.59	3.20	2.96	2.81	2.70	2.61	2.55	2.49	2.45	2.38	2.31	2.23	2.19	2.15	2.10	2.06	2.01	1.96
18	4.41	3.55	3.16	2.93	2.77	2.66	2.58	2.51	2.46	2.41	2.34	2.27	2.19	2.15	2.11	2.06	2.02	1.97	1.92
19	4.38	3.52	3.13	2.90	2.74	2.63	2.54	2.48	2.42	2.38	2.31	2.23	2.16	2.11	2.07	2.03	1.98	1.93	1.88
20	4.35	3.49	3.10	2.87	2.71	2.60	2.51	2.45	2.39	2.35	2.28	2.20	2.12	2.08	2.04	1.99	1.95	1.90	1.84
21	4.32	3.47	3.07	2.84	2.68	2.57	2.49	2.42	2.37	2.32	2.25	2.18	2.10	2.05	2.01	1.96	1.92	1.87	1.81
22	4.30	3.44	3.05	2.82	2.66	2.55	2.46	2.40	2.34	2.30	2.23	2.15	2.07	2.03	1.98	1.94	1.89	1.84	1.78
23	4.28	3.42	3.03	2.80	2.64	2.53	2.44	2.37	2.32	2.27	2.20	2.13	2.05	2.01	1.96	1.91	1.86	1.81	1.76
24	4.26	3.40	3.01	2.78	2.62	2.51	2.42	2.36	2.30	2.25	2.18	2.11	2.03	1.98	1.94	1.89	1.84	1.79	1.73
25	4.24	3.39	2.99	2.76	2.60	2.49	2.40	2.34	2.28	2.24	2.16	2.09	2.01	1.96	1.92	1.87	1.82	1.77	1.71
26	4.23	3.37	2.98	2.74	2.59	2.47	2.39	2.32	2.27	2.22	2.15	2.07	1.99	1.95	1.90	1.85	1.80	1.75	1.69
27	4.21	3.35	2.96	2.73	2.57	2.46	2.37	2.31	2.25	2.20	2.13	2.06	1.97	1.93	1.88	1.84	1.79	1.73	1.67
28	4.20	3.34	2.95	2.71	2.56	2.45	2.36	2.29	2.24	2.19	2.12	2.04	1.96	1.91	1.87	1.82	1.77	1.71	1.65
29	4.18	3.33	2.93	2.70	2.55	2.43	2.35	2.28	2.22	2.18	2.10	2.03	1.94	1.90	1.85	1.81	1.75	1.70	1.64
30	4.17	3.32	2.92	2.69	2.53	2.42	2.33	2.27	2.21	2.16	2.09	2.01	1.93	1.89	1.84	1.79	1.74	1.68	1.62
40	4.08	3.23	2.84	2.61	2.45	2.34	2.25	2.18	2.12	2.08	2.00	1.92	1.84	1.79	1.74	1.69	1.64	1.58	1.51
60	4.00	3.15	2.76	2.53	2.37	2.25	2.17	2.10	2.04	1.99	1.92	1.84	1.75	1.70	1.65	1.59	1.53	1.47	1.39
120	3.92	3.07	2.68	2.45	2.29	2.17	2.09	2.02	1.96	1.91	1.83	1.75	1.66	1.61	1.55	1.50	1.43	1.35	1.25
∞	3.84	3.00	2.60	2.37	2.21	2.10	2.01	1.94	1.88	1.83	1.75	1.67	1.57	1.52	1.46	1.39	1.32	1.22	1.00

$\alpha = 0.02$

n_2	n_1																		
	1	2	3	4	5	6	7	8	9	10	12	15	20	25	30	40	60	120	∞
1	647.8	799.5	864.2	899.6	921.8	937.1	948.2	956.7	963.3	968.6	976.7	984.9	993.1	997.2	1001	1006	1010	1014	1018
2	38.51	39.00	39.17	39.25	39.30	39.33	39.36	39.37	39.39	39.40	39.41	39.43	39.45	39.46	39.46	39.47	39.48	39.40	39.50
3	17.44	16.04	15.44	15.10	14.88	14.73	14.62	14.54	14.47	14.42	14.34	14.25	14.17	14.12	14.08	14.04	13.99	13.95	13.90
4	12.22	10.65	9.98	9.60	9.36	9.20	9.07	8.98	8.90	8.84	8.75	8.66	8.56	8.51	8.46	8.41	8.36	8.31	8.26
5	10.01	8.43	7.76	7.39	7.15	6.98	6.85	6.76	6.68	6.62	6.52	6.43	6.33	6.28	6.23	6.18	6.12	6.07	6.02
6	8.81	7.26	6.60	6.23	5.99	5.82	5.70	5.60	5.52	5.46	5.37	5.27	5.17	5.12	5.07	5.01	4.96	4.90	4.85
7	8.07	6.54	5.89	5.52	5.29	5.12	4.99	4.90	4.82	4.76	4.67	4.57	4.47	4.42	4.36	4.31	4.25	4.20	4.14
8	7.57	6.06	5.42	5.05	4.82	4.65	4.53	4.43	4.36	4.30	4.20	4.10	4.00	3.95	3.89	3.84	3.78	3.73	3.67
9	7.21	5.71	5.08	4.72	4.48	4.23	4.20	4.10	4.03	3.96	3.87	3.77	3.67	3.61	3.56	3.51	3.45	3.39	3.33

续表

$\alpha = 0.02$

n_2	n_1																		
	1	2	3	4	5	6	7	8	9	10	12	15	20	25	30	40	60	120	∞
10	6.94	5.46	4.83	4.47	4.24	4.07	3.95	3.85	3.78	3.72	3.62	3.52	3.42	3.37	3.31	3.26	3.20	3.14	3.08
11	6.72	5.26	4.63	4.28	4.04	3.88	3.76	3.66	3.59	3.53	3.43	3.33	3.23	3.17	3.12	3.06	3.00	2.94	2.88
12	6.55	5.10	4.47	4.12	3.89	3.73	3.61	3.51	3.44	3.37	3.28	3.18	3.07	3.02	2.96	2.91	2.85	2.79	2.72
13	6.41	4.97	4.35	4.00	3.77	3.60	3.48	3.39	3.31	3.25	3.15	3.05	2.95	2.89	2.84	2.78	2.72	2.66	2.60
14	6.30	4.86	4.24	3.89	3.66	3.50	3.38	3.29	3.21	3.15	3.05	2.95	2.84	2.79	2.73	2.67	2.61	2.55	2.49
15	6.20	4.77	4.15	3.80	3.58	3.41	3.29	3.20	3.12	3.06	2.96	2.86	2.76	2.70	2.64	2.59	2.52	2.46	2.40
16	6.12	4.69	4.08	3.73	3.50	3.34	3.22	3.12	3.05	2.99	2.89	2.79	2.68	2.63	2.57	2.51	2.45	2.38	2.32
17	6.04	4.62	4.01	3.66	3.44	3.28	3.26	3.06	2.98	2.92	2.82	2.72	2.62	2.56	2.50	2.44	2.38	2.32	2.25
18	5.98	4.56	3.95	3.61	3.38	3.22	3.10	3.01	2.93	2.87	2.77	2.67	2.56	2.50	2.44	2.38	2.32	2.26	2.19
19	5.92	4.51	3.90	3.56	3.33	3.17	3.05	2.96	2.88	2.82	2.72	2.62	2.51	2.45	2.39	2.33	2.27	2.20	2.13
20	5.87	4.46	3.86	3.51	3.29	3.13	3.01	2.91	2.84	2.77	2.68	2.57	2.46	2.41	2.35	2.29	2.22	2.16	2.09
21	5.83	4.42	3.82	3.48	3.25	3.09	2.97	2.87	2.80	2.73	2.64	2.53	2.42	2.37	2.31	2.25	2.18	2.11	2.04
22	5.79	4.38	3.78	3.44	3.22	3.05	2.73	2.84	2.76	2.70	2.60	2.50	2.39	2.33	2.27	2.21	2.14	2.08	2.00
23	5.75	4.35	3.75	3.41	3.18	3.02	2.90	2.81	2.73	2.67	2.57	2.47	2.36	2.30	2.24	2.18	2.11	2.04	1.97
24	5.72	4.32	3.72	3.38	3.15	2.99	2.87	2.78	2.70	2.64	2.54	2.44	2.33	2.27	2.21	2.15	2.08	2.01	1.94

$\alpha = 0.025$

n_2	n_1																		
	1	2	3	4	5	6	7	8	9	10	12	15	20	25	30	40	60	120	∞
25	5.69	4.29	3.69	3.35	3.13	2.97	2.85	2.75	2.68	2.61	2.51	2.41	2.30	2.24	2.18	2.12	2.05	1.98	1.91
26	5.66	4.27	3.67	3.33	3.10	2.94	2.82	2.73	2.65	2.59	2.49	2.39	2.28	2.22	2.16	2.09	2.03	1.95	1.88
27	5.63	4.24	3.65	3.31	3.08	2.92	2.80	2.71	2.63	2.57	2.47	2.36	2.25	2.19	2.13	2.07	2.00	1.93	1.85
28	5.61	4.22	3.63	3.29	3.06	2.90	2.78	2.69	2.61	2.55	2.45	2.34	2.23	2.17	2.11	2.05	1.98	1.91	1.83
29	5.59	4.20	3.61	3.27	3.04	2.88	2.76	2.67	2.59	2.53	2.43	2.32	2.21	2.15	2.09	2.03	1.96	1.89	1.81
30	5.57	4.18	3.59	3.25	3.03	2.87	2.75	2.65	2.57	2.51	2.41	2.31	2.20	2.14	2.07	2.01	1.94	1.87	1.79
40	5.42	4.05	3.46	3.13	3.90	2.74	2.62	2.53	2.45	2.39	2.29	2.18	2.07	2.01	1.94	1.88	1.80	1.72	1.64
60	5.29	3.93	3.34	3.01	2.79	2.63	2.51	2.41	2.33	2.27	3.17	2.06	1.94	1.88	1.82	1.74	1.67	1.58	1.48
120	5.15	3.80	3.23	2.89	2.67	2.52	2.39	2.30	2.22	2.16	2.05	1.94	1.82	1.76	1.69	1.61	1.53	1.43	1.31
∞	5.02	3.69	3.12	2.79	2.57	2.41	2.29	2.19	2.11	2.05	1.94	1.83	1.71	1.64	1.57	1.48	1.39	1.27	1.00

$\alpha = 0.01$

n_2	n_1																		
	1	2	3	4	5	6	7	8	9	10	12	15	20	25	30	40	60	120	∞
1	4052	4999.5	5403	5625	5764	5859	5928	5982	6022	6056	6106	6157	6209	6235	6261	6287	6313	6339	6366
2	98.50	99.00	99.17	99.25	99.30	99.33	99.36	99.37	99.39	99.40	99.42	99.43	99.45	99.46	99.47	99.47	99.48	99.49	99.50
3	34.12	30.82	29.46	28.71	28.24	27.91	27.67	27.49	27.35	27.23	27.05	26.87	26.69	26.60	26.50	26.41	26.32	26.22	26.13
4	21.20	18.00	16.69	15.98	15.52	15.21	14.98	14.80	14.66	14.55	14.37	24.20	14.02	13.93	13.84	13.75	13.65	13.56	13.46
5	16.26	13.27	12.06	11.39	10.97	10.67	10.46	10.29	10.16	10.05	9.89	9.72	9.55	9.47	9.38	9.29	9.20	9.11	9.02
6	13.75	10.93	9.78	9.15	8.75	8.47	8.26	8.10	7.98	7.87	7.72	7.56	7.40	7.31	7.23	7.14	7.06	6.97	6.88
7	12.25	9.55	8.45	7.85	7.46	7.19	6.99	6.84	6.72	6.62	6.47	6.31	6.16	6.07	5.99	5.91	5.82	5.74	5.65
8	11.26	8.65	7.59	7.01	6.63	6.37	6.18	6.03	5.91	5.81	5.67	5.52	5.36	5.28	5.20	5.12	5.03	4.95	4.86
9	10.56	8.02	6.99	6.42	6.06	5.80	5.61	5.47	5.35	5.26	5.11	4.96	4.81	4.73	4.65	4.57	4.48	4.40	4.31

续表

$\alpha = 0.01$

n_2	n_1																		
	1	2	3	4	5	6	7	8	9	10	12	15	20	25	30	40	60	120	∞
10	10.04	7.56	6.55	5.99	5.64	5.39	5.20	5.06	4.94	4.85	4.71	4.56	4.41	4.33	4.25	4.17	4.08	4.00	3.91
11	9.65	7.21	6.22	5.67	5.32	5.07	4.89	4.74	4.63	4.54	4.40	4.25	4.10	4.02	3.94	3.86	3.78	3.69	3.60
12	9.33	6.93	5.95	5.41	5.06	4.82	4.64	4.50	4.39	4.30	4.16	4.01	3.86	3.78	3.70	3.62	3.54	3.45	3.36
13	9.07	6.70	5.74	5.21	4.86	4.62	4.44	4.30	4.19	4.10	3.96	3.82	3.66	3.59	3.51	3.43	3.34	3.25	3.17
14	8.86	6.51	5.56	5.04	4.69	4.46	4.28	4.14	4.03	3.94	3.80	3.66	3.51	3.43	3.35	3.27	3.18	3.09	3.00
15	8.68	6.36	5.42	4.89	4.56	4.32	4.14	4.00	3.89	3.80	3.67	3.52	3.37	3.29	3.21	3.13	3.05	2.96	2.87
16	8.53	6.23	5.29	4.77	4.44	4.20	4.03	3.89	3.78	3.69	3.55	3.41	3.26	3.18	3.10	3.02	2.93	2.84	2.75
17	8.40	6.11	5.18	4.67	4.34	4.10	3.93	3.79	3.68	3.59	3.46	3.31	3.16	3.08	3.00	2.92	2.83	2.75	2.65
18	8.29	6.01	5.09	4.58	4.25	4.01	3.94	3.71	3.60	3.51	3.37	3.23	3.08	3.00	2.92	2.84	2.75	2.66	2.57
19	8.18	5.93	5.01	4.50	4.17	3.94	3.77	3.63	3.52	3.43	3.30	3.15	3.00	2.92	2.84	2.76	2.67	2.58	2.49
20	8.10	5.85	4.94	4.43	4.10	3.87	3.70	3.56	3.46	3.37	3.23	3.09	2.94	2.86	2.78	2.69	2.61	2.52	2.42
21	8.02	5.78	4.87	4.37	4.04	3.81	3.64	3.51	3.40	3.31	3.17	3.03	2.88	2.80	2.72	2.64	2.55	2.46	2.36
22	7.95	5.72	4.82	4.31	3.99	3.76	3.59	3.45	3.35	3.26	3.12	2.98	2.83	2.75	2.67	2.58	2.50	2.40	2.31
23	7.88	5.66	4.76	4.26	3.94	3.71	3.54	3.41	3.30	3.21	3.07	2.93	2.78	2.70	2.62	2.54	2.45	2.35	2.26
24	7.82	5.61	4.72	4.22	3.90	3.67	3.50	3.36	3.26	3.17	3.03	2.89	2.74	2.66	2.58	2.49	2.40	2.31	2.21
25	7.77	5.57	4.68	4.18	3.85	3.63	3.46	3.32	3.22	3.13	2.99	2.85	2.70	2.62	2.54	2.45	2.36	2.27	2.17
26	7.72	5.53	4.64	4.14	3.82	3.59	3.42	3.29	3.18	3.09	2.96	2.81	2.66	2.58	2.50	2.42	2.33	2.23	2.13
27	7.68	5.49	4.60	4.11	3.78	3.56	3.39	3.26	3.15	3.06	2.93	2.78	2.63	2.55	2.47	2.38	2.29	2.20	2.10
28	7.64	5.45	4.57	4.07	3.75	3.53	3.36	3.23	3.12	3.03	2.90	2.75	2.60	2.52	2.44	2.35	2.26	2.17	2.06
29	7.60	5.42	4.54	4.04	3.73	3.50	3.33	3.20	3.09	3.00	2.87	2.73	2.57	2.49	2.41	2.33	2.23	2.14	2.03
30	7.56	5.39	4.51	4.02	3.70	3.47	3.30	3.17	3.07	2.98	2.84	2.70	2.55	2.47	2.39	2.30	2.21	2.11	2.01
40	7.31	5.18	4.31	3.83	3.51	3.29	3.12	2.99	2.89	2.80	2.66	2.52	2.37	2.29	2.20	2.11	2.02	1.92	1.80
60	7.08	4.98	4.13	3.65	3.34	3.12	2.95	2.82	2.72	2.63	2.50	2.35	2.20	2.12	2.03	1.94	1.84	1.73	1.60
120	6.85	4.79	3.95	3.48	3.17	2.96	2.79	2.66	2.56	2.47	2.34	2.19	2.03	1.95	1.86	1.76	1.66	1.53	1.38
∞	6.63	4.61	3.78	3.32	3.02	2.80	2.64	2.51	2.41	2.32	2.18	2.04	1.88	1.79	1.70	1.59	1.47	1.32	1.00

$\alpha = 0.005$

n_2	n_1																		
	1	2	3	4	5	6	7	8	9	10	12	15	20	25	30	40	60	120	∞
1	16211	20000	21615	22500	23056	23437	23715	23925	24091	24224	24426	24630	24836	24940	25044	25148	35253	25359	25465
2	198.5	199.0	199.2	199.2	199.3	199.3	199.4	199.4	199.4	199.4	199.4	199.4	199.4	199.5	199.5	199.5	199.5	199.5	199.5
3	55.55	49.80	47.47	46.19	45.39	44.84	44.43	44.13	43.88	43.69	43.39	43.08	42.78	42.62	42.47	42.31	42.15	41.99	41.83
4	31.33	26.28	24.26	23.15	22.46	21.97	21.62	21.35	21.14	20.97	20.70	20.44	20.17	20.03	19.89	19.75	19.61	19.47	19.32
5	22.78	18.31	16.53	15.56	14.94	14.51	14.20	13.96	13.77	13.62	13.38	13.15	12.90	12.78	12.66	12.53	12.40	12.27	12.14
6	18.63	14.54	12.92	12.03	11.46	11.07	10.79	10.57	10.39	10.25	10.03	9.81	9.59	9.47	9.36	9.24	9.12	9.00	8.88
7	16.24	12.40	10.88	10.05	9.52	9.16	8.89	8.68	8.51	8.38	8.18	7.97	7.75	7.65	7.53	7.42	7.31	7.19	7.08
8	14.69	11.04	9.60	8.81	8.30	7.95	7.69	7.50	7.34	7.21	7.01	6.81	6.61	6.50	6.40	6.29	6.18	6.06	5.95
9	13.61	10.11	8.72	7.96	7.47	7.13	6.88	6.69	6.54	6.42	6.23	6.03	5.83	5.73	5.62	5.52	5.41	5.30	5.19
10	12.83	9.43	8.08	7.34	6.87	6.54	6.30	6.12	5.97	5.85	5.66	5.47	5.27	5.17	5.07	4.97	4.86	4.75	4.64
11	12.23	8.91	7.60	6.88	6.42	6.10	5.86	5.68	5.54	5.42	5.24	5.05	4.86	4.76	4.65	4.55	4.44	4.34	4.23
12	11.75	8.51	7.23	6.52	6.07	5.76	5.52	5.35	5.20	5.09	4.91	4.72	4.53	4.43	4.33	4.23	4.12	4.01	3.90
13	11.37	8.19	6.93	6.23	5.79	5.48	5.25	5.08	4.94	4.82	4.64	4.46	4.27	4.17	4.07	3.97	3.87	3.76	3.65
14	11.06	7.92	6.68	6.00	5.56	5.26	5.03	4.86	4.72	4.60	4.43	4.25	4.06	3.96	3.86	3.76	3.66	3.55	3.44

续表

$\alpha =0.005$

n_2	n_1																	
	1	2	3	4	5	6	7	8	9	10	12	15	20	25	30	40	60	120	∞
15	10.80	7.70	6.48	5.80	5.37	5.07	4.85	4.67	4.54	4.42	4.25	4.07	3.88	3.79	3.69	3.58	3.48	3.37	3.26
16	10.58	7.51	6.30	5.64	5.21	4.91	4.69	4.52	4.38	4.27	4.10	3.92	3.73	3.64	3.54	3.44	3.33	3.22	3.11
17	10.38	7.35	6.16	5.50	5.07	4.78	4.56	4.39	4.25	4.14	3.97	3.79	3.61	3.51	3.41	3.31	3.21	3.10	2.98
18	10.22	7.21	6.03	5.37	4.96	4.66	4.44	4.28	4.14	4.03	3.86	3.68	3.50	3.40	3.30	3.20	3.10	2.99	2.87
19	10.07	7.09	5.92	5.27	7.85	4.56	4.34	4.18	4.04	3.93	3.76	3.59	3.40	3.31	3.21	3.11	3.00	2.89	2.78
20	9.94	6.99	5.82	5.17	4.76	4.47	4.26	4.09	3.96	3.85	3.68	3.50	3.32	3.22	3.12	3.02	2.92	2.81	2.69
21	9.83	6.89	5.73	5.09	4.68	4.39	4.18	4.01	3.88	3.77	3.60	3.43	3.24	3.15	3.05	2.95	2.84	2.73	2.61
22	9.73	6.81	5.65	5.02	4.61	4.32	4.11	3.94	3.81	3.70	3.54	3.36	3.18	3.08	2.98	2.88	2.77	2.66	2.55
23	9.63	6.73	5.58	4.95	4.54	4.26	4.05	3.88	3.75	3.64	3.47	3.30	3.12	3.02	2.92	2.82	2.71	2.60	2.48
24	9.55	6.66	5.52	4.89	4.49	4.20	3.99	3.83	3.69	3.59	3.42	3.25	3.06	2.97	2.87	2.77	2.66	2.55	2.43
25	9.48	6.60	5.46	4.84	4.43	4.15	3.94	3.78	3.64	3.54	3.37	3.20	3.01	2.92	2.82	2.72	2.61	2.50	2.38
26	9.41	6.54	5.41	4.79	4.38	4.10	3.89	3.73	3.60	3.49	3.33	3.15	2.97	2.87	2.77	2.67	2.56	2.45	2.33
27	9.34	6.49	5.36	4.74	4.34	4.06	3.85	3.69	3.56	3.45	3.28	3.11	2.93	2.83	2.73	2.63	2.52	2.41	2.29
28	9.28	6.44	5.32	4.70	4.30	4.02	3.81	3.65	3.52	3.41	3.25	3.07	2.89	2.79	2.69	2.59	2.48	2.37	2.25
29	9.23	6.40	5.28	4.66	4.26	3.98	3.77	3.61	3.48	3.38	3.21	3.04	2.86	2.76	2.66	2.56	2.45	2.33	2.21
30	9.18	6.35	5.24	4.62	4.23	3.95	3.74	3.58	3.45	3.34	3.18	3.01	2.82	2.73	2.63	2.52	2.42	2.30	2.18
40	8.83	6.07	4.98	4.37	3.99	3.71	3.51	3.35	3.22	3.12	2.95	2.78	2.60	2.50	2.40	2.30	2.18	2.06	1.93
60	8.49	5.79	4.73	4.14	3.76	3.49	3.29	3.13	3.01	2.90	2.74	2.57	2.39	2.29	2.19	2.08	1.96	1.83	1.69
120	8.18	5.54	4.50	3.92	3.55	3.28	3.09	2.93	2.81	2.71	2.54	2.37	2.19	2.09	1.98	1.87	1.75	1.61	1.43
∞	7.88	5.30	4.28	3.72	3.35	3.09	2.90	2.74	2.62	2.52	2.36	2.19	2.00	1.90	1.79	1.67	1.53	1.36	1.00

$\alpha =0.001$

n_2	n_1																	
	1	2	3	4	5	6	7	8	9	10	12	15	20	25	30	40	60	120	∞
1	4053+	5000+	5404+	5625+	5764+	5859+	5929+	5981+	6023+	6056+	6107+	6158+	6209+	6235+	6261+	6287+	6313+	6340+	6366+
2	998.5	999.0	999.2	999.2	999.3	999.3	999.4	999.4	999.4	999.4	999.4	999.4	999.4	999.5	999.5	999.5	999.5	999.5	999.5
3	167.0	148.5	141.1	137.1	134.6	132.8	131.6	130.6	129.9	129.2	128.3	127.4	126.4	125.9	125.4	125.0	124.5	124.0	123.5
4	74.14	61.25	56.18	53.44	51.71	50.53	49.66	49.00	48.47	48.05	47.41	46.76	46.10	45.77	45.43	45.09	44.75	44.40	44.05
5	47.18	37.12	33.20	31.09	27.75	28.84	28.16	27.64	27.24	26.92	26.42	25.91	25.39	25.14	24.87	24.60	24.33	24.06	23.79
6	35.51	27.00	23.70	21.92	20.81	20.03	19.46	19.03	18.69	18.41	17.99	17.56	17.12	16.89	16.67	16.44	16.21	15.99	15.75
7	29.25	21.69	18.77	17.19	16.21	15.52	15.02	14.63	14.33	14.08	13.71	13.32	12.93	12.73	12.53	12.33	12.12	11.91	11.70
8	25.42	18.49	15.83	14.39	13.49	12.86	12.40	12.04	11.77	11.54	11.19	10.84	10.48	10.30	10.11	9.92	9.73	9.53	9.33
9	22.86	16.39	13.90	12.56	11.71	11.13	10.70	10.37	10.11	9.89	9.57	9.24	8.90	8.72	8.55	8.37	8.19	8.00	7.80
10	21.04	14.91	12.55	11.28	10.48	9.92	9.52	9.20	8.96	8.75	8.45	8.13	7.80	7.64	7.47	7.30	7.12	6.94	6.76
11	19.69	13.81	11.56	10.35	9.58	9.05	8.66	8.35	8.12	7.92	7.63	7.32	7.01	6.85	6.68	6.52	6.35	6.17	6.00
12	18.64	12.97	10.80	9.63	8.89	8.38	8.00	7.71	7.48	7.29	7.00	6.71	6.40	6.25	6.09	5.93	5.76	5.59	5.42
13	17.81	12.31	10.21	9.07	8.35	7.86	7.49	7.21	6.98	6.80	6.52	6.23	5.93	6.78	5.63	5.47	5.30	5.14	4.97
14	17.14	11.78	9.73	8.62	7.92	7.43	7.08	6.80	6.58	6.40	6.13	5.85	5.56	5.41	5.25	5.10	4.94	4.77	4.60
15	16.59	11.34	9.34	8.25	7.57	7.09	6.74	6.47	6.26	6.08	5.81	5.54	5.25	5.10	4.95	4.80	4.64	4.47	4.31
16	16.12	10.97	9.00	7.94	7.27	6.81	6.46	6.19	5.98	5.81	5.55	5.27	4.99	4.85	4.70	4.54	4.39	4.23	4.06
17	15.72	10.36	8.73	7.68	7.02	6.56	6.22	5.96	5.75	5.58	5.32	5.05	4.78	4.63	4.48	4.33	4.18	4.02	3.85
18	15.38	10.39	8.49	7.46	6.81	6.35	6.02	5.76	5.56	5.39	5.13	4.87	4.59	4.45	4.30	4.15	4.00	3.84	3.67
19	15.08	10.16	8.28	7.26	6.62	6.18	5.85	5.59	5.39	5.22	4.97	4.70	4.43	4.29	4.14	3.99	3.84	3.68	3.51

$\alpha = 0.001$

n_2	n_1																		
	1	2	3	4	5	6	7	8	9	10	12	15	20	25	30	40	60	120	∞
20	14.82	9.95	8.10	7.10	6.46	6.02	5.69	5.44	5.24	5.08	4.82	4.56	4.29	4.15	4.00	3.86	3.70	3.54	3.38
21	14.59	9.77	7.94	6.95	6.32	5.88	5.56	5.31	5.11	4.95	4.70	4.44	4.17	4.03	3.88	3.74	3.58	3.42	3.26
22	14.38	9.61	7.80	6.81	6.19	5.76	5.44	5.19	4.98	4.83	4.58	4.33	4.06	3.92	3.78	3.63	3.48	3.32	3.15
23	14.19	9.47	7.67	6.69	6.08	5.65	5.33	5.09	4.89	4.73	4.48	4.23	3.96	3.82	3.68	3.53	3.38	3.22	3.05
24	14.03	9.34	7.55	6.59	5.98	5.55	5.23	4.99	4.80	4.64	4.39	4.14	3.87	3.74	3.59	3.45	3.29	3.14	2.97
25	13.88	9.22	7.45	6.49	5.88	5.46	5.15	4.91	4.71	4.56	4.31	4.06	3.79	3.66	3.52	3.37	3.22	3.06	2.89
26	13.74	9.12	7.36	6.41	5.80	5.38	5.07	4.83	4.64	4.48	4.24	3.99	3.72	3.59	3.44	3.30	3.15	2.99	2.82
27	13.61	9.02	7.27	6.33	5.73	5.31	5.00	4.76	4.57	4.41	4.17	3.92	3.66	3.52	3.38	3.23	3.08	2.92	2.75
28	13.50	8.93	7.19	6.25	5.66	5.24	4.93	4.69	4.50	4.35	4.11	3.86	3.60	3.46	3.32	3.18	3.02	2.86	2.69
29	13.39	8.85	7.12	6.19	5.59	5.18	4.87	4.64	4.45	4.29	4.05	3.80	3.54	3.41	3.27	3.12	2.97	2.81	2.64
30	13.29	8.77	7.05	6.12	5.53	5.12	4.82	4.58	4.39	14.24	4.00	3.75	3.49	3.36	3.22	3.07	2.92	2.76	2.59
40	12.61	8.25	6.60	5.70	5.13	4.73	4.44	4.21	4.02	3.87	3.64	3.40	3.15	3.01	2.87	2.73	2.57	2.41	2.23
60	11.97	7.76	6.17	5.31	4.76	4.37	4.09	3.87	3.69	3.54	3.31	3.08	2.83	2.69	2.55	2.41	2.25	2.08	1.89
120	11.38	7.32	5.79	4.95	4.42	4.04	3.77	3.55	3.38	3.24	3.02	2.78	2.53	2.40	2.26	2.11	1.95	1.76	1.54
∞	10.83	6.91	5.42	4.62	4.10	3.74	3.47	3.27	3.10	2.96	2.74	2.51	2.27	2.13	1.99	1.84	1.66	1.45	1.00

注：" + "表示要将所列数乘以 100

习 题 解 答

习题 1

1. （1） $\Omega=\{x\,|\,x\geqslant 0, x\in Z\}$

（2） $\Omega=\{10,11,12,\cdots\}$

（3） $\Omega=\{t\,|-\infty<t<+\infty\}$

（4） $\Omega=\{$ 一等品,二等品,三等品,不合格品 $\}$

（5） $\Omega=\{2$ 只红球,2 只白球,1 只红球 1 只白球 $\}$.

2. （1） ABC ；（2） $\overline{A}\overline{B}\overline{C}$ ；（3） $AB\overline{C}$ ；（4） $A\overline{B}\overline{C}$ ；（5） $A\cup B\cup C$

（6） $\overline{A}B\overline{C}\cup A\overline{B}\overline{C}\cup \overline{A}\overline{B}C\cup \overline{A}\overline{B}\overline{C}$ 或 $\overline{AB\cup BC\cup AC}$

（7） $AB\overline{C}\cup A\overline{B}C\cup \overline{A}BC$ ；（8） $\overline{ABC}$ ；（9） $\overline{AB}$ ；（10） $A\overline{B}\cup \overline{A}B$

3. 甲的试验不成功；

甲和乙的试验至少成功一次；

乙和丙的试验至少有一个不成功；

乙和丙的试验至少有一个不成功；

甲、乙、丙三人的试验都成功；

甲、乙、丙三人中至少有两人的试验成功.

4. （1）成立；（2）成立；（3）成立；（4）不成立

5. $\dfrac{1}{15}$

6. （1） $\dfrac{1}{120}$ ；（2） $\dfrac{27}{1000}$

7. （1） $\dfrac{14}{55}$ ；（2） $\dfrac{28}{55}$ ；（3） $\dfrac{41}{55}$ ；（4） $\dfrac{15}{55}$

8. 0.7 ， 0.5

9. $\dfrac{5}{8}$

10. q

11. $\dfrac{1}{2}\ln 2$

12. 0.4

13. $\dfrac{1}{3}$

14. 0.5

15. 0.5

16. $\dfrac{2}{35}$

17. $\dfrac{20}{21}$

18. （1）0.15；（2）0.5

19. 0.82；0.12

20. （1）0.3；（2）0.5；（3）0.7

21. $\dfrac{3}{5}$

22. （1）$\left(\dfrac{1}{7}\right)^6$；（2）$\left(\dfrac{6}{7}\right)^6$；（3）$1-\left(\dfrac{1}{7}\right)^6$

23. （1）0.504；（2）0.496；（3）0.902

24. 0.09693

25. 0.108

习题 2

1.

X	3	4	5
P	0.1	0.3	0.6

$$P\{X \le 4\} = \dfrac{4}{10}$$

2. （1）

X	1	2	3
P	$\dfrac{3}{4}$	$\dfrac{3}{14}$	$\dfrac{1}{28}$

（2）

X	1	2	3	4	...	n
P	$\dfrac{3}{4}$	$\dfrac{1}{4}\times\dfrac{3}{4}$	$\left(\dfrac{1}{4}\right)^2\times\dfrac{3}{4}$	$\left(\dfrac{1}{4}\right)^3\times\dfrac{3}{4}$	...	$\left(\dfrac{1}{4}\right)^{n-1}\times\dfrac{3}{4}$

3. $a=\dfrac{1}{6}$, $b=\dfrac{5}{6}$

4. （1）

X	0	1	2
P	0.04	0.32	0.64

（2）$F(x)=\begin{cases} 0.040, & 0 \le x < 1 \\ 0.36, & 1 \le x < 2 \\ 1, & x \ge 2 \end{cases}$

（3）0.32，0.64

5. （1）0.972；（2）0.271；（3）0.027

6. $\dfrac{19}{27}$

7. （1）0.0729；（2）0.99954；（3）0.40951

8. $a = 1.1$

9. （1）1；（2）0.4；（3）$f(x) = \begin{cases} 2x, & 0 \le x < 1 \\ 0, & \text{其他} \end{cases}$

10. （1）$a = 2$；（2）$\dfrac{7}{8}$

11. （1）$A = \dfrac{1}{2}$；（2）$F(x) = \begin{cases} \dfrac{1}{2}e^x, & x \le 0 \\ 1 - \dfrac{1}{2}e^{-x}, & x > 0 \end{cases}$；（3）0；（4）$1 - e^{-1}$

12. （1）$\dfrac{2}{3}$；（2）$\dfrac{1}{6}$；（3）0

13. $\dfrac{1}{6}$

14. $1 - e^{-2}$

15. （1）$1 - e^{-\frac{1}{2}}$；（2）$e^{-\frac{5}{12}} - e^{-\frac{5}{6}}$

16. $\dfrac{7}{27}$

17. $P\{Y = k\} = C_5^k (e^{-2})^k (1 - e^{-2})^{5-k}$，$k = 1,2,3,4,5$；$P\{Y \ge 1\} = 1 - (1 - e^{-2})^5$

18. （1）0.5328；（2）0.9710；（3）0.6977；（4）0.5；（5）3

19. 31

20. 0.6826

21.

$Y = \dfrac{2}{3}X + 2$	2	$\dfrac{1}{3}\pi + 2$	$\dfrac{2}{3}\pi + 2$
P	$\dfrac{1}{4}$	$\dfrac{1}{2}$	$\dfrac{1}{4}$

$Z = \sin X$	0	1
P	$\dfrac{1}{2}$	$\dfrac{1}{2}$

22. （1）$f(y) = \begin{cases} \dfrac{y^2}{18}, & -3 < x < 3 \\ 0, & \text{其他} \end{cases}$　（2）$f(z) = \begin{cases} \dfrac{3}{2}(3 - z)^2, & 2 < z < 4 \\ 0, & \text{其他} \end{cases}$

习题 3

1. （1）$F_X(x) = \begin{cases} 1 - e^{-0.01x}, & x \ge 0 \\ 0, & \text{其他} \end{cases}$　$F_Y(y) = \begin{cases} 1 - e^{-0.01y}, & y \ge 0 \\ 0, & \text{其他} \end{cases}$

（2）0.5117

2.

X	Y		
	1	2	3
3	$\frac{1}{10}$	0	0
4	$\frac{2}{10}$	$\frac{1}{10}$	0
5	$\frac{3}{10}$	$\frac{2}{10}$	$\frac{1}{10}$

3.

X	Y				$p._j$
	0	1	2	3	
0	$\frac{1}{27}$	$\frac{3}{27}$	$\frac{3}{27}$	$\frac{1}{27}$	$\frac{8}{27}$
1	$\frac{3}{27}$	$\frac{6}{27}$	$\frac{3}{27}$	0	$\frac{12}{27}$
2	$\frac{3}{27}$	$\frac{3}{27}$	0	0	$\frac{6}{27}$
3	$\frac{1}{27}$	0	0	0	$\frac{1}{27}$
$p_i.$	$\frac{8}{27}$	$\frac{12}{27}$	$\frac{6}{27}$	$\frac{1}{27}$	1

X、Y 不相互独立.

4.

X	Y	
	−1	1
−1	$\frac{1}{4}$	0
1	$\frac{1}{2}$	$\frac{1}{4}$

5. （1）$\frac{1}{8}$；（2）$\frac{27}{32}$；（3）$\frac{2}{3}$

6. （1）$\frac{21}{4}$；（2）$f_X(x)=\begin{cases}\dfrac{21x^2(1-x^4)}{8}, & -1\leqslant x\leqslant 1 \\ 0, & 其他\end{cases}$　（3）0.15

7. （1）$F(x,\ y)=\begin{cases}(1-e^{-3x})(1-e^{-4y}), & x>0,\ y>0 \\ 0, & 其他\end{cases}$　（2）0.9499

8. $\dfrac{\pi}{6}$

9. $\dfrac{2}{9}$

10. （1）$f(x,y)=\begin{cases}\dfrac{1}{2}e^{-\frac{y}{2}}, & 0<x<1,\ y>0 \\ 0, & 其他\end{cases}$　（2）$2e^{-\frac{1}{2}}-1$

11. $a = 0.12$，$b = 0.20$，$c = 0.08$

12. 0.89

13. 不相互独立

14. 不相互独立

15. （1）在 $X = 1$ 的条件下，Y 的条件分布律

Y	1	2	3
P	$\frac{1}{6}$	$\frac{3}{6}$	$\frac{2}{6}$

（2）在 $Y = 2$ 的条件下，X 的条件分布律

X	1	2
P	$\frac{6}{7}$	$\frac{1}{7}$

16.

$$f_{X|Y}(x \mid y) = \begin{cases} \dfrac{2x}{1-y^2}, & 0 < y < 1,\ y < x < 1 \\ 0, & \text{其他} \end{cases}$$

$$f_{Y|X}(y \mid x) = \begin{cases} \dfrac{1}{x}, & 0 < x < 1,\ 0 < y < x \\ 0, & \text{其他} \end{cases}$$

17. （1）$\dfrac{1}{2}(1 - e^{-2})$；（2）$1 - \dfrac{1}{2}e^{-1}$

18.

$X + Y$	2	3	4	5	6
P	$\frac{1}{4}$	$\frac{3}{8}$	$\frac{1}{4}$	$\frac{1}{8}$	0

$X - Y$	-2	1	0	1	2
P	$\frac{1}{8}$	$\frac{1}{4}$	$\frac{1}{4}$	$\frac{1}{4}$	$\frac{1}{8}$

$2X$	2	4	6
P	$\frac{5}{8}$	$\frac{1}{8}$	$\frac{1}{4}$

XY	1	2	3	4	6	9
P	$\frac{1}{4}$	$\frac{3}{8}$	$\frac{1}{4}$	0	$\frac{1}{8}$	0

19. $F_Z(z) = \begin{cases} 1 - e^{-z} - ze^{-z}, & z > 0 \\ 0, & \text{其他} \end{cases}$ $f_Z(z) = \begin{cases} ze^{-z}, & z > 0 \\ 0, & \text{其他} \end{cases}$

20. $f_Z(z) = \begin{cases} \dfrac{3}{2}(1 - z^2), & 0 \leqslant z < 1 \\ 0, & \text{其他} \end{cases}$

21. $f_Z(z) = \begin{cases} z^2, & 0 < z < 1 \\ z(2-z), & 1 \leqslant z < 2 \\ 0, & \text{其他} \end{cases}$

习题 4

1. 0.8

2. $\dfrac{7}{12}$；$\dfrac{755}{144}$

3. 0；2

4. 1；$\dfrac{1}{6}$

5. -7；4

6. 8

7. 4；$\dfrac{2}{9}$

8. 3

9. 0；$\dfrac{1}{2}$

10. 2；$\dfrac{1}{3}$

11. $\dfrac{35}{3}$

12. $\dfrac{4}{5}$；$\dfrac{3}{5}$；$\dfrac{1}{2}$；$\dfrac{16}{15}$

13. 2；$\dfrac{11}{3}$

14. $10\left[1-\left(\dfrac{9}{10}\right)^{20}\right] \approx 9$

15. 1

16. $\begin{pmatrix} \dfrac{1}{18} & 0 \\ 0 & \dfrac{3}{80} \end{pmatrix}$

17. 0

18. $2\sigma^2$；$2\sigma^2$；0

19. 12；85；37

20. （1）$\dfrac{1}{3}$，3；（2）0；（3）相互独立

习题 5

1. $\geqslant \dfrac{13}{16}$

2. $\geqslant \dfrac{3}{4}$

3. 略

4. 0.522

5. 0.2119

6. 0.9525

7. $n \geqslant 35$

8. 0.9836

9. 0.9544

10. 0.8164

习题 6

1. $p^{\sum\limits_{i=1}^{n} x_i}(1-p)^{\sum\limits_{i=1}^{n}(1-x_i)}$，$x_i$取0或1

2. $\left(\dfrac{1}{\sqrt{2\pi}\sigma}\right)^{n} \mathrm{e}^{-\frac{\sum\limits_{i=1}^{n}(x_i-\mu)^2}{2\sigma^2}}$

3. $\mathrm{e}^{-n\lambda}\dfrac{\lambda^{\sum\limits_{i=1}^{n} x_i}}{\prod\limits_{i=1}^{n}(x_i)!}$

4. （1）、（2）

5. $\bar{x}=215.1$；$s^2=416.1$；$A_2=46642.5$；$B_2=374.49$

6. 0.0295

7. 0.99

8. $t(1)$

9. $C=\dfrac{1}{3}$

12. 0.975

13. （1）0.0918；（2）0.6862

14. （1）0.023；（2）0；（3）0.98

15. 0.95

习题 7

1. 0.1980

2. $\hat{\mu}=53.002$；$\hat{\sigma}^2=6\times10^{-6}$

3.（1）矩估计量：$\hat{\theta} = \dfrac{2\bar{X}-1}{1-\bar{X}}$；极大似然估计量：$\hat{\theta} = -\left(1 + \dfrac{n}{\displaystyle\sum_{i=1}^{n}\ln X_i}\right)$

（2）矩估计量：$\hat{\theta} = \left(\dfrac{\bar{X}}{1-\bar{X}}\right)^2$；极大似然估计量：$\hat{\theta} = \dfrac{n^2}{\left(\displaystyle\sum_{i=1}^{n}\ln X_i\right)^2}$

4. $\dfrac{1}{n}\displaystyle\sum_{i=1}^{n}(X_i - \mu)^2$

5. 略

6. $\hat{\theta} = \dfrac{5}{6}$

7. 都是无偏估计量；$\hat{\mu}_2$ 最有效

8. 略

9. 略

10.（1）（14.81,15.01）；（2）（14.76,15.07）

11.（6.28,14.16）

12.（1）（57.34,58.61）；（2）（57.16,58.68）

13.（922.06,1007.84）

14.（4.84,6.16）；（1.35,2.28）

15. $(6.78\times10^{-6}, 6.52\times10^{-5})$

16.（1）（5.61,6.39）；（2）（5.56,6.44）

17.（1）40397；（2）2342.3

18. 1064.9

19. $n \geq \left(2u_{\frac{\alpha}{2}}\dfrac{\sigma}{L}\right)^2$

20. $n \geq 11$

习题 8

1. 有显著变化

2. 有显著差异

3. 不偏低

4. 工作正常

5. 有显著差异

6. 无显著差异

7. 有显著变化

8. 有显著变化

9. 无显著变化

10. 无显著差异

11. 无显著差异

12. 无显著差异

13. 无显著差异

14. 是

15. 是

习题 9

1. $F=4.3717$，有显著差异

2. $F=7.2083$，特别显著的差异

3. $F=9.6458$，特别显著的差异

4. $F=3.8087$，无显著差异

5.

方差来源	平方和	自由度	均方和	F 值	临界值	显著性
组间	420	2	210	1.478	3.3541	不显著
组内	3836	27	142.07	—	—	—
总和	4256	29	—	—	—	—

三种组装方法每 h 生产的产品数量之间无显著差异.

6. F（品种）$=7.2397$，不同种子的收获量之间有显著差异；F（施肥）$=9.2047$，不同施肥的收获量之间有显著差异.

7. F（地区）$=0.0727$，不同地区的销售量之间无显著差异；F（包装）$=3.1273$，不同包装方法的销售量之间无显著差异.

8.

方差来源	平方和	自由度	均方和	F 值	临界值	显著性
行因素	3000.6667	2	1500.3334	6.6062	5.14	显著
列因素	82619.5834	3	27539.8611	121.2616	4.76	特别显著
组内	1362.6666	6	227.1111	—	—	—
总和	86982.9167	11	—	—	—	—

在不同压力下产品的抗压强度之间有显著差异，在不同机器上产品的抗压强度之间有特别显著的差异.

习题 10

1. $\hat{y} = 35.85 + 0.476x$

2. $\hat{y} = 0.2569 + 2.9303x$

3. $\hat{y} = 11.60 + 0.4992x$

4. $\hat{y} = 80.7777 + 1.1380x$

5. （1）$\hat{y} = 210.4444 - 157.7778x$，可决系数 $r^2 = 0.8891$，说明拟合效果很好，变量 x 对变量 y 的解释能力很强.

（2）F 统计量 $F = 80.143$，临界值 $F_\alpha(k, n-k-1) = 4.96$，$F = 80.143 > F_\alpha$，变量 x 与变量 y

之间存在显著的线性相关关系.

t 统计量 $t = -8.952$，临界值 $t_{\alpha/2}(n-k-1) = 2.228$，$|t| = 8.952 > t_{\alpha/2}$，变量 x 对变量 y 有显著影响.

6.（1）$\hat{y} = 4.4951 - 0.8259x$，可决系数 $r^2 = 0.5908$，说明拟合效果很好，变量 x 对变量 y 的解释能力很强.

（2）F 统计量 $F = 14.438$，临界值 $F_\alpha(k, n-k-1) = 4.96$，$F = 14.438 > F_\alpha$，变量 x 与变量 y 之间存在显著的线性相关关系.

t 统计量 $t = 3.780$，临界值 $t_{\alpha/2}(n-k-1) = 2.228$，$|t| = 3.780 > t_{\alpha/2}$，变量 x 对变量 y 有显著影响.

7.（1）$\hat{y} = 319.0863 + 4.1853x$，可决系数 $r^2 = 0.5499$，说明拟合效果很好，变量 x 对变量 y 的解释能力很强.

（2）F 统计量 $F = 14.4384$，临界值 $F_\alpha(k, n-k-1) = 4.96$，$F = 14.4384 > F_\alpha$，变量 x 与变量 y 之间存在显著的线性相关关系.

t 统计量 $t = 3.7998$，临界值 $t_{\alpha/2}(n-k-1) = 2.228$，$|t| = 3.7998 > t_{\alpha/2}$，变量 x 对变量 y 有显著影响.

（3）当广告费为 43 万元时，销售额的预测值为 499 万元.

8.

方差分析表					
	df	SS	MS	F	Significance F
回归分析	1	1602708.60000	1602708.60000	399.10001	2.17E-09
残差	10	40158.07000	4015.80700	—	
总计	11	1642866.67000	—	—	
回归参数					
	Coefficients	标准误差	t Stat	P-value	
Intercept	363.68910	62.45530	5.82320	0.00020	
产量	1.42020	0.07110	19.97750	0.00000	

9.（1）$\hat{y} = 83.2301 + 2.2902x_1 + 1.3001x_2$；（2）回归方程显著，调整后的 $r^2 = 0.8865$，$F = 28.3778$，x_1 的 $t = 7.5319$，x_2 的 $t = 4.0567$.

10.（1）$\hat{y} = 9.246 - 2.149x + 0.1994x^2$；（2）回归方程显著，$r^2 = 0.9231$，$F = 14.4006$.

参 考 文 献

[1] 徐全智，吕恕. 概率论与数理统计. 北京：高等教育出版社，2004.

[2] 同济大学应用数学系. 工程数学——概率统计简明教程. 北京：高等教育出版社，2003.

[3] 茆诗松，程依明，濮晓龙. 概率论与数理统计教程. 北京：高等教育出版社，2011.

[4] 王国政，李秋敏，余步雷等. 概率论与数理统计教程. 北京：高等教育出版社，2010.

[5] 牟谷芳，张秋燕，陈骑兵等. 数学实验. 北京：高等教育出版社，2012.

[6] 周概容. 经济应用数学基础（三）——概率论与数理统计. 北京：高等教育出版社，2008.

[7] 赵秀恒，米立民. 概率论与数理统计. 北京：高等教育出版社，2008.

[8] 张建华. 概率论与数理统计. 北京：高等教育出版社，2008.

[9] 何书元. 概率论与数理统计. 北京：高等教育出版社，2006.

[10] 龙永红. 概率论与数理统计. 北京：高等教育出版社，2004.

[11] 张从军，刘亦农，肖丽华等. 概率论与数理统计. 上海：复旦大学出版社，2006.

[12] 工程类数学教材编写组. 工程数学. 北京：高等教育出版社，2003.

[13] 刘增玉. 高等数学. 天津：天津科学技术出版社，2009.

[14] 陈骑兵，李秋敏. 工程数学. 重庆：重庆大学出版社，2013.

[15] 李秋敏，张利凤，薛凤. 概率统计与数学模型. 北京：科学出版社，2014.